H. Rittinghaus / H. D. Motz · Mechanik-Aufgaben 1

Mechanik – Aufgaben 1

Statik starrer Körper

Prof. Dipl.-Ing. Heinz Rittinghaus
Prof. Dr. rer. sec. Dipl.-Ing. Heinz Dieter Motz

39., erweiterte Auflage

Springer-Verlag Berlin Heidelberg GmbH

CIP-Titelaufnahme der Deutschen Bibliothek

Mechanik-Aufgaben. – Düsseldorf: VDI-Verl.
1. Statik starrer Körper / Heinz Rittinghaus; Heinz Dieter
  Motz. – 39., erw. Aufl. – 1990

NE: Rittinghaus, Heinz [Mitverf.]

ISBN 978-3-662-22147-1   ISBN 978-3-662-22146-4 (eBook)
DOI 10.1007/978-3-662-22146-4

Autoren:

Professor Dipl.-Ing. *Heinz Rittinghaus*

Professor Dr. rer. sec. Dipl.-Ing. *Heinz Dieter Motz*

Bergische Universität – Gesamthochschule Wuppertal
Fachbereich Maschinentechnik

Die auszugsweise Wiedergabe von DIN-Normen genehmigte DIN Deutsches Institut für Normen e.V. Maßgebend für die Anwendung einer Norm ist deren Fassung mit dem neuesten Ausgabedatum, die bei der Beuth Verlag GmbH, 1000 Berlin 30 und 5000 Köln 1, erhältlich ist.

Vorwort zur 39. Auflage

Im Vorwort zur 1. Auflage dieses Buches im Jahr 1926 schrieb Professor *Ernst Menge*: „Grau, teurer Freund, ist alle Theorie". Und er fuhr fort: „Die wir mit den Begriffen der Mechanik arbeiten, Lehrende wie Lernende, haben die Wahrheit dieses Goethewortes auch erfahren. Es ist meistens noch eine weite Strecke von der eben erfaßten Theorie bis zu ihrer Anwendung auf praktische Fälle und von der wohlbekannten Formel bis zum richtigen Endergebnis".

Deshalb ist es seit der 1. Auflage der Mechanik-Aufgaben das Ziel dieses Buches, dem Studierenden anhand von Aufgaben aus der praktischen Maschinentechnik zu helfen, die „graue Theorie" zu beleben und die Formeln mit Inhalt zu erfüllen. Diesem Ziel fühlen sich alle Autoren verpflichtet: Prof. Dr.-Ing. *Ernst Zimmermann*, Oberbaudirektor der Staatlichen Ingenieurschule für Maschinenwesen Wuppertal, der die Aufgabensammlung über viele Jahre betreute, sowie die heutigen Autoren, die ihre Aufgabe darin sehen, die Tradition fortzuführen und die Aufgabensammlung ständig den Erfordernissen der Technik anzupassen, wie eine praxisorientierte und wissenschaftlich fundierte Ingenieurausbildung dies verlangt.

So konnten bei dieser Neuauflage die Abschnitte „Statik der Seile und Ketten" und „Gleitreibung" nennenswert ergänzt werden. Neu aufgenommen wurden die Abschnitte „Stabilität des Gleichgewichts" und „Statik mehrteiliger, ebener Gebilde". Die Aufgaben zu den „Schnittgrößen des Balkens" wurden aus didaktischen Gründen mit in diesen Band aufgenommen. Hinzugekommen sind wieder viele neue Aufgaben in allen Abschnitten.

Bei den Grundfragen zu Beginn eines jeden Abschnitts sind in der vorliegenden Neuauflage kurze Antworten gegeben, mit deren Hilfe sich der Leser auch nach längerer Pause wieder orientieren kann. Geblieben sind für jeden Abschnitt die ausführliche Lösung einiger Aufgaben, das Aufzeigen des Lösungsweges durch Zwischenfragen sowie zahlreiche Aufgaben ohne Lösungshinweise. Anhand der im Anhang aufgeführten Ergebnisse kann der Lernende seine Fähigkeiten selbst kontrollieren.

An dieser Stelle danken wir dem VDI-Verlag Düsseldorf für die Ausführungen aller Änderungs- und Erweiterungswünsche sowie für die Hilfe bei der Erstellung der Zeichnungen.

Dankbar sind wir ebenfalls für Anregungen und Kritik seitens der Leserschaft.

Wuppertal, Oktober 1990   Prof. Dipl.-Ing. *Heinz Rittinghaus*
Prof. Dr. rer. sec. Dipl.-Ing. *Heinz Dieter Motz*

Vorwort zur 38. Auflage

Mit dem Erscheinen dieser Auflage der Mechanik-Aufgaben 1 sind die Verlags-
rechte nunmehr an den VDI-Verlag, den Verlag des Vereins Deutscher Ingenieure
(VDI) in Düsseldorf übergegangen. Ich freue mich, daß ein in den Belangen der
Technik maßgebliches Gremium sich für diese, dem Fachhochschul-Ingenieur-
studenten gewidmete Buchreihe, entschieden hat.

Die ständig zunehmende Steigerung der wissenschaftlichen Erkenntnisse setzt
nach wie vor die gedankliche Auseinandersetzung mit Problemen der Praxis
voraus. Hier werden die Grundlagen für jedes aufbauende Studium gelegt, das
Verständnis gefördert, auf dem mathematische Verfahren durchgeführt werden
können. Auch bei dem zunehmenden Einsatz der elektronischen Datenverarbei-
tung bilden die an Beispielen aus der Praxis gewonnenen Erfahrungen die
Voraussetzung für erfolgreiches Programmieren.

Ich danke dem VDI-Verlag für die nun vorliegende Neuauflage, in die wiederum
Anregungen und Hinweise aus dem Kollegenkreis eingearbeitet worden sind.

Wuppertal, Mai 1983   Prof. Dipl.-Ing. *Heinz Rittinghaus*

Inhalt

Verwendete Symbole

Größe	Formel-zeichen	Einheiten (Beispiele)
Halbmesser des Kreises	r	mm, cm, m
Durchmesser des Kreises	d	mm, cm, m
Länge	l	mm, cm, m
Höhe	h	mm, cm, m
Breite	b	mm, cm, m
Fläche	A	mm^2, cm^2, m^2
Rauminhalt	V	cm^3, m^3
Weg	s	m
Zeit	t	s, min, h
Dichte	γ	g/dm^3, kg/m^3
Geschwindigkeit	v	m/s, km/h
Drehzahl	n	min^{-1}
Winkelgeschwindigkeit	ω	s^{-1}
Beschleunigung	a	ms^{-2}
Erdbeschleunigung	g	ms^{-2}
Leistung	P	W, kW
Kräfte, Komponenten, Resultierende	F, F_R	N, kN
Seilkraft	F_S	N, kN
Lagerkraft	F_A, F_B	N, kN
Gewichtskraft, Gewicht	F_G, G	N, kN
Flächendruck	p	N/m^2, Pa, bar
Wirkungsgrad	η	–
Masse	m	g, kg
Kraftmoment	M	Nm
Reibmoment	M_R	Nm
Reibungskraft	F_w	N, kN
Reibungszahl	μ	–
Normalkraft	F_N	N, kN
Reibungswinkel	ϱ	Grad
Hebelarm der rollenden Reibung	l_R	cm
Kräftemaßstabsfaktor	m_F	N/cm_Z
Längenmaßstabsfaktor	m_L	cm/cm_Z
Momentenmaßstabsfaktor	m_M	Nm/cm_Z

Einführung

Einteilung der Mechanik

1. Welche Einteilung des Gesamtgebietes der Mechanik ergibt sich, wenn man den *Aggregatzustand* des betrachteten Körpers zugrunde legt?

2. Welche Einteilung der Mechanik erhält man aus dem Verhalten der Körper gegenüber *Formänderungen*?

3. Welche Gesichtspunkte ergeben sich für die Einteilung bei *statischer* und *dynamischer* Betrachtungsweise?

Maßeinheiten, Maßsysteme

4. Was versteht man unter einer physikalischen oder technischen *Größe*?

5. Was versteht man unter der *Einheit* einer physikalischen oder technischen Größe?

6. Was versteht man unter einem *Maßsystem*?

7. Welche *Grundeinheiten* verwendet das „Internationale Einheitensystem SI"?

8. Wie heißt die Einheit der *Länge* im SI-System, und wie ist sie definiert?

9. Wie heißt die Einheit der *Masse* im SI-System, und wie ist sie definiert?

10. Wie heißt die Einheit der *Zeit* im SI-System, und wie ist sie definiert?

11. Wie heißt die Einheit der *Kraft* im SI-System, und wie ist sie definiert?

12. Welche *dezimale Vielfache* gibt es im SI-System, wie werden sie benannt und welches sind ihre Vorsatzzeichen?

13. Welche *dezimale Teile* gibt es im SI-System, wie werden sie benannt und welches sind ihre Vorsatzzeichen?

14. Welche Regel ist zu beachten, damit die Einheit „m" (Meter) nicht mit dem Vorsatzzeichen „m" (Milli-) verwechselt wird?

Schreibweise physikalisch-technischer Gleichungen

15. Durch welche Angaben sind *physikalische Größen* festzulegen?

16. Was versteht man unter *Größengleichungen*?

17. Was versteht man unter *Zahlenwertgleichungen*?

18. Was versteht man unter einer *zugeschnittenen Größengleichung*?

Es sollte versucht werden – durchaus auch mit Hilfe eines Lehrbuchs – die gestellten Fragen präzise zu beantworten. Es wird bewußt auf eine Beantwortung der Fragen in diesem Buch verzichtet; der Leser möge diese Fragen quasi als Qualifikationstest verstehen, bevor er sich den Aufgaben dieses Buchs widmet. Im folgenden werden die Lösungen oder zumindest die Ergebnisse aller gestellten Aufgaben angegeben, und es werden alle Verständnisfragen auch beantwortet.

1. Zentrale Kräftesysteme

Kraft

101 Was versteht man unter einer *Kraft*?

Lösung:

Die Kraft ist eine Größe der Physik. Kräfte sind imstande, Bewegungen und Formänderungen von Körpern zu bewirken. Selbstverständlich ist uns die Fähigkeit des Muskels, Kräfte zu entwickeln. Auch Kräfte durch Fernwirkungen (Schwerefelder, Magnetfelder) sind uns bekannt, so z. B. die Gewichtskraft.

102 Welche *Bestimmungsstücke* sind zur Festlegung einer Kraft erforderlich?

Lösung:

Die Wirkung einer Kraft kann nur eindeutig beschrieben werden, wenn ihr Betrag, ihre Richtung und Richtungssinn sowie ihr Angriffspunkt bekannt sind. Bei Gleichgewichtsbetrachtungen genügt die Kenntnis von Betrag, Wirkungslinie und Richtungssinn.

103 Wie wird eine Kraft *rechnerisch* (analytisch) festgelegt?

Lösung:

Die rechnerische (analytische) Festlegung einer Kraft erfolgt durch Angabe der Größe der Kraft mittels Zahlenwert und Einheit, durch Angabe der Lage des Kraftangriffspunktes mittels der Koordinaten eines rechtwinkligen oder schiefwinkligen Koordinatensystems und durch Angabe der Richtung der Kraft beispielsweise durch den Neigungswinkel der *Wirkungslinie* gegen eine festgelegte Bezugslinie bei ebenen Systemen bzw. zwei Neigungswinkel bei räumlichen Systemen.

104 Was versteht man unter einem *Kräftemaßstab* m_F?

Lösung:

Es gibt Aufgaben und Probleme der Statik, für die sich graphische Lösungsverfahren anbieten, weil sie schnell, anschaulich und hinreichend genau sind. Im Zuge solcher zeichnerischen Lösungen werden Kräfte als Vektorpfeile dargestellt; dabei entspricht der Zeichenlänge des Pfeils der Betrag der Kraft. Das Produkt aus Kräftemaßstab m_F und Pfeillänge entspricht dem Betrag der Kraft. Die Einheit des Kräftemaßstabs ist also N/mm oder z. B. auch N/cm.

105 Wie wird eine Kraft *zeichnerisch* (geometrisch) festgelegt?

Lösung:

Die zeichnerische (geometrische) Festlegung geschieht durch einen Richtungspfeil, dessen Länge aufgrund eines vorher festzulegenden Kräftemaßstabes m_F die Größe der Kraft und dessen Achse die Wirkungslinie der Kraft angibt.

Der Angriffspunkt der Kraft wird festgelegt bei Zugkräften durch den Fußpunkt des Richtungspfeiles, bei Druckkräften durch die Pfeilspitze.

106   Eine *Zugkraft* $F = 375$ N, die unter einem Winkel von 30° zur Waagerechten angreift, soll zeichnerisch dargestellt werden:

a) mit einem Kräftemaßstab $m_F = 1000$ N/cm$_Z$

b) mit einem Kräftemaßstab $m_F = 750$ N/cm$_Z$

c) mit einem Kräftemaßstab $m_F = 375$ N/cm$_Z$

d) mit einem Kräftemaßstab $m_F = 100$ N/cm$_Z$

e) mit einem Kräftemaßstab $m_F = 25$ N/cm$_Z$

Welcher Kräftemaßstab erweist sich als besonders günstig?

Beachte: Bei der Auswahl eines Kräftemaßstabes kommt es in erster Linie darauf an, daß das spätere Ergebnis in der erforderlichen Genauigkeit ermittelt werden kann. Nicht in jedem Fall sind große Darstellungen erwünscht. Sie erschweren die Übersicht und unterliegen den Ungenauigkeiten durch Maßänderungen des Zeichenpapiers bei Schwankungen der Luftfeuchtigkeit. Zu kleine Darstellungen eignen sich ebenfalls nicht, da bei ihnen die Strichstärke bereits Einfluß auf das Ergebnis nehmen kann.

107   Gegeben sind die Kräfte:

$$F_1 = 3200 \text{ N} \qquad F_3 = 930 \text{ N}$$
$$F_2 = 7700 \text{ N} \qquad F_4 = 11{,}5 \text{ kN}$$

Gesucht sind:

a) ein zweckmäßiger Kräftemaßstab m_F, der sich für die Darstellung aller gegebenen Kräfte eignet,

b) die Darstellung der Kräfte in dem gewählten Maßstab m_F.

Lösung:

a) Entscheidend für die Wahl des Kräftemaßstabs ist die Größe des geplanten Kräfteplans: soll die Zeichnung auf DIN-A4-Format erfolgen, wird m_F anders zu wählen sein, als wenn auf einem A0-Zeichenbrett gearbeitet wird. Für die Zeichnung auf einem DIN-A4-Blatt könnte $m_F = 1$ kN/cm gewählt werden.

b) Längster Pfeil: F_4 11,5 cm lang, kürzester Pfeil: F_3 9,3 mm lang.

In jedem Fall ist der Kräftemaßstab so zu wählen, daß die kleinste im Krafteck zu zeichnende Kraft noch mit ausreichender Genauigkeit dargestellt werden kann.

108   Gegeben sind die Kräfte:

$$F_1 = 125 \text{ kN} \qquad F_3 = 86 \text{ kN}$$
$$F_2 = 190 \text{ kN} \qquad F_4 = 178 \text{ kN}$$

Gesucht sind:

a) ein zweckmäßiger Kräftemaßstab m_F, der sich für die Darstellung aller gegebenen Kräfte eignet;

b) die Darstellung der Kräfte in dem gewählten Maßstab m_F.

Lösung:

a) $m_F = 20$ kN/cm; b) längster Pfeil: F_2 9,5 cm, kürzester Pfeil: F_3 4,3 cm.

Erfahrungssätze

109 Welche *Erfahrungssätze* kennt die Statik?

Lösung:

Eine wesentliche Erfahrungstatsache ist es, daß die Verschiebung einer Kraft auf ihrer Wirkungslinie im Hinblick auf die Gleichgewichtssituation des durch diese Kraft belasteten Körpers zulässig ist: Linienflüchtigkeitsaxiom der Statik. Die Erfahrung lehrt auch, daß beim Verschieben eines Kraftvektors aus seiner Wirkungslinie heraus eine gänzlich andere Kraftwirkung entsteht. Querverschieben von Kräften ändert die Gleichgewichtssituation, Längsverschieben ändert diese nicht.

110 Was versteht man unter der *Wirkungslinie* einer Kraft?

Lösung:

Greift eine Einzelkraft an einem nicht gebundenen, also nicht gelagerten Körper an, so wird er sich aufgrund der angreifenden Kraft in Richtung der Kraftwirkungslinie bewegen. Die Wirkungslinie verläuft durch den Kraftangriffspunkt und ihre Richtung entspricht der Wirkrichtung der Kraft.

111 Welche *Wirkung* üben zwei Kräfte verschiedener Größe aus, die auf einer gemeinsamen Wirkungslinie wirken?

Lösung:

Ihre Wirkung addiert sich algebraisch, wenn sie denselben Richtungssinn aufweisen; wirken die Kräfte auf derselben Wirkungslinie in entgegengesetztem Richtungssinn, so entspricht ihre Differenz (Differenz der Beträge) der Gesamtkraft. Zwei auf derselben WL (Wirkungslinie) wirkende, gleich große Kräfte mit entgegengesetztem Richtungssinn stellen eine sog. Nullkraft dar: in bezug auf das Gleichgewicht des Körpers, an dem sie angreifen, oder in bezug auf sein Bewegungsverhalten ist es so, als ob keine der beiden Kräfte wirken würde. Dies gilt nicht in bezug auf die durch die Kräfte hervorgerufenen Deformationen des Körpers; Beispiel: Gleichgewicht zweier gleich großer Zugkräfte an einem Seilstück – das Seil verlängert sich; d.h. die Wirkung der beiden Kräfte ist hinsichtlich des Gleichgewichts null, nicht aber hinsichtlich der elastischen Deformation des Körpers.

112 Wie heißt das *Wechselwirkungsgesetz* von NEWTON?

Lösung:

An Berührstellen zweier Körper wie auch in den Schnittflächen gedachter Schnitte durch den Körper sind die statischen Größen (Kräfte, Momente) jeweils paarweise vorhanden, von gleichem Betrag und entgegengesetztem Richtungssinn.

113 Wie bestimmt man die *Resultierende* zweier Kräfte, deren Wirkungslinien sich schneiden?

Lösung:

Unter „resultierende Kraft" versteht die Mechanik jene gedachte Ersatzkraft, deren Wirkung hinsichtlich Bewegungs- und Deformationszustand des Körpers der Gesamtwirkung der Einzelkräfte entspricht. Hinter der Möglichkeit, zwei Kräfte zu einer Resultierenden zu vereinigen (vektoriell zu addieren), verbirgt sich das Prinzip der ungestörten Überlagerung der Einzelwirkungen, von dem die Statik – siehe an anderer Stelle dieses Buchs (Superpositionsverfahren bei der Behandlung des Dreigelenkbogens) – Gebrauch macht: Die Summe der Wirkungen einzelner Kräfte (oder Momente) entspricht der Wirkung der Resultierenden, sofern es Gleichgewichtsüberlegungen sind, im Zuge derer die Resultierende ermittelt wird. Die Resultierende zweier gleich großer Kräfte auf derselben Wirkungslinie mit entgegengesetztem Richtungssinn ist null: Man spricht von Nullkraft.

Zeichnerische Zusammensetzung zweier Kräfte

114 Wie kann man zwei im Punkte A eines Körpers angreifende Kräfte F_1 und F_2 zu einer *Resultierenden* F_R vereinigen, die dieselbe Wirkung ausübt, wie jene beiden Einzelkräfte oder *Komponenten*?

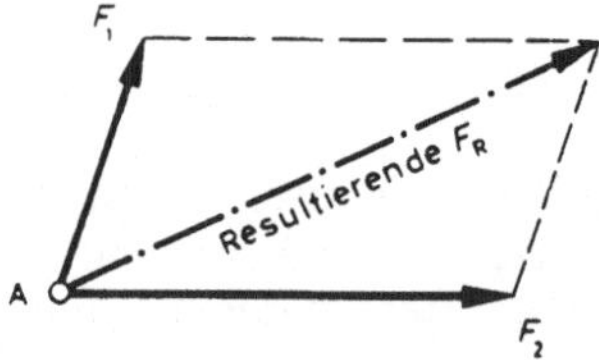

Lösung:

Man stellt die Kräfte F_1 und F_2 in einem zweckmäßigen Kräftemaßstab m_F zeichnerisch dar. Die Diagonale des aus den beiden Kraftlängen konstruierten *Kräfteparallelogramms* stellt die Resultierende F_R nach Größe und Richtung dar.

Beachte: Ein Kräfteparallelogramm läßt sich nur dann bilden, wenn am gemeinsamen Angriffspunkt (Schnittpunkt der Wirkungslinien) entweder zwei Zugkräfte (Pfeilfüße am Angriffspunkt) oder zwei Druckkräfte (Pfeilspitzen am Angriffspunkt) vorliegen. Ist dies nicht gegeben, müssen die Kräfte auf ihren Wirkungslinien so verschoben werden, bis diese Forderung erfüllt ist.

115   Ein mit 4600 N belastetes *Seil* ist nach Bild a) über eine Seilrolle geführt, so daß das freie Seilende unter 60° Neigung gegen die Senkrechte von der Rolle abläuft. Die Rolle ist an einer Stange aufgehängt, die in B beweglich gelagert ist.

a) Unter welchem Winkel α gegen die Senkrechte stellt sich die Pendelstütze ein?

b) Welche Zugkraft hat sie aufzunehmen?

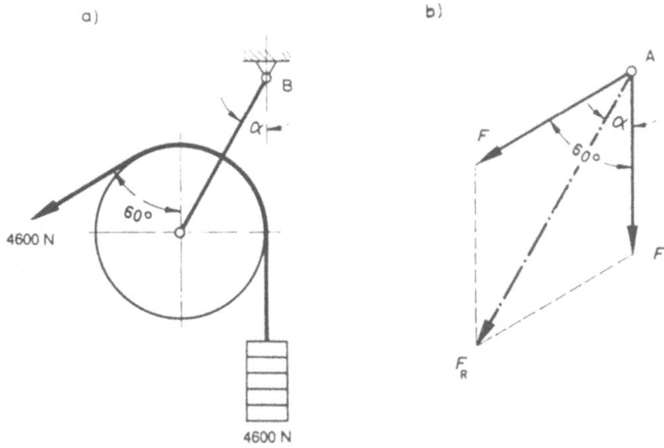

Lösung:

Eine Pendelstütze kann nur Zug- oder Druckkräfte in Richtung der Verbindungslinie ihrer Gelenkpunkte aufnehmen.

Die Wirkungslinie der Resultierenden F_R verläuft daher durch den Aufhängepunkt B. Man zeichnet das Kräfteparallelogramm, indem man die gegebenen Wirkungslinien der beiden Teilkräfte (Komponenten) $F = 4600$ N zum Schnitt bringt [Schnittpunkt A in Bild b)] und von A ausgehend die Teilkräfte abträgt unter Verwendung eines Kräftemaßstabs, z. B. $m_F = 2000$ N/cm. Durch die Spitzen der Teilkräfte zieht man die Parallelen zu den Wirkungslinien und erhält die Resultierende F_R als Diagonale von A aus.

a) Der gesuchte Winkel wird mit dem Winkelmesser zu 30° bestimmt. (Bei dem hier vorliegenden gleichseitigen Parallelogramm muß dieser die Hälfte des gegebenen Winkels betragen).

b) Die Größe der Resultierenden wird aus ihrer Länge 3,9 cm mit dem Kräftemaßstab zu 7800 N bestimmt.

116   Zwei Arbeiter versuchen, einen Baum umzulegen. Der eine zieht mit 500 N, der andere mit 400 N in den angegebenen Richtungen:

a) Wie stark müßte ein einzelner Arbeiter ziehen, wenn er die gleiche Wirkung hervorrufen will?

b) In welcher Richtung, bezogen auf die Wirkungslinie von 400 N, müßte er ziehen?

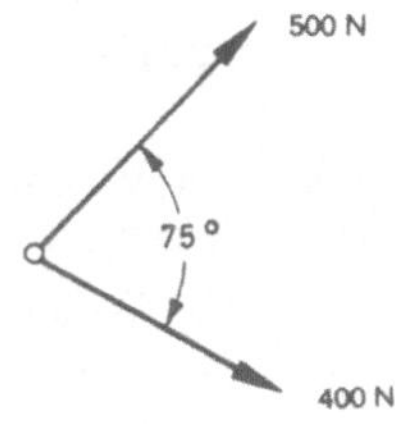

117   Zur Montage eines *Beleuchtungskörpers* müssen zwei Monteure in der skizzierten Lage
mit Flaschenzügen an den Spanndrahtenden je eine Kraft von 1350 N aufbringen.

Sie üben dabei gemeinsam die gleich große, aber entgegengesetzt gerichtete Wirkung aus
wie das Gewicht des Beleuchtungskörpers.

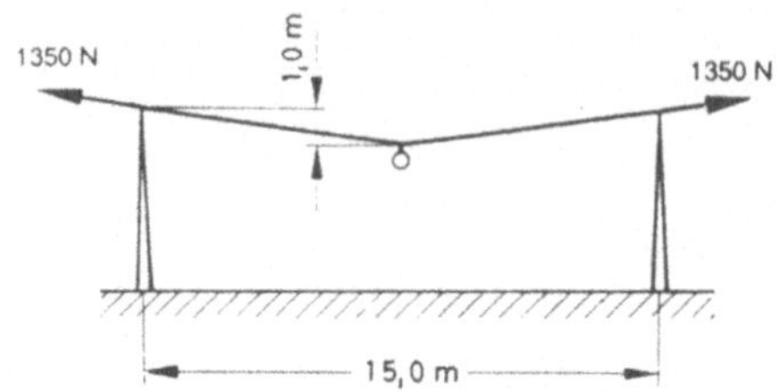

Wie groß ist demnach das Gewicht des Beleuchtungskörpers? Das Eigengewicht der
Zugdrähte werde vernachlässigt.

118   Zwei Stützen sind durch *Druckkräfte* $F_1 = 10$ kN und $F_2 = 15$ kN gemäß Bild belastet.

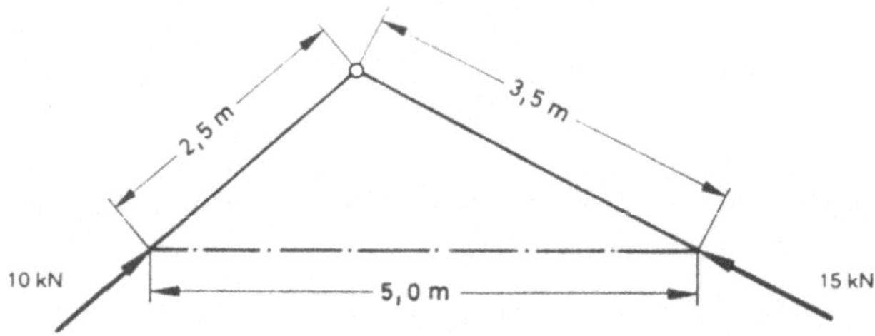

a) Welche resultierende Kraft üben sie an ihrem Gelenk aus?

b) Welchen Winkel bildet die Wirkungslinie der Resultierenden mit der Waagerechten?

c) Wie groß müßte die Kraft F_2 gemacht werden, damit dieser Winkel genau 90°
beträgt?

Zeichnerische Zusammensetzung mehrerer Kräfte

119   a) Wie werden drei in einem Punkt A angreifende Kräfte F_1, F_2, F_3 [Bild a)] auf
zeichnerischem Wege zu einer Resultierenden F_R zusammengesetzt?

b) Welche Bedeutung hat die Reihenfolge der einzelnen Kräfte bei ihrer Zusammensetzung?

c) Erkläre die Bezeichnungen *Kräftezug* und *Krafteck*.

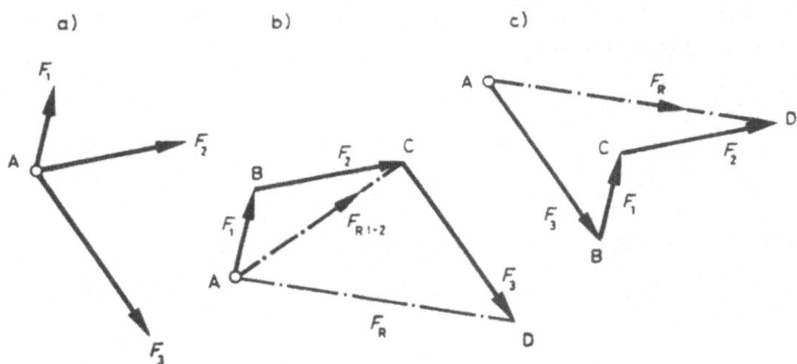

Lösung:

a) Man vereinigt zunächst F_1 und F_2 zu ihrer Resultierenden F_{R1-2} [Bild b)]. Dabei genügt es, statt des vollständigen Parallelogramms (Aufg. 114) das halbe Parallelogramm, d. h. das Kräftedreieck, zu zeichnen. Die Kraft F_{R1-2} wird dann weiter mit F_3 zur Gesamt-Resultierenden F_R zusammengesetzt.

b) Die Reihenfolge der Kräfte ist bedeutungslos. In Bild c) ist z. B. die Reihenfolge $F_3 - F_1 - F_2$ gewählt, wobei sich dieselbe Resultierende F_R wie in Bild b) ergibt. Die *Richtung* der Resultierenden F_R geht immer vom Anfangspunkte A aus.

c) Die drei Einzelkräfte bilden in Bild b) oder c) einen fortlaufenden Linienzug ABCD. Dieser *Kräftezug* ist die Aneinanderreihung der Kräfte nach Größe und Richtung. – Die Resultierende F_R schließt den Kräftezug zu einem Vieleck ABCDA, dem sogenannten *Krafteck* oder *Kräftepolygon*. Das Krafteck ist also der durch die Resultierende als Schlußlinie zu einem vollständigen Vieleck geschlossene Kräftezug.

120 Welche Unterschiede bestehen zwischen *Kräfteparallelogramm* und *Krafteck?*

Lösung:

Beim Kräfteparallelogramm greifen die Teilkräfte der Wirklichkeit entsprechend im gemeinsamen (zentralen) Angriffspunkt an. Die Resultierende ergibt sich auf ihrer wirklichen Wirkungslinie.

Beim Krafteck werden die Teilkräfte zur Aneinanderreihung von ihren Wirkungslinien weg verschoben und entsprechen daher nicht mehr der Wirklichkeit. Das Verfahren führt jedoch bei mehr als zwei Teilkräften schneller zum Ziel und gestattet außerdem, Kräfte, die auf einer gemeinsamen Wirkungslinie liegen (z. B. die Resultierende zweier Teilkräfte und eine dritte Teilkraft), zusammenzusetzen. Die nach Größe und Richtung gefundene Resultierende greift stets im gemeinsamen Angriffspunkt aller Teilkräfte an und ist durch Parallelverschieben in diesen zu übertragen.

121 Welche Bedeutung hat der *Umfahrungssinn* in einem Krafteck?

Was versteht man unter der *Schlußlinie* in einem Krafteck?

Lösung:

Der *Umfahrungssinn* in einem Krafteck ergibt sich durch die Aneinanderreihung der Teilkräfte, immer vom Fuß zur Spitze einer Teilkraft gerechnet.

Wird das Krafteck durch eine *Schlußlinie* geschlossen, so hat die Schlußlinie die Bedeutung einer Resultierenden, wenn sie entgegen dem Umfahrungssinn gerichtet ist.

Hat sie dagegen gleichen Umfahrungssinn wie die Teilkräfte, so ist sie diejenige Kraft, die den Teilkräften das Gleichgewicht hält.

122 Ein Baum soll von vier Holzfällern umgelegt werden.

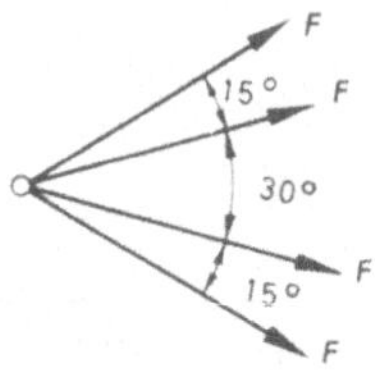

Welche Wirkung wird hervorgerufen, wenn jeder der Holzfäller nach nebenstehendem Schema mit einer Kraft von $F = 600$ N zieht?

Überprüfe das Ergebnis mittels Kräfteparallelogramm!

123 An einem Rundlauf treten beim Spielen durch das unterschiedliche Gewicht der Personen folgende Fliehkräfte auf: $F_1 = 900$ N, $F_2 = 800$ N, $F_3 = 500$ N, $F_4 = 600$ N und $F_5 = 700$ N.

Die Resultierende aus diesen Fliehkräften belastet den Mast als Biegekraft.

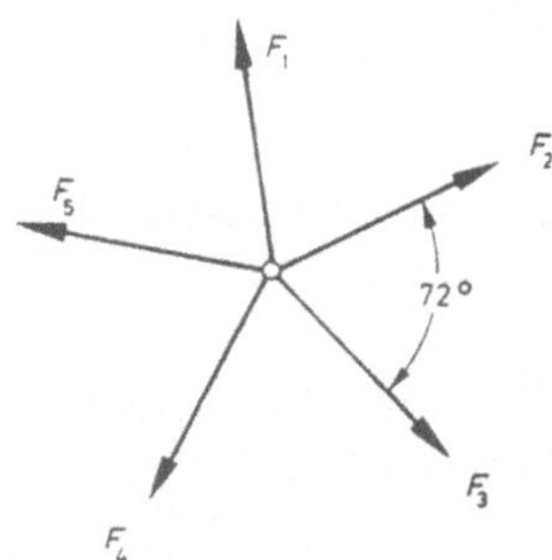

a) Welche Größe hat die Resultierende F_R?

b) Unter welchem Winkel zur Kraft F_1 wirkt sie?

124 Ein *Überseetanker* wird von drei Bugsierbooten geschleppt. Jedes Boot entwickelt eine Zugkraft von 8000 N.

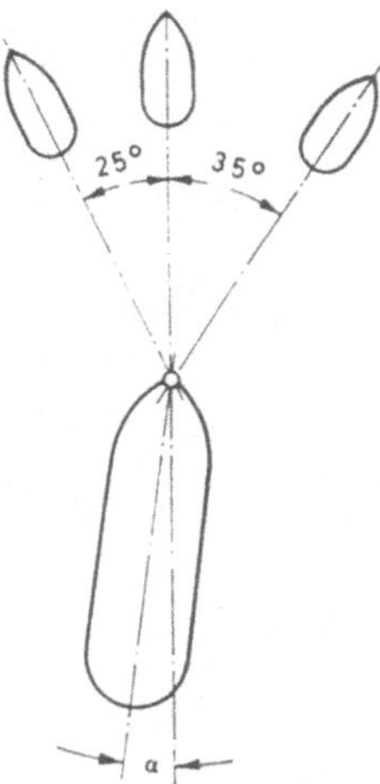

a) Mit welcher Kraft wird der Tanker eingeschleppt?

b) Unter welchem Winkel α zur Zugrichtung des mittleren Bootes stellt sich der Schiffsrumpf ein?

125 An einem *Telegrafenmast* werden von acht Leitungsdrähten drei um 60° und nach der anderen Seite fünf um 50° abgelenkt. Jeder Draht ist so gespannt, daß er eine waagerechte Zugkraft $F = 400$ N ausübt.

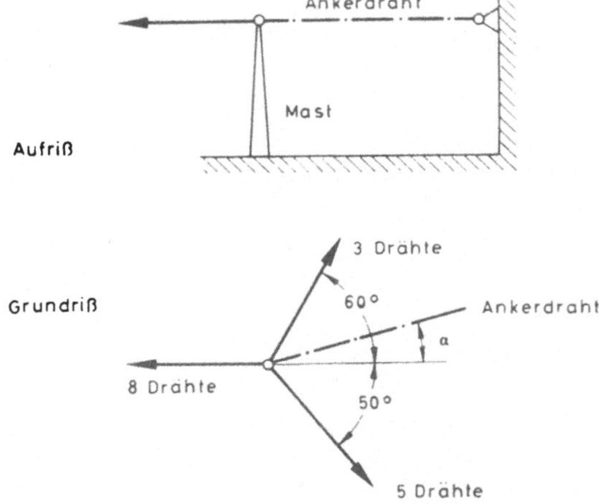

a) Welche waagerechte Resultierende F_R liefern die sämtlichen Drahtspannkräfte am Mastkopf?

b) Unter welchem Winkel α muß der waagerechte Ankerdraht, der den Mastkopf mit einer Gebäudewand verbindet, angeordnet werden, damit der Mast gegen Biegung geschützt ist?

Zeichnerische Zerlegung nach zwei Wirkungslinien

126 Wie wird eine Kraft F_R in ihre *Komponenten* nach zwei gegebenen Richtungen AB und AC zerlegt?

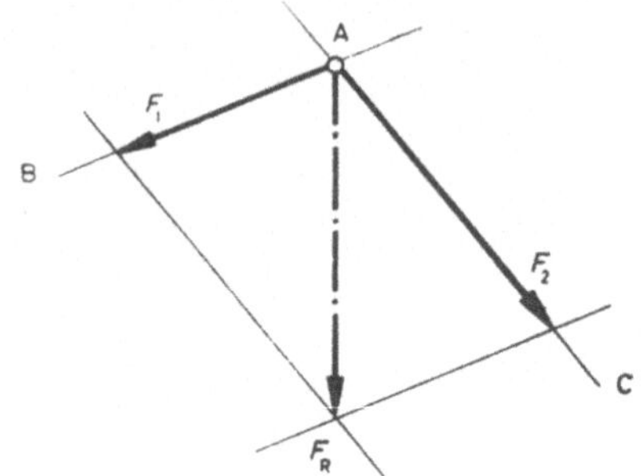

Lösung:

Man trägt die Kraft F_R in einem zweckmäßigen Kräftemaßstab m_F auf und zieht durch die beiden Endpunkte die Parallelen zu den gegebenen Richtungen. Die Seiten des entstehenden Parallelogramms stellen die Größen der gesuchten Komponenten F_1 und F_2 in dem angenommenen Kräftemaßstab m_F dar.

Beachte: Auch bei der Kraftzerlegung muß die Wirkung der Teilkräfte (Komponenten) gleich der Wirkung der Ausgangskraft (Resultierende) sein. Ist die Ausgangskraft eine *äußere* Kraft, so sind auch die Teilkräfte *äußere* Kräfte!

Äußere Kräfte greifen normalerweise von außen an Stäben, Seilen, Ketten usw. an. Die Lösung der Aufgaben wird daher erleichtert, wenn die Wirkungslinien der gesuchten Teilkräfte über die durch die Aufgabenstellung bedingten Längen der Stäbe, Seile, Ketten usw. hinaus verlängert und die Kraftpfeile auf den verlängerten Wirkungslinien eingezeichnet werden.

127 Ein *Formkasten* mit einseitiger Schwerpunktslage ist 17 kN schwer und hängt an einer gespreizten Kette am Kran.

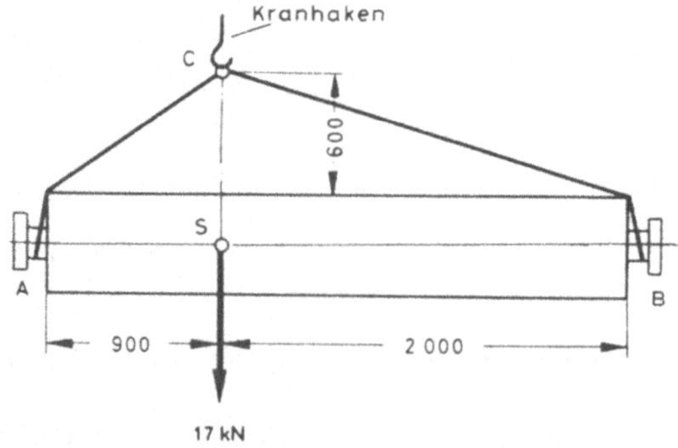

Welche Spannkräfte treten in den Kettenspreizen AC und BC auf?

128   Die *Spannrolle A* pendelt um die Drehachse O des Schwinghebels OA.

Welche Spannkraft erzeugt das Belastungsgewicht von 1900 N in der gezeichneten Stellung im Riemen?

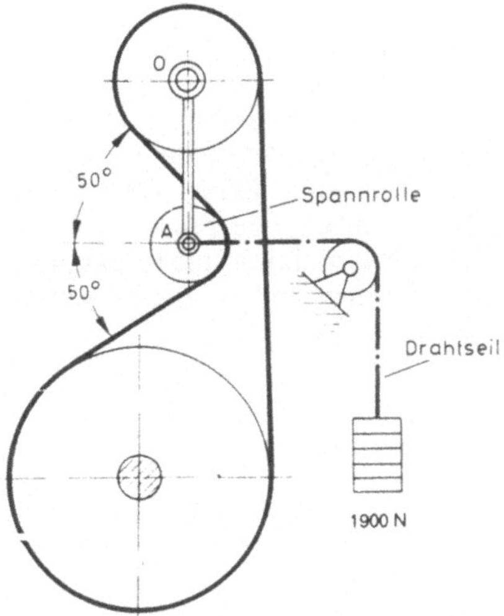

129   Der *Fahrdraht* einer elektrischen Straßenbahn ist in Abständen von 40 Metern an querliegenden Spanndrähten aufgehängt. Sie haben bei 14 m Spannweite einen Durchhang von 0,9 m. Das Gewicht des Fahrdrahtes beträgt 5,6 N für das laufende Meter; das Eigengewicht des Querdrahtes werde vernachlässigt.

Welche Spannkraft tritt im Querdraht auf?

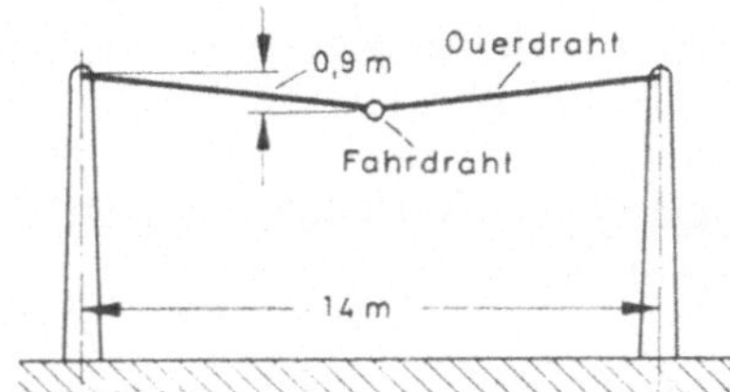

130   Eine *Lokomotive* in der Ausbesserungswerkstatt verlangt, um fortbewegt zu werden, eine Zugkraft von 17 kN in Richtung des Gleises. Das Zugseil einer neben dem Gleis stehenden *Spillwinde* greift unter 20° Neigung zur Fahrtrichtung am Zughaken der Maschine an.

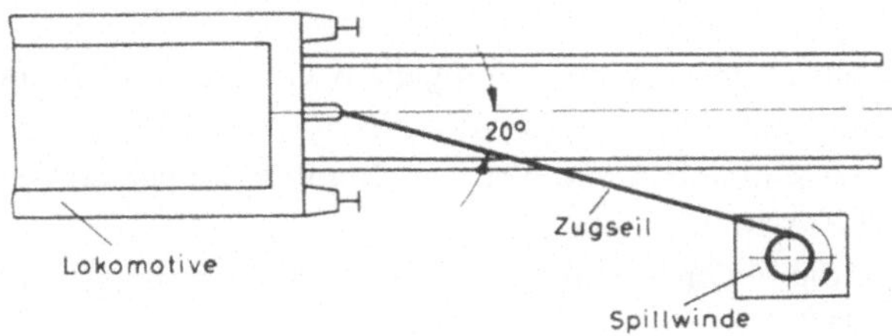

a) Welche Zugkraft muß der Antriebsmotor der Spillwinde am Seil ausüben, um die Lokomotive fortzubewegen?

b) Welche Komponente haben dabei die Schienen rechtwinklig zur Gleisrichtung aufzunehmen?

131   Bei einer *Hängebrücke* ist die Fahrbahn an einem zwischen zwei Punkten A und B ausgespannten Hängegurt durch senkrechte Tragstangen aufgehängt. Die Brückenpfeiler sind als Pendelstützen mit unterem Gelenkpunkt C ausgeführt. Der Hängegurt übt am Kopfe der Pendelstützen eine Zugkraft 5,8 MN unter 72° Neigung gegen die Senkrechte aus. Dieser Zug wird durch eine Rückhaltekette aufgenommen, die unter 50° Neigung landeinwärts geführt und in einem schweren, in der Erde eingebetteten Mauerwerkskörper verankert ist.

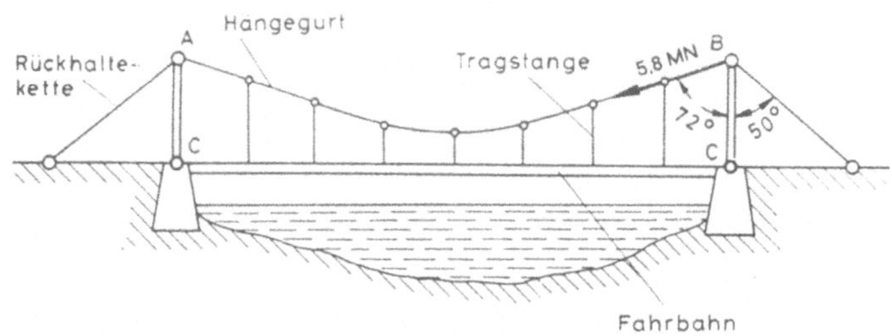

a) Welche Druckkraft tritt in der Pendelstütze auf?

b) Welche Zugkraft hat die Rückhaltekette aufzunehmen?

132   Bei einer *Webmaschine* werden die Kettfäden an der Anschlagstelle A mit dem Schußfaden verkreuzt. Die Führung der Kettfäden erfolgt durch Ösen bei B_1 und B_2, während das fertige Gewebe über eine Umlenkstange C nach unten geführt wird. Die Höhenlage der Anschlagstelle A ist abhängig von den Fadenkräften F_1 und F_2, die sich aus der mustermäßig bedingten Verteilung der Kettfäden nach oben und unten ergeben, und der Gewebezugkraft F_3.

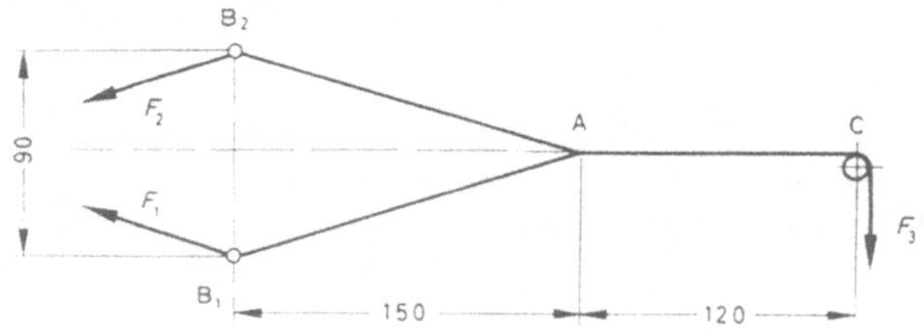

a) Welche Lage nimmt A ein, wenn gleichviele Fäden nach oben und unten abgelenkt werden?

b) Welche Lage nimmt A ein, wenn nach unten doppelt so viele Fäden wie nach oben abgelenkt werden?

c) Wie muß die Fadenverteilung sein, wenn die Anschlagstelle A um 3 mm nach oben verschoben ist?

Zeichnerische Zerlegung nach drei Wirkungslinien

133 Läßt sich eine Kraft nach mehr als zwei Wirkungslinien, die sich in der Ebene in einem Punkt schneiden, eindeutig zerlegen?

Lösung:

Eine Kraft läßt sich nur nach zwei Wirkungslinien eindeutig zerlegen. Treten mehr als zwei Wirkungslinien auf, so müssen weitere Bedingungen gegeben sein, wenn eine eindeutige Lösung gefordert wird.

134 Eine *Schiebekurve* wird mit einer Antriebskraft $F = 1000$ N angetrieben und betätigt einen geradgeführten Stößel. Auftretende Reibung bleibe unberücksichtigt.

a) Wie groß ist die von der Kurve an den Stößel übertragene Kraft $F_Ü$?

b) Welche Kraft F_F übt die Schiebekurve auf ihre Führung aus?

c) Wie groß ist die waagerechte Komponente F_W an der Stößelspitze?

d) Welche Hubkraft F_H wird am Stößel wirksam?

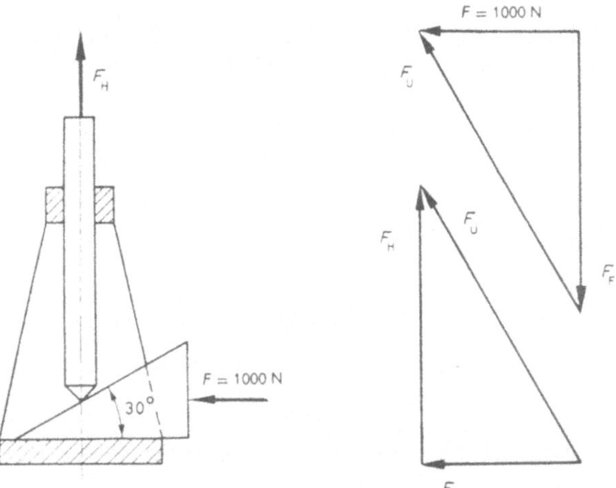

Lösung:

Bei der Übertragung einer Kraft von einer Fläche auf eine anstoßende Körperspitze oder -kante wird die Kraft stets senkrecht zur Fläche, also in Richtung der Flächennormalen, übertragen.

Die Antriebskraft muß deshalb zunächst zerlegt werden in eine Komponente $F_Ü$ senkrecht zur Übertragungsfläche und in eine Komponente F_F senkrecht zur Führungsfläche.

Die Übertragungskraft $F_Ü$ wird an der Stößelspitze zerlegt in eine Komponente F_H in Hubrichtung und eine Komponente F_W in waagerechter Richtung.

Die Wirkungslinie der Übertragungskraft $F_Ü$ bildet somit eine zusätzliche Bedingung für die Zerlegung der Antriebskraft.

135 Drei gleich schwere, runde Scheiben gleichen Durchmessers vom Scheibengewicht $F_G = 1\,\text{kN}$ liegen – wie skizziert – ohne seitlichen Zwang im Fundament. Zu bestimmen sind

a) die Kraft zwischen Scheiben 1 und 2 bzw. 1 und 3,

b) die Kraft auf die Seitenwände: F_W,

c) die Kräfte auf den Boden: F_B.

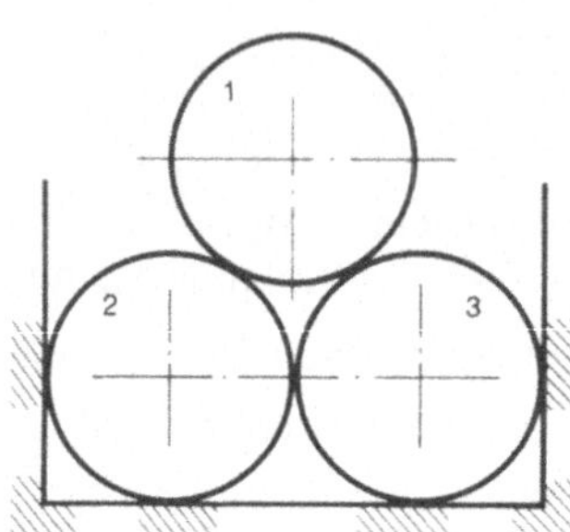

136 Eine *Schiebekurve* wird mit einer Kraft von $F = 1500\,\text{N}$ angetrieben und betätigt über eine Rolle einen drehbar gelagerten Hebel.

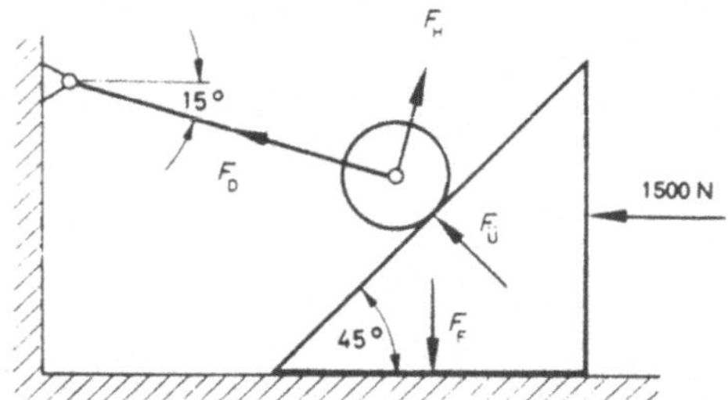

Für die gezeichnete Getriebestellung sind ohne Berücksichtigung der Reibung zu ermitteln:

a) die von der Kurvenflanke auf die Kurvenrolle übertragene Kraft $F_Ü$;

b) die von der Kurve auf ihre Führung ausgeübte Kraft F_F;

c) die im Rollenhebel auftretende *Druckkraft* F_D;

d) die tangential zur Bewegungsbahn auftretende Hubkraft F_H.

e) Wie groß sind die Kräfte F_D und F_H, wenn der Rollenhebel in Nullstellung (waagerecht) steht?

f) Wie groß sind die Kräfte F_D und F_H, wenn der Rollenhebel um 15° nach oben steht?

137 Das skizzierte System aus Stäben (vernachlässigbar kleines Gewicht), Seil und einer runden Scheibe vom Gewicht 500 N, die drehbar im Knoten gelagert ist, befindet sich im Gleichgewicht. Die Rolle ist von einem Seil umschlungen, an dessen freiem Ende die Last $F_G = 800\,\text{N}$ hängt. Zu bestimmen sind die Stabkräfte.

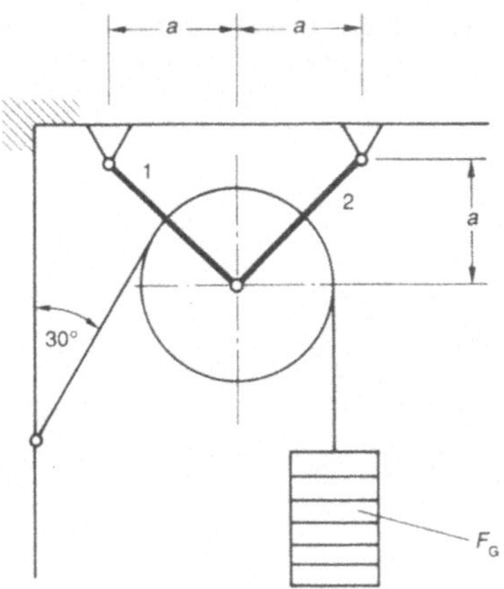

138　Zwei schwere Scheiben ($F_{G1} = 300$ N, $F_{G2} = 700$ N) sind von einem Seil umschlungen, der Verbund hängt – wie skizziert – am Kranhaken; dabei bilden die Seilenden einen rechten Winkel. Bestimme

a) die Zugkraft F_S im Seil und

b) die Andrückkraft F_D zwischen den Scheiben.

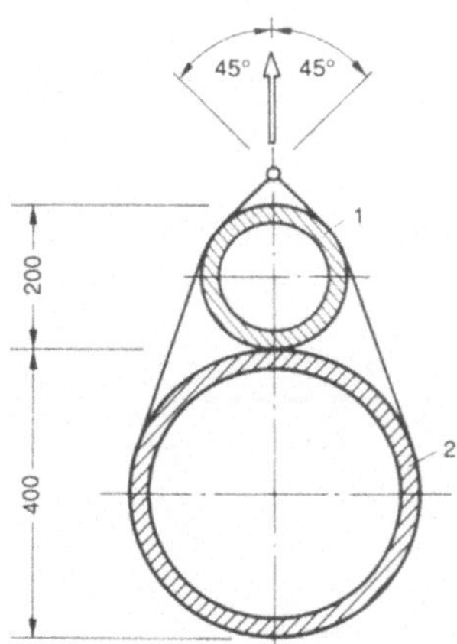

139　Bei einem zentrischen *Schubkurbelgetriebe* ist die am Gleitstein c in Bewegungsrichtung wirksame Kraft F_c abhängig von der Umfangskraft F_u an der Kurbel a und der Getriebestellung. Die Umfangskraft sei konstant $F_u = 1000$ N.

a) Ermittle die in der Kurbel a und in der Koppel b wirksam werdenden Stabkräfte für die verschiedenen Getriebestellungen des gegebenen zentrischen Schubkurbelgetriebes!

b) Ermittle die Gleitsteinkraft F_c und die senkrecht zur Bewegungsrichtung wirksame Führungskraft F_F für die verschiedenen Getriebestellungen!

c) Trage die Ergebnisse in ein Diagramm ein, bei dem die Abszisse gleich dem Umfang des Kurbelkreises gewählt wird und Zugkräfte positiv, Druckkräfte negativ dargestellt werden!

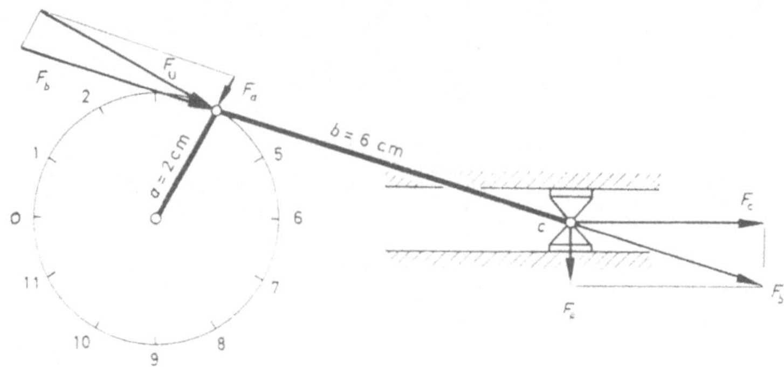

Rechnerische Verfahren mit rechtwinkligen Komponenten

140   Eine zylindrische Büchse mit der Gewichtskraft $F_G = 13$ kN ist mittels eines durchgezogenen Hanfseils am *Kranhaken* aufgehängt.

Die Spannkraft des Seiles ist rechnerisch zu ermitteln.

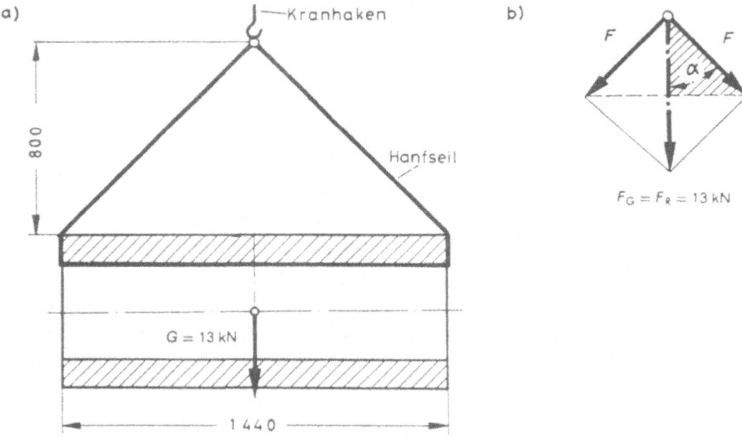

Lösung:

Die Gewichtskraft $F_G = 13$ kN stellt die Resultierende eines Kräfteparallelogramms dar und zerlegt sich am Kranhaken in die Schrägrichtungen der beiden Spreizen des Hanfseils. Das Kräfteparallelogramm wird nach Bild b) gezeichnet. In dem schraffierten rechtwinkligen Dreieck ist

$$\cos\alpha = \frac{\frac{1}{2}F_R}{F}; \qquad F = \frac{F_R}{2\cos\alpha}.$$

Nun ist $\tan\alpha = \dfrac{720\ \text{mm}}{800\ \text{mm}} = 0{,}9$; $\alpha = 42°$; $\cos\alpha = 0{,}743$.

$$F = \frac{13\ \text{kN}}{2 \cdot 0{,}743} = 8{,}75\ \text{kN}.$$

141 Eine *Kniehebel-Presse* wird durch eine waagerechte Zugkraft $F_Z = 1500$ N angezogen, die durch eine Schraubenspindel mit Handkurbel-Antrieb erzeugt wird.

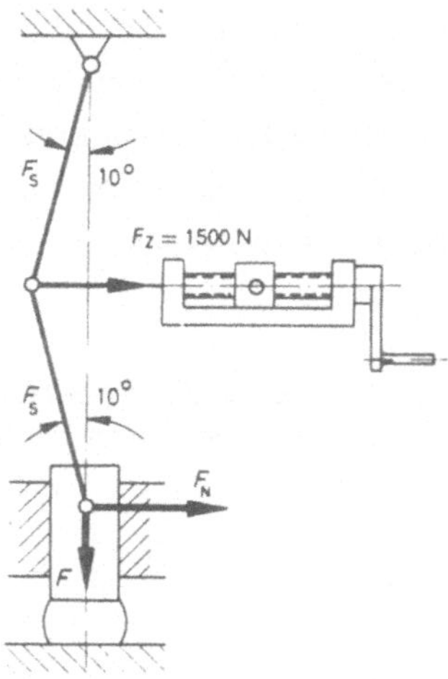

Rechnerisch sind zu bestimmen:

a) die Druckkraft F_S in den Spreizen;

b) die Preßkraft F;

c) die Normalkraft F_N an der Führung.

142 Bei einer *Kippbühne* zum Entladen von Eisenbahn-Kohlewagen wird die vordere Achse des auf die Bühne aufgefahrenen Wagens durch einen Fanghaken festgehalten, während

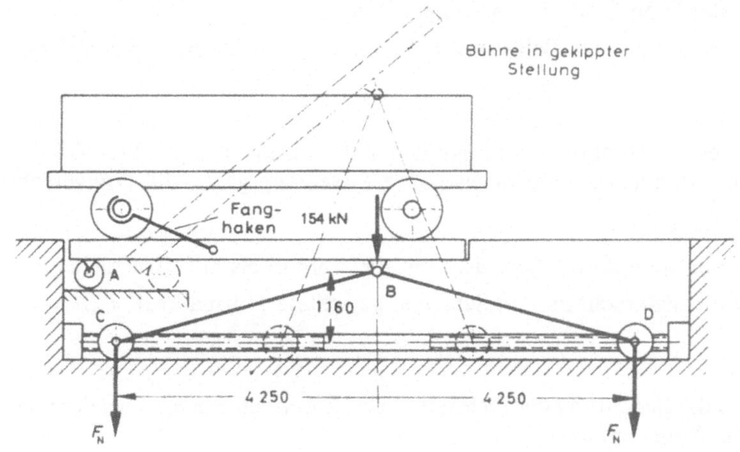

die Bühne durch Hochfahren des Lagers B gekippt wird. Die hierzu dienenden Spreizen (Druckstreben) BC und BD stützen sich mit ihren unteren Enden C und D auf Muttern, die durch eine waagerechte Schraubenspindel mit Rechts- und Linksgewinde in entgegengesetzte Richtung verschoben werden. Der Antrieb der Spindel erfolgt durch einen Elektromotor mit Vorgelege. Die senkrechten Komponenten F_N der Strebenkräfte an den Muttern werden durch Stützrollen aufgenommen, die auf waagerechten Schienen laufen. Dadurch wird die Schraubenspindel vor Biegebeanspruchung durch Kräfte quer zu ihrer Achse geschützt, so daß sie nur eine Zugkraft in ihrer Achsenrichtung aufzunehmen hat.

Rechnerisch in N sind zu ermitteln:

a) die Druckkräfte F_S, die die Streben in ihrer Achsrichtung ausüben müssen, um die Bühne bei B mit einer senkrechten Gesamtkraft von 154 kN zu heben;

b) die axiale Zugkraft F_Z in der Schraubenspindel;

c) die Normalkraft F_N an den Stützrollen auf ihren Laufschienen.

143 Der 18 m hohe *Mast* am Ende einer *Drahtseilbahn*, durch eine waagerechte Seilspannkraft 32 kN belastet, ist durch ein schräges Drahtseil am Boden verankert, so daß er gegen Biegung gesichert wird.

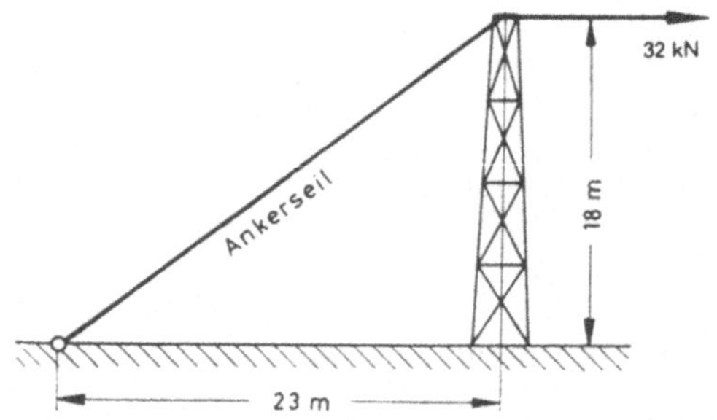

Gesucht sind:

a) die Spannkraft F_1 im Ankerseil;

b) die senkrechte Belastung F_2 des Mastes durch die Seilspannkräfte.

144 Bei einem Hochofen-*Schrägaufzug* läuft das mit Erz gefüllte, 73 kN schwere Fördergefäß auf einem Schienengleis von 55° Neigung gegen die Waagerechte.

Gesucht sind:

a) die Spannkraft F_Z in dem parallel zum Gleis aufwärts ziehenden Drahtseil;

b) die senkrecht zu den Schienen gerichtete Normalkraft F_N.

145 Gib die Bedeutung der rechtwinkligen *Koordinatenachsen* bei der rechnerischen Lösung von Aufgaben an!

Lösung:

Die rechtwinkligen Koordinatenachsen erleichtern das rechnerische Zusammensetzen von Kräften, da alle Kräfte in Komponenten zerlegt werden, die auf zwei rechtwinklig zueinanderstehenden Wirkungslinien (x-Achse und y-Achse) liegen, so daß sich die auf jeder Achse wirksame Gesamtkomponente durch einfaches Addieren berechnen läßt:

$$F_x = F_{1x} + F_{2x} + F_{3x} \cdots$$
$$F_y = F_{1y} + F_{2y} + F_{3y} \cdots$$

Dabei werden x-Komponenten, die nach rechts zeigen, als positiv und solche, die nach links zeigen, als negativ bezeichnet und entsprechend y-Komponenten, die nach oben zeigen, als positiv und solche, die nach unten zeigen, als negativ bezeichnet.

146 Welche Rolle spielt das *Vorzeichen* der Achsenrichtungen, und welche Winkelfestlegung erleichtert die rechnerische Lösung?

Lösung:

Durch das Vorzeichen der Achsenrichtungen ergibt sich eine exakte Festlegung der Richtung der Resultierenden:

F_x positiv und F_y positiv = Lage im 1. Quadranten,

F_x negativ und F_y positiv = Lage im 2. Quadranten,

F_x negativ und F_y negativ = Lage im 3. Quadranten,

F_x positiv und F_y negativ = Lage im 4. Quadranten.

Hiermit stimmen Winkel und die Winkelfunktionen überein, wenn man grundsätzlich den Winkel von der positiven Richtung der x-Achse ausgehend entgegen dem Uhrzeigersinn bis zur Kraft mißt.

147 Wie groß sind die rechtwinkligen Komponenten F_x und F_y der Kraft $F = 1000$ N, die mit der positiven Richtung der x-Achse den Winkel $\alpha = 30°$ bildet?

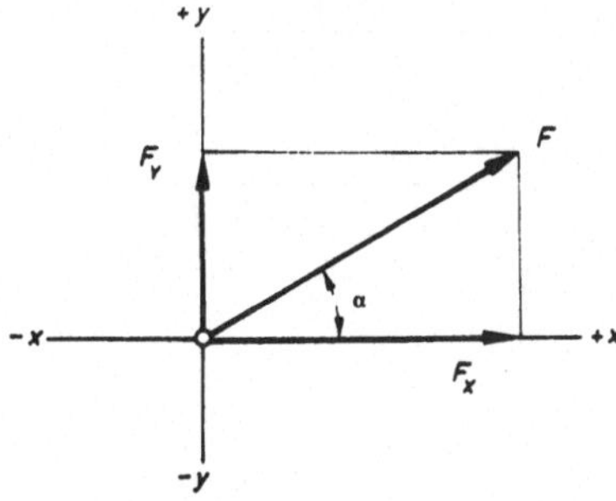

Lösung:

Man legt den Fußpunkt der Kraft F in den Ursprung eines rechtwinkligen Koordinatensystems, so daß die Kraft F mit der positiven Richtung der x-Achse den Winkel $\alpha = 30°$ bildet. Dann ergibt sich:

$$F_x = F \cdot \cos\alpha = 1000 \text{ N} \cdot \cos 30° = 1000 \text{ N} \cdot 0,866 = 866 \text{ N}$$
$$F_y = F \cdot \sin\alpha = 1000 \text{ N} \cdot \sin 30° = 1000 \text{ N} \cdot 0,5 \quad = 500 \text{ N}$$

148 Wie bestimmt man die Resultierende F_R aus den rechtwinkligen Komponenten $F_x = 1500$ N und $F_y = 1000$ N nach Größe und Richtung?

Lösung:

$$F_R = \sqrt{F_x^2 + F_y^2} = \sqrt{(1500\ \text{N})^2 + (1000\ \text{N})^2} = \sqrt{3\,250\,000\ \text{N}^2} = 1802,7\ \text{N}$$

Ihre Richtung wird angegeben durch den Winkel mit der positiven Richtung der *x*-Achse. Er ergibt sich aus

$$\tan\alpha = \frac{F_y}{F_x} = \frac{1000\ \text{N}}{1500\ \text{N}} = 0,666 \quad \text{und daraus} \quad \alpha = 33,69°$$

Lage im 1. Quadranten, da F_x positiv und F_y positiv.

149 An einem *Punkt* greifen in einer Ebene vier Kräfte unter den gegebenen Winkeln an:

$$F_1 = 2000\ \text{N}, \quad \alpha_1 = 0° \qquad F_3 = 4000\ \text{N}, \quad \alpha_3 = 210°$$
$$F_2 = 3000\ \text{N}, \quad \alpha_2 = 120° \qquad F_4 = 5000\ \text{N}, \quad \alpha_4 = 315°$$

a) Wie groß ist die Resultierende?
b) Welchen Winkel bildet sie mit der *x*-Achse?

Lösung:

Man zerlegt jede Kraft in ihre Komponenten nach folgendem Schema:

Nr.	F	$\alpha°$	$\cos\alpha$	$\sin\alpha$	F_x		F_y	
					$+F_x$	$-F_x$	$-F_y$	$+F_y$
1	2000	0	$+1,0$	0,0	2000	–	–	–
2	3000	120	$-0,5$	$+0,866$	–	1500	2598	–
3	4000	210	$-0,866$	$-0,5$	–	3464	–	2000
4	5000	315	$+0,707$	$-0,707$	3535	–	–	3535
					$+5535$	-4964	$+2598$	-5535
					$F_x = +571$ N		$F_y = -2937$ N	

a) $F_R = \sqrt{F_x^2 + F_y^2} = \sqrt{(571\ \text{N})^2 + (2937\ \text{N})^2} = 2992\ \text{N}$

b) $\tan\alpha_R = \dfrac{F_y}{F_x} = -\dfrac{2937\ \text{N}}{571\ \text{N}} = -5,144$

    daraus $\alpha_R = 281°$

150 An einem *Punkt* greifen in einer Ebene sechs Kräfte unter den gegebenen Winkeln an:

$$F_1 = 2500\ \text{N}, \quad \alpha_1 = 0° \qquad F_4 = 3000\ \text{N}, \quad \alpha_4 = 140°$$
$$F_2 = 7000\ \text{N}, \quad \alpha_2 = 40° \qquad F_5 = 4500\ \text{N}, \quad \alpha_5 = 200°$$
$$F_3 = 6200\ \text{N}, \quad \alpha_3 = 75° \qquad F_6 = 3600\ \text{N}, \quad \alpha_6 = 320°$$

Gesucht ist die Resultierende nach Größe und Richtung.

151 An einem *Betonmast* greifen folgende Kräfte in horizontaler Richtung an (Reihenfolge entgegen Uhrzeigersinn).

$$F_1 = 10 \quad \text{kN}$$
$$F_2 = 12{,}8 \text{ kN im Winkel von } 30° \text{ zu } F_1$$
$$F_3 = 17{,}5 \text{ kN im Winkel von } 20° \text{ zu } F_2$$
$$F_4 = 8{,}4 \text{ kN im Winkel von } 40° \text{ zu } F_3$$
$$F_5 = 2{,}2 \text{ kN im Winkel von } 10° \text{ zu } F_4$$
$$F_6 = 7{,}6 \text{ kN im Winkel von } 50° \text{ zu } F_5$$

Diesen Kräften soll ein Spanndraht das Gleichgewicht halten, der in einem Winkel von 45° zum Mast nach unten verläuft.

Gesucht sind die im Spanndraht auftretende Kraft und die Richtung des Spanndrahtes, bezogen auf die erste Kraft F_1.

Rechnerische Verfahren mit schiefwinkligen Komponenten

152 Ein *Drehkran* trägt am Auslegerkopf A eine Last von $F_G = 15$ kN.

Welche Kräfte treten in der Strebe S und in der Zugstange Z auf?

Lösung:

Die Gewichtskraft 15 kN zerlegt sich in die Richtungen der beiden Stäbe und erzeugt dadurch in der Strebe eine Druckkraft F_S, in der Zugstange eine Zugkraft F_Z.

Zeichnerische Lösung:

Man trägt die Gewichtskraft als Resultierende $F_R = 15$ kN maßstäblich senkrecht nach unten auf und zieht durch ihre beiden Endpunkte die Parallelen zu den Stabrichtungen (vergleiche Aufgabe 126). Dann erscheinen die Kräfte F_S und F_Z als Seiten des Kräfteparallelogramms.

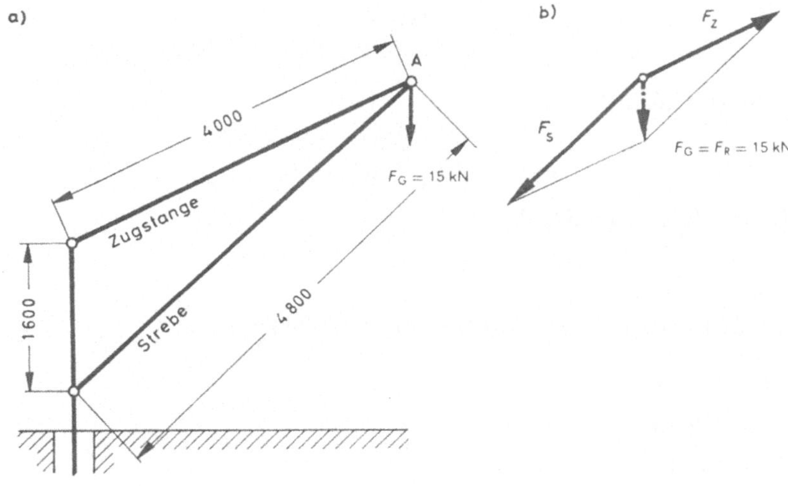

Rechnerische Lösung:

Aus der Ähnlichkeit der einen Hälfte des Kräfteparallelogramms mit dem Stabdreieck folgt

$$\frac{F_S}{F_R} = \frac{4800\,\text{mm}}{1600\,\text{mm}}; \qquad F_S = 15\,\text{kN} \cdot \frac{4800}{1600} = 45\,\text{kN}$$

$$\frac{F_Z}{F_R} = \frac{4000\,\text{mm}}{1600\,\text{mm}}; \qquad F_Z = 15\,\text{kN} \cdot \frac{4000}{1600} = 37,5\,\text{kN}$$

Nicht immer lassen sich so geschickt Proportionen aufstellen. Mit Hilfe des Sinussatzes und des Cosinussatzes lassen sich dann im schiefwinkligen Kräftedreieck die Unbekannten trigonometrisch errechnen:

1. Aus dem Lageplan mit Hilfe des Cosinussatzes:

$$4800^2 = 4000^2 + 1600^2 - 2 \cdot 4000 \cdot 1600 \cos\beta$$

Daraus folgt: $\beta = 110{,}487°$

2. Aus dem Lageplan mit Hilfe des Sinussatzes:

$$\frac{4000}{4800} = \frac{\sin\alpha}{\sin\beta}$$

Daraus folgt: $\alpha = 51{,}318°$

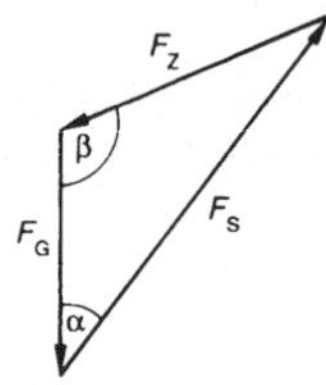

3. Aus dem Krafteck mit Hilfe des Sinussatzes:

$$\frac{F_S}{F_G} = \frac{\sin\beta}{\sin(180° - \alpha - \beta)}$$

Daraus folgt: $F_S = 45\,\text{kN}$

$$\frac{F_Z}{F_G} = \frac{\sin\alpha}{\sin(180° - \alpha - \beta)}$$

Daraus folgt: $F_Z = 37{,}5\,\text{kN}$

153 Ein *Scherenkran* ist am Auslegerkopf mit 600 kN belastet.

Gesucht sind:

a) die Druckkraft F_D in der Strebe;

b) die Zugkraft F_Z in der Schließe;

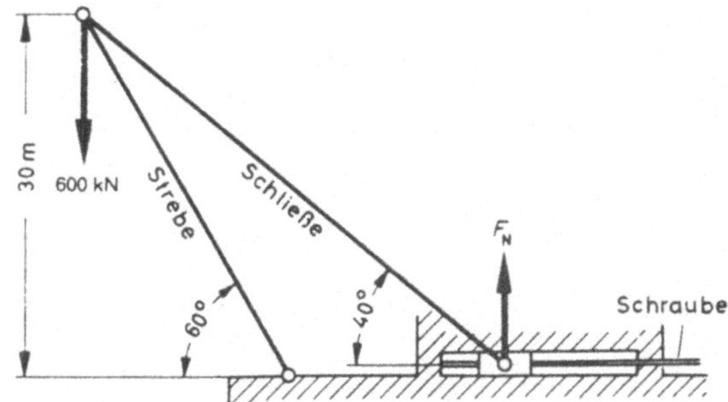

c) die waagerechte Zugkraft *F* in der Bewegungsschraube;

d) die senkrecht gerichtete Normalkraft F_N zwischen der Schraubenmutter und ihren Führungen.

154 Ein *Kran-Ausleger* ist im Knotenpunkt A mit 7000 N belastet.

Welche Kräfte erzeugt diese Gewichtskraft in den Stäben AB und AC?

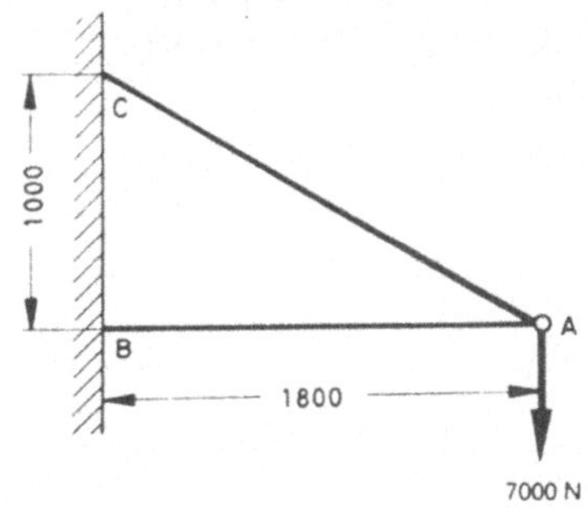

155 Der Bohlenbelag eines *Laufstegs* ruht an einer Seite auf einem Mauerabsatz, am anderen Ende auf einem U-Träger, der in Abständen von 2,1 m auf Kragstützen gelagert wird. Die Gesamtbelastung des Stegs durch Eigengewicht und Verkehrslast ist zu 6000 N je Quadratmeter anzunehmen.

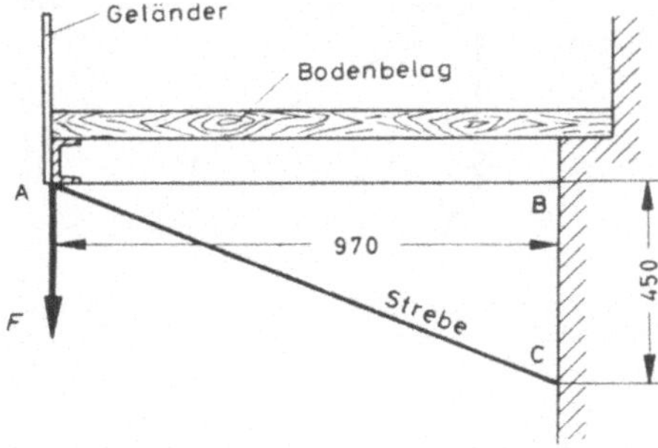

Gesucht werden die in der Strebe AC und in der Zugstange AB auftretenden Kräfte.

156 An eine *Drehkransäule* ist ein 17,3 kN schweres *Gegengewicht* in 1650 mm Ausladung durch zwei Stäbe AB und AC angeschlossen.

Die in den beiden Stäben auftretenden Kräfte sind zu bestimmen.

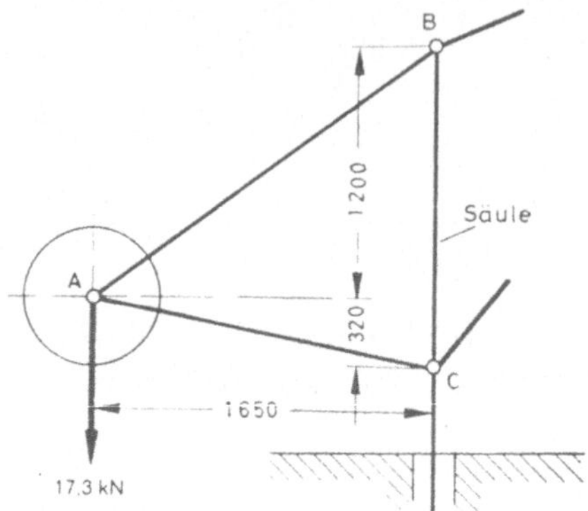

157 Ein *Hebel* OA ist auf die Welle O aufgesetzt und wird durch zwei gespreizte Stangen AB und AC gebildet. Welche Kräfte erzeugt die im Hebelkopf A angreifende Betriebskraft 9000 N in den beiden Stangen.

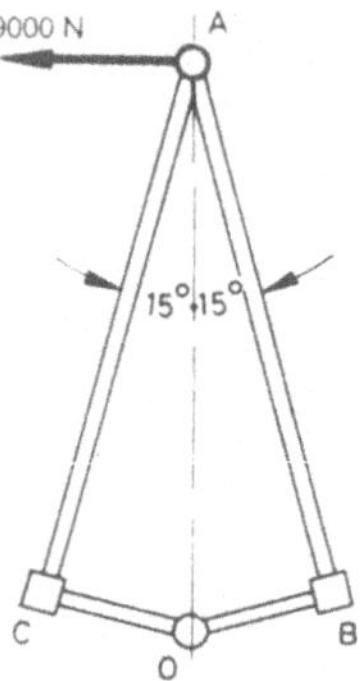

158 Ein *Drehkrangerüst* mit geknickten Streben *b* und *d* hat die gegebenen Maße und ist durch eine am Auslegerkopf hängende Gewichtskraft von 25 kN belastet.

Gesucht sind die in den Fachwerkstäben *a*, *b*, *c* und *d* auftretenden Kräfte.

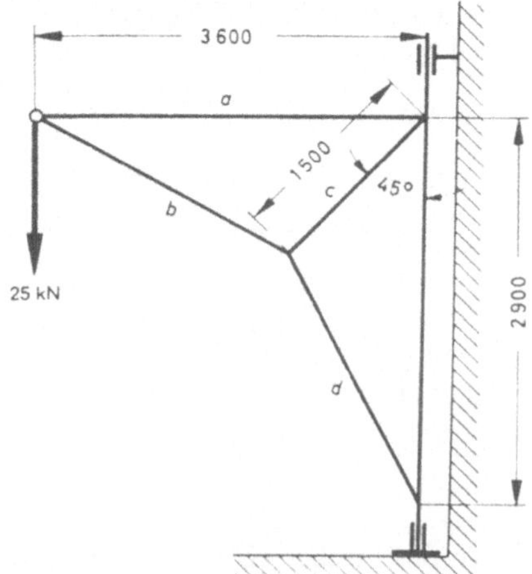

159 Der *Kurbeltrieb* einer Dampfmaschine ist mit einer Kolbenkraft $F_K = 140$ kN belastet. Schubstange und Kurbel bilden einen Winkel von 90°.

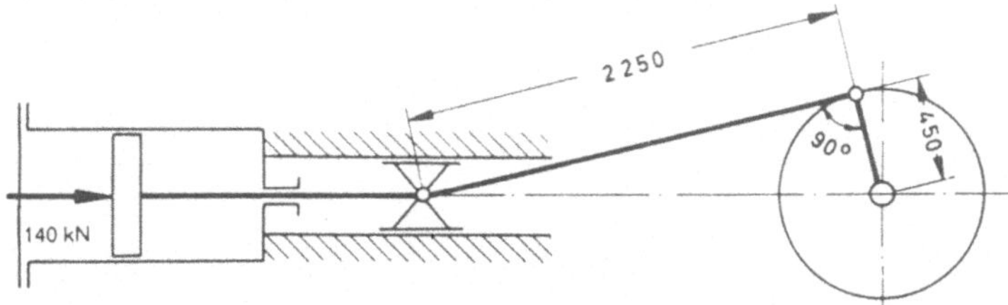

Für die gezeichnete Stellung, in der Schubstange und Kurbel einen rechten Winkel bilden, sind zu bestimmen:

a) die Normalkraft F_N des Kreuzkopfs auf die Gleitbahn;

b) die Schubstangenkraft F_S.

160 Das *Förderseil* eines Schachtes ist durch den Förderkorb mit 72 kN belastet und wird nach Skizze über eine oben auf dem *Schachtgerüst* gelagerte Seilscheibe von 6 m Durchmesser zur Fördermaschine geführt. Das schräge Seilstück bildet einen Winkel von 45° mit der Senkrechten.

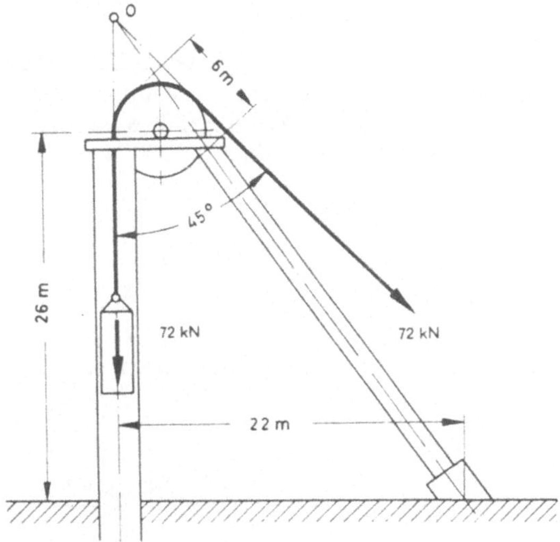

Welche Belastung üben die Seilkräfte aus:

a) auf die Achse der Seilscheibe (vergleiche Aufgabe 115);

b) auf die senkrechte Säule und die schräge Strebe des Schachtgerüsts, deren Mittellinien sich in demselben Punkt O schneiden wie die verlängerten Seilrichtungen?

161 Bei der skizzierten *Kniehebel-Nietmaschine* wird der Kolben von 320 mm Durchmesser mit Druckluft von 7 bar[1]) angetrieben. Die Zugstangen Z sind mit ihren unteren Endpunkten an festen Zapfen auf beiden Seiten des Maschinengestells drehbar gelagert und schwingen um diese Zapfen während der Kolbenbewegung.

---

[1]) 1 bar $= 10^5$ Pa; 1 Pa $= 1$ N/m^2 $= 10$ N/cm^2

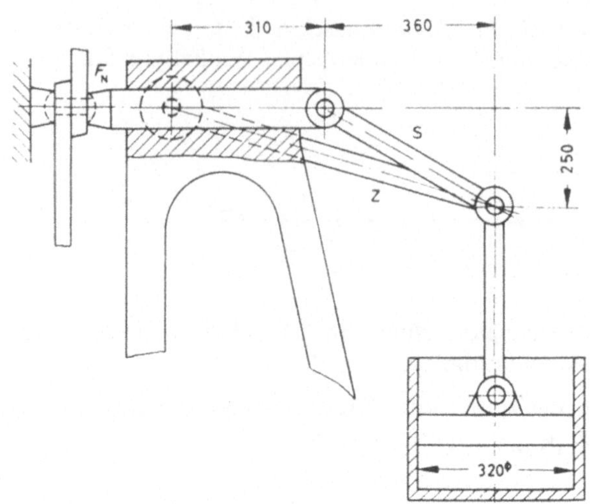

Gesucht ist die von der Stange S auf den Nietkolben übertragene senkrechte Nietkraft F_N.

162 Drei gleich schwere, runde Scheiben gleichen Durchmessers vom Scheibengewicht $F_G = 250$ N sind mit einem Spannband verschnürt. Das Paket ruht auf horizontaler Unterlage. Welche Spannkraft wirkt im Band, wenn die Andrückkraft in der Berührstelle der Scheiben 1 und 2 (bzw. 1 und 3) 1000 N beträgt?

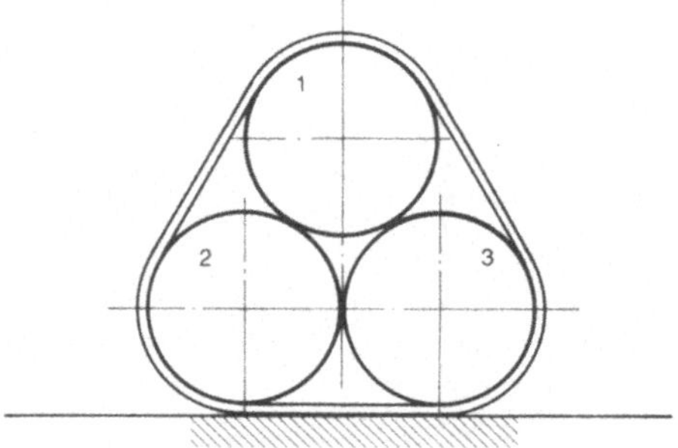

2. Allgemeine, ebene Kräftesysteme

201 An einem Körper greifen zwei Kräfte F_1 und F_2 mit unterschiedlichen Angriffspunkten gemäß Skizze an. Die Resultierende soll auf zeichnerischem Wege bestimmt werden.

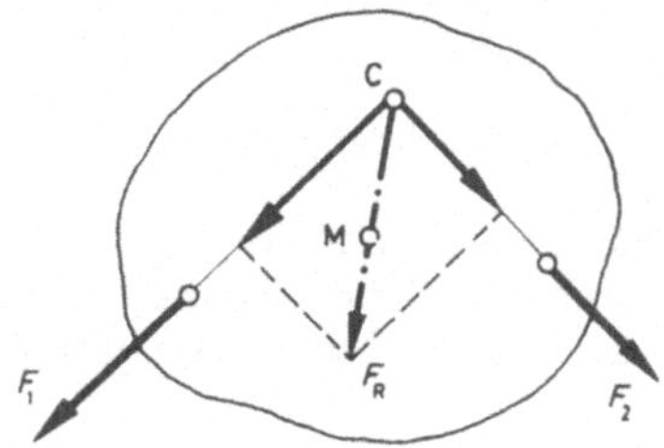

Lösung:

Man zeichnet die Wirkungslinien der beiden Kräfte bis zu ihrem Schnittpunkt C und konstruiert dort das Parallelogramm der Kräfte. Die Resultierende F_R ist durch die Diagonale des Parallelogramms dargestellt nach Größe, Richtung und Lage. Ihr Angriffspunkt kann ein beliebiger Punkt auf der Wirkungslinie der Resultierenden, z. B. M sein.

202 Wie werden zwei an einem Körper angreifende Kräfte F_1 und F_2 mit unterschiedlichem Angriffspunkt gemäß Skizze Bild a) zur Resultierenden zusammengesetzt, wenn der Schnittpunkt C ihrer Wirkungslinien (vergl. Aufg. 201) außerhalb des Zeichenblattes liegt?

Lösung:

Man fügt auf der durch die Angriffspunkte führenden Wirkungslinie zwei gleich große, entgegengesetzt gerichtete Kräfte F_0 und F_0' beliebiger Größe hinzu. Diese ändern an der Kraftverteilung nichts, weil sie einander aufheben. Setzt man nun F_0 mit F_1 und F_0' mit F_2 zu den Resultierenden F_{S1} und F_{S2} zusammen, so schneiden sich deren Wirkungslinien in

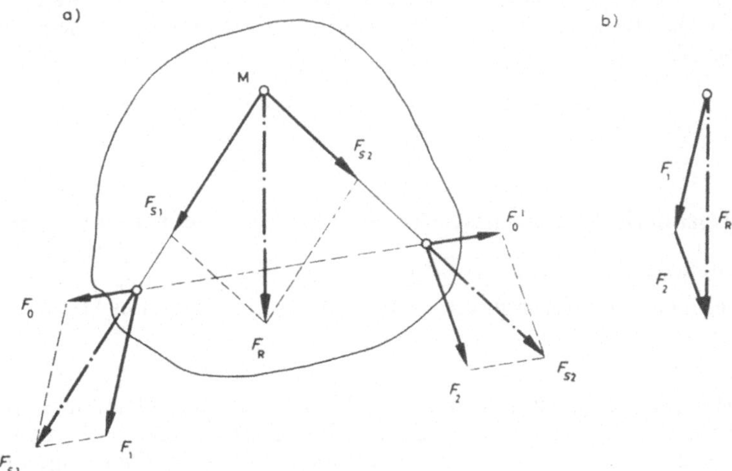

M. Dort kann man aus F_{S1} und F_{S2} die Resultierende F_R konstruieren. Diese ist dann zugleich auch die Resultierende von F_1 und F_2; ihre *Größe* und *Richtung* hätte man auch aus dem Krafteck Bild b) unmittelbar finden können, nicht jedoch ihre *Lage*.

203 Drei Kräfte F_1, F_2, F_3, in verschiedenen Punkten eines Körpers angreifend [Bild a)], sollen zeichnerisch zur Resultierenden zusammengesetzt werden.

Lösung:

Man vereinigt zunächst die Kräfte F_1 und F_2, indem man ihre Wirkungslinien bis zu ihrem Schnittpunkt verlängert. Dort zeichnet man das Parallelogramm, dessen Diagonale die Resultierende F_{R1-2} ist. Ihre Wirkungslinie wird bis zum Schnittpunkt M mit

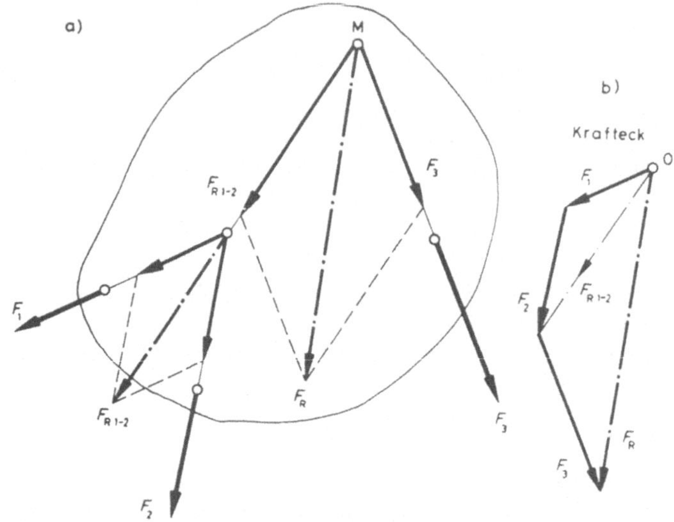

F_3 gezeichnet und dort aus beiden Kräften die Gesamt-Resultierende F_R gefunden. – Die Größe und Richtung der Resultierenden F_{R1-2} und F_R kann man unmittelbar aus dem Krafteck Bild b) ermitteln, während allerdings ihre Lage nach Bild a) bestimmt werden muß.

Zeichnerische Zusammensetzung (Krafteck-Seileck-Verfahren)

204 Die vorige Aufgabe 203 ist für den Fall zu lösen, daß die Schnittpunkte der drei gegebenen Kraftrichtungen außerhalb des Zeichenblattes liegen.

Lösung:

Man fügt wie in Aufg. 202 zwei beliebig gleich große, sich aufhebende Hilfskräfte F_0 und F_0' hinzu [Bild a)]. Nun setzt man im Krafteck Bild b) F_0 und F_1 zusammen zur Resultierenden S_1 und zieht deren Wirkungslinien in Bild a) durch Punkt I. Dann wird im Krafteck S_1 mit F_1 zusammengesetzt zu S_2; dazu die Parallele in Bild a) durch Punkt II. Dann S_2 mit F_3 zu S_3. Parallele durch Punkt III. Darauf wird S_3 mit F_0' zusammengesetzt zu F_R. Der Schnittpunkt der Wirkungslinien von S_3 und F_0' befindet sich in M. Durch M geht auch die Wirkungslinie der Gesamt-Resultierenden F_R. Ihre Größe und Richtung findet man im Krafteck Bild b), indem man S_3 mit der letzten Kraft F_0' zu $OC = F_R$ zusammensetzt, oder einfacher unmittelbar als Schlußlinie AB des Kräftezuges $F_1 - F_2 - F_3$ (wie in Aufg. 119).

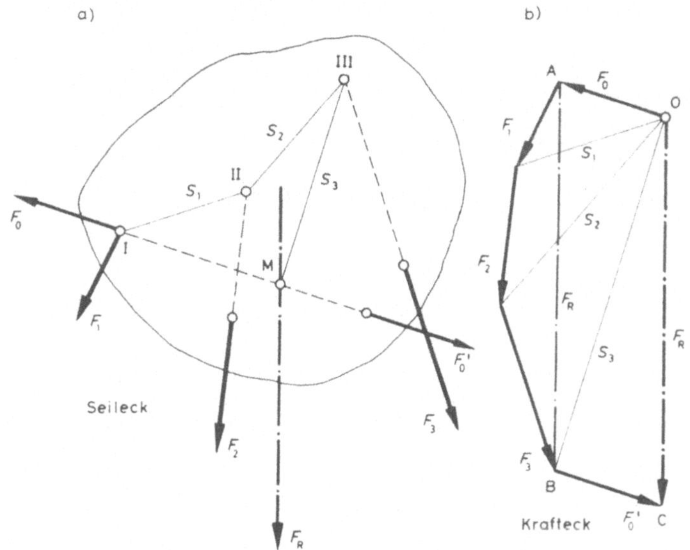

Wenn man den Linienzug $F_0 - S_1 - S_2 - S_3$ durch ein Seil verkörpert [Bild c)], so halten in jedem Eckpunkte die Seilspannkräfte der dort angreifenden Last das Gleichgewicht. Man nennt deshalb den eckigen Linienzug des Seiles den *Seilzug*. Das geschlossene Vieleck I – II – III – M in Bild a), das durch rückwärtige Verlängerung der äußersten

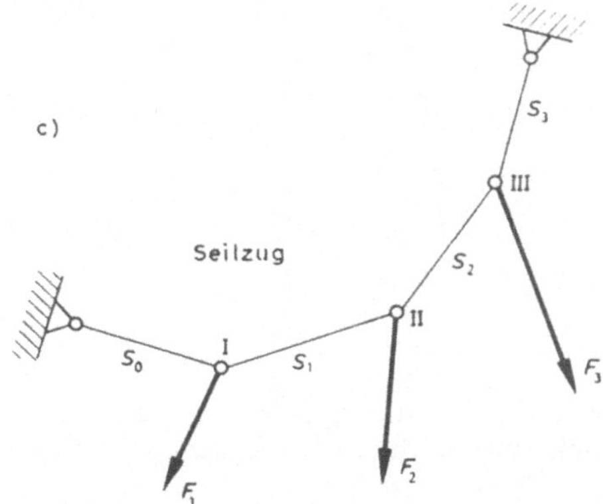

Seilseiten F_0 und S_3 bis zu ihrem Schnittpunkte M entsteht, heißt *Seileck* (Seilpolygon). Die Strahlen S_1, S_2, S_3 im Krafteck Bild b) heißen *Polstrahlen*; ihr Schnittpunkt O heißt der *Pol*.

205 Drei *Parallelkräfte* F_1, F_2, F_3 [Bild a)] sollen mittels Kraft- und Seilecks zu ihrer Resultierenden F_R zusammengesetzt werden.

Lösung:

Das Krafteck wird eine gerade Linie [Bild b)]: $F_R = F_1 + F_2 + F_3$.

Um die Lage der Wirkungslinie der Resultierenden in Bild a) zu finden, wählt man beliebige Hilfskräfte F_0 und F_0', d. h. man nimmt die Lage des Pols O in Bild b) beliebig

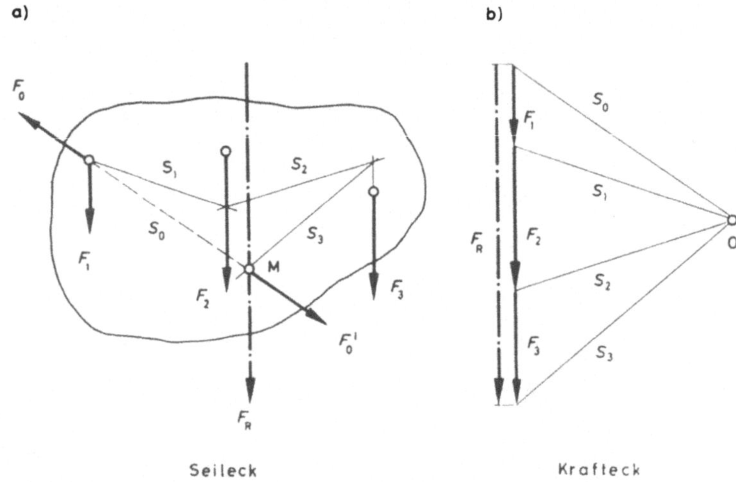

an. Dann zeichnet man mit Hilfe der Polstrahlen das Seileck Bild a) wie in voriger Aufgabe 204. Der Linienzug BCO in Bild b) Aufgabe 204 ist für die Zeichnung entbehrlich und kann deshalb weggelassen werden.

206 An einem *Hebel* greifen drei parallele Kräfte gemäß Bild an.

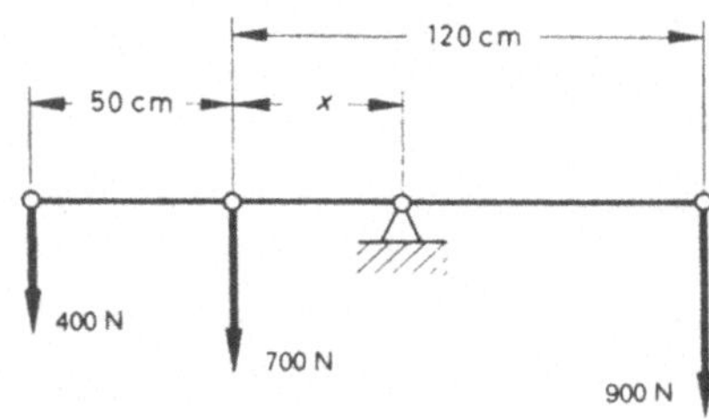

In welchem Abstande x vom Angriffspunkte der mittleren Kraft muß der Hebeldrehpunkt angeordnet werden, damit Gleichgewicht besteht?

207 Eine *Lokomotive* mit den gegebenen Achslasten soll auf einer *Drehscheibe* so aufgestellt werden, daß die ganze Last auf dem Drehzapfen der Scheibe in ihrer Mitte ruht.

Welchen Abstand x_0 von der Zapfenmitte muß die vordere Achse erhalten?

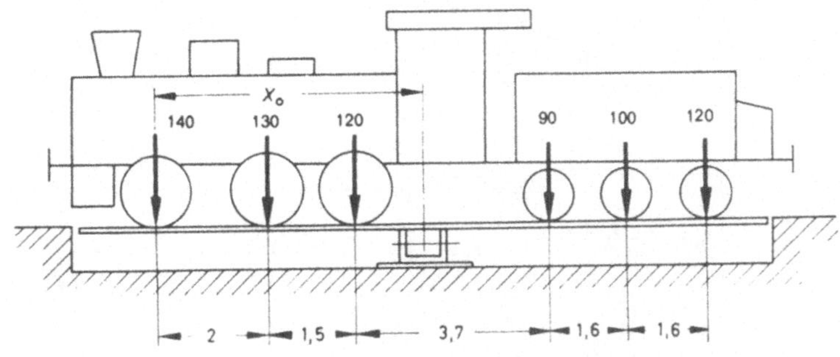

alle Maße in m, alle Achslasten in kN

Lösungshinweis:

Die Resultierende der sechs Achslasten muß mit der senkrechten Achse des Drehzapfens zusammenfallen. Ihr Lagenmaß x_0 wird durch Kraft- und Seileck bestimmt.

208   Bei dem skizzierten *Schacht-Drehkran* wird die drehbare Säule in den Lagern A und B in einem Fundamentschacht geführt. Nutzlast 40 kN in 3,8 m Ausladung; Eigengewicht 32 kN in 0,9 m Ausladung.

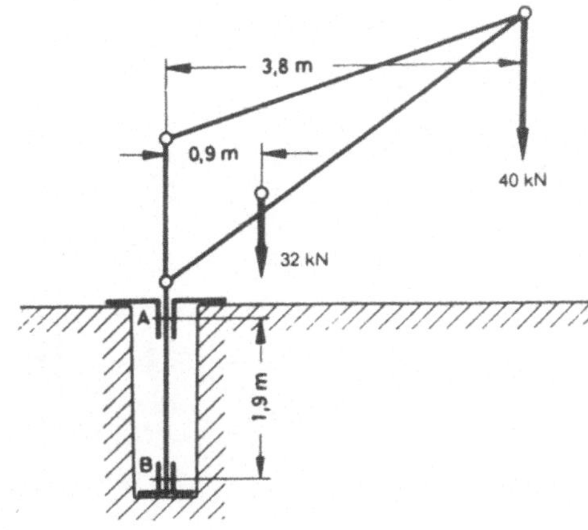

Welchen Abstand von der Drehachse hat die Resultierende der beiden gegebenen Lasten?

209   An dem waagerechten Arm eines *Winkelhebels* nach Abbildung greifen die Kräfte $F_1 = 3200$ N und $F_2 = 4300$ N an.

Zeichnerisch sollen ermittelt werden:

a) die Kraft F_3, die an dem senkrechten Arm des Hebels unter 60° Neigung wirken muß, um Gleichgewicht zu halten;

b) die Belastung des Drehzapfens O.

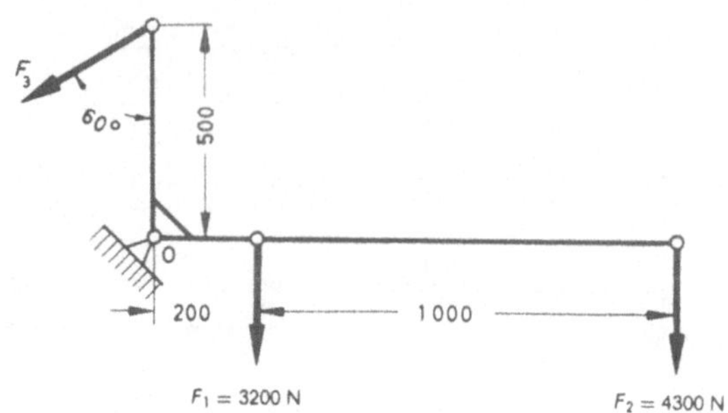

Lösungshinweis:

F_1 und F_2 werden mittels Kraft- und Seileck zur Resultierenden F_R vereinigt, diese mit der Richtung von F_3 zum Schnitt gebracht. Im Schnittpunkt wird das Kräfteparallelogramm aus F_R und F_3 gezeichnet, so daß die Diagonale durch O hindurchgeht.

Zeichnerische Zerlegung (Schlußlinienverfahren)

210 Ein *Balken* auf zwei Stützen ist durch eine Kraft F_R gemäß Bild a) belastet. Die Lagerkräfte F_A und F_B sollen z e i c h n e r i s c h ermittelt werden.

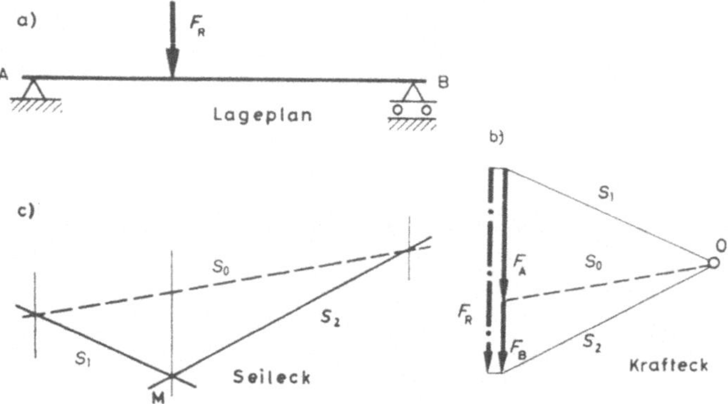

Lösung:

Die Resultierende F_R muß in die beiden Lagerkräfte F_A und F_B z e r l e g t werden, deren Wirkungslinien durch die Lager A und B verlaufen. Folglich ist das umgekehrte Verfahren wie bei der Zusammensetzung von zwei Einzelkräften zu einer Resultierenden (vergleiche Aufgabe 202) anzuwenden.

Man trägt im Krafteck (Bild b) die zu zerlegende Kraft F_R in einem zweckmäßigen Kräftemaßstab auf, wählt beliebig einen Pol 0 und zieht die äußeren Polstrahlen S_1 und S_2.

Im Seileck Bild c) wählt man einen Punkt M auf der Wirkungslinie der Resultierenden, zieht durch diesen Parallele zu den Polstrahlen S_1 und S_2 und bringt sie zum Schnitt mit den Wirkungslinien der Lagerkräfte F_A und F_B. Man verbindet die gewonnenen

Schnittpunkte durch die Schlußlinie S_0 (gestrichelt) und zieht eine Parallele hierzu durch den Pol 0 des Kraftecks Bild b).

Dann unterteilt diese Linie S_0 die Resultierende in die beiden Lagerkräfte F_A und F_B.

211 Eine *Triebwerkwelle* mit 3 m Stützweite trägt drei Räder, die die senkrechten Kräfte $F_1 = 700$ N, $F_2 = 900$ N und $F_3 = 2500$ N gemäß Lageplan ausüben.

Die Lagerkräfte F_A und F_B sind zu ermitteln.

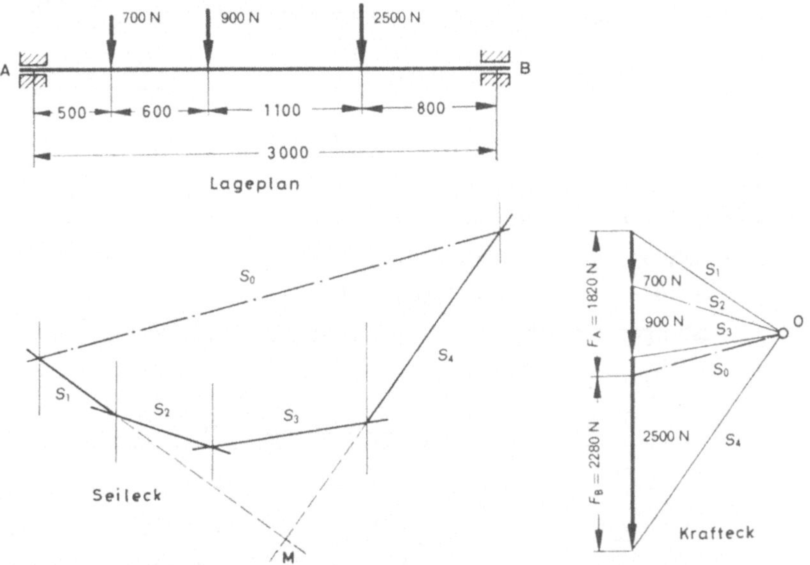

Lösungshinweis:

Man bestimmt zunächst wie in Aufg. 205 die Resultierende F_R der drei gegebenen Einzelkräfte nach Größe und Lage.

Dann zerlegt man F_R nach Aufg. 210 in die beiden Lagerkräfte F_A und F_B.

212 Ein *Träger* auf zwei Stützen ist nach Abbildung durch die senkrechten Kräfte 9000 N und 4000 N belastet.

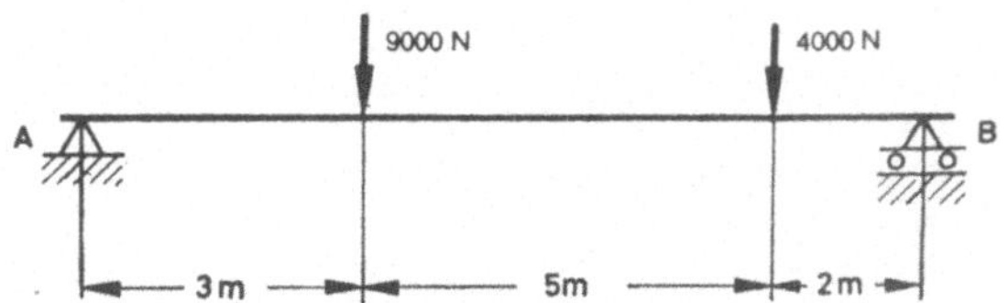

Gesucht sind:

a) der Abstand der Resultierenden beider Kräfte vom linken Auflager *A*;

b) die Lagerkräfte F_A und F_B

213 Die *Welle* eines *Wasserrades* ist senkrecht belastet durch die beiden Naben des Wasserrades mit je 52 kN sowie durch das Gewicht und die Umfangskraft des Zahnrades mit 27 kN.

Die Belastungen der Lager F_A und F_B sind zeichnerisch zu bestimmen.

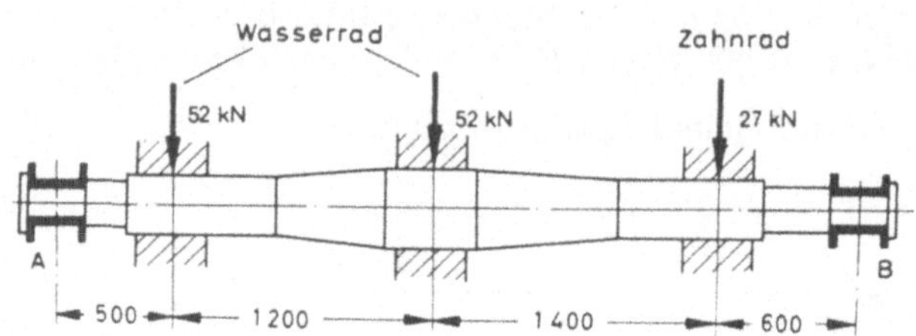

214 Der skizzierte *Beschick-Kran* für einen Martinofen führt die Mulde voll Eisenschrott in den Ofen ein, um sie dort umzudrehen und zu entleeren.

Die Gewichtskräfte sind: Gefüllte Mulde 18 kN; Laufwinde mit Drehsäule, Führerstand und Schwengel 46 kN; Laufkrangerüste 63 kN.

Die Belastungen der Fahrbahnschienen F_A und F_B sollen zeichnerisch ermittelt werden.

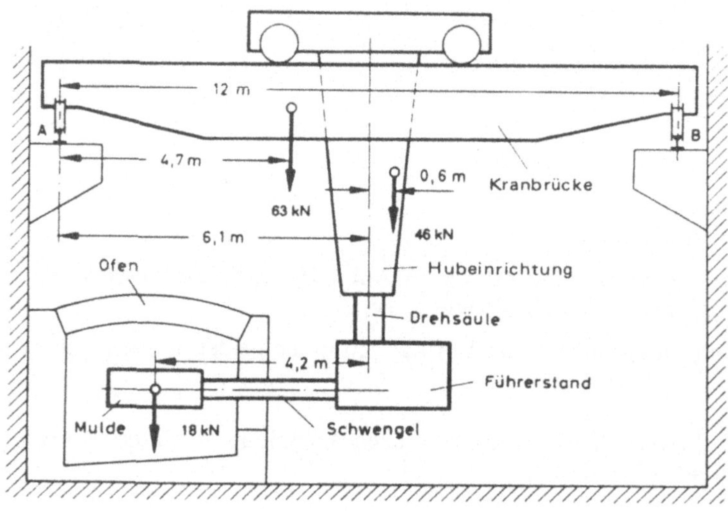

215 Für den skizzierten fahrbaren *Drehkran* sollen die Achslasten F_A und F_B durch zeichnerisches Verfahren ermittelt werden. Die Nutzlast am Auslegerkopf beträgt 8 kN, das Gegengewicht 14 kN, das Eigengewicht des schwenkbaren Auslegers 5 kN, das Eigengewicht des Wagens 16 kN.

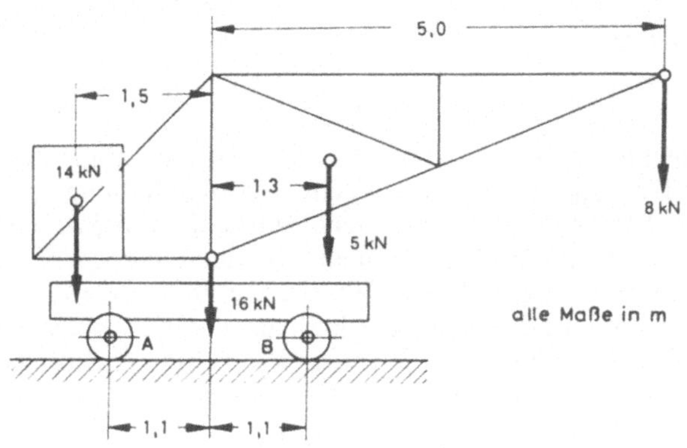

Statisches Moment

216 Was versteht man unter dem *Moment* einer Kraft?

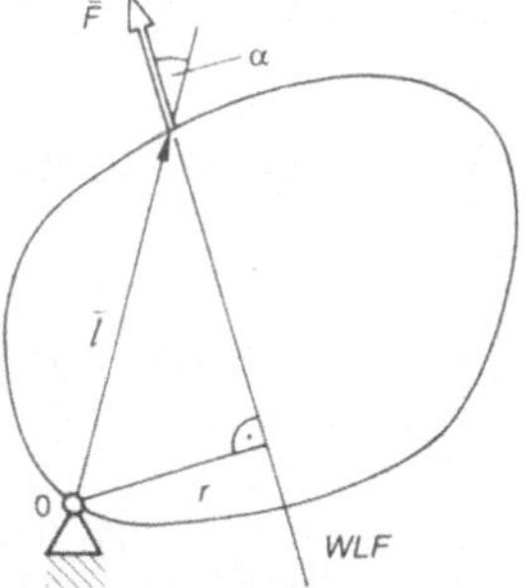

Lösung:

Das statische Moment einer Kraft, bezogen auf einen Punkt 0 der Ebene, ist gleich dem äußeren Vektorprodukt

$$\bar{M} = \bar{l} \times \bar{F} = |l| \cdot |F| \cdot \sin\alpha = |r| \cdot |F|.$$

Das Moment ist ein Vektor und steht senkrecht auf der Ebene, die durch die Vektoren l und F aufgespannt wird. Die drei Vektoren bilden ein Rechtssystem: linksdrehende Momente stoßen aus der Ebene heraus, rechtsdrehende Momente stoßen in die Ebene hinein. Folgende Vorstellung erleichtert die Bestimmung des Richtungssinns des Momentenvektors: Der M-Vektor bewegt sich in die Richtung einer Rechtsgewindeschraube, die die Drehrichtung des Moments erfährt.

217 Was versteht man unter dem *Hebelarm* des Momentes einer Kraft?

Lösung:

Der Hebelarm ist der kürzeste Abstand zwischen der Wirkungslinie der Kraft und jenem Punkt der Ebene, auf den das Moment bezogen wird. Der Hebelarm ist also das Lot vom Bezugspunkt auf die Wirkungslinie der Kraft.

218   Erläutere den Unterschied der verschiedenen Momente

a) *Drehmoment,*

b) *Statisches Moment,*

c) *Biegemoment,*

d) *Drillmoment.*

Lösung:

Drehmomente sind solche Momente, die an Körpern oder Systemen so angreifen, daß entweder Drehung (Rotation) entsteht oder die Drehung des Systems beeinflußt wird, z. B. Antriebsmoment, Bremsmoment. Statische Momente sind die Produkte aus Kraft und Hebelarm; „Statisches Moment" ist der Oberbegriff, zu dem sich die übrigen Begriffe zusammenfassen lassen. Wirken Momente quer zur Balkenachse, so führen sie zu einer Krümmungsänderung der Balkenachse, sie verbiegen den Balken; es entstehen im Bauteil Biegespannungen. Wirkt ein Moment in Richtung der Balkenlängsachse, so tordiert es den Balken; es entstehen Torsionsspannungen: Drill- oder Torsionsmoment.

219   Welche Maßeinheit hat das Moment einer Kraft?

Lösung:

Die Einheit des Moments ist das Produkt der Einheiten von Kraft und Hebelarm, also z. B. Nm oder kNm oder Ncm.

220   Welche Vorzeichen sind für die *Drehrichtungen* der Kraftmomente gebräuchlich?

Lösung:

Momente sind Vektoren. Ist der Raum respektive die Ebene durch ein Koordinatensystem gekennzeichnet, so sind Vektoren und also auch Momente dann positiv, wenn sie in Richtung einer positiven Achse gerichtet sind. Ist kein Koordinatensystem gegeben, so ist das Vorzeichen Vereinbarungssache; zumeist werden linksdrehende (aus der Ebene herausdrehende) Momente positiv gerechnet, rechtsdrehende Momente (in die Ebene hineinstoßende Momente) damit negativ – in Anlehnung an den entgegengesetzten Uhrzeigersinn als positiver Drehsinn der Mathematik.

221   Eine *Dehnschraube* soll mit einem vorgeschriebenen Drehmoment von 88 Nm angezogen werden.

Welche Anzugskraft muß an einem Schlüssel im Abstand von 360 mm von der Schraubenmitte aufgebracht werden?

222   Zur günstigen Ausnutzung der *Beinmuskulatur* ergeben sich als Grundlagen für die Konstruktion des Kurbeltriebes beim Fahrrad:

Hebellänge der Tretkurbel $a = 18$ cm,

Beinkraft bei Dauerbetrieb $F = 300$ N

a) Welches maximale Drehmoment wirkt an der Kurbelwelle?

b) Wie groß ist die maximale Zugkraft in der Rollenkette bei einem Teilkreisdurchmesser des Kettenrades von 153,8 mm?

223 Für die Betätigung von *Handkurbeln* ergeben sich folgende günstige Werte:

Hebellänge der Handkurbel $\qquad a = 40$ cm,

Armkraft bei Dauerbetrieb $\qquad F = 130$ N

a) Welches maximale Drehmoment wird von einem Arbeiter aufgebracht?

b) Welches maximale Drehmoment wird von zwei Arbeitern gemeinsam aufgebracht?

c) Welche Last kann gehoben werden, wenn zwei Arbeiter gemeinsam eine Seiltrommel von 20 cm Durchmesser drehen?

224 Wie lautet der *Satz der statischen Momente?*

Lösung:

Das statische Moment der Resultierenden ist gleich der Summe der statischen Momente ihrer Komponenten für jede beliebige Drehachse.

225 Wie lautet der *Satz der statischen Momente* für den *Sonderfall*, daß eine der beiden Kraftkomponenten durch die Drehachse geht?

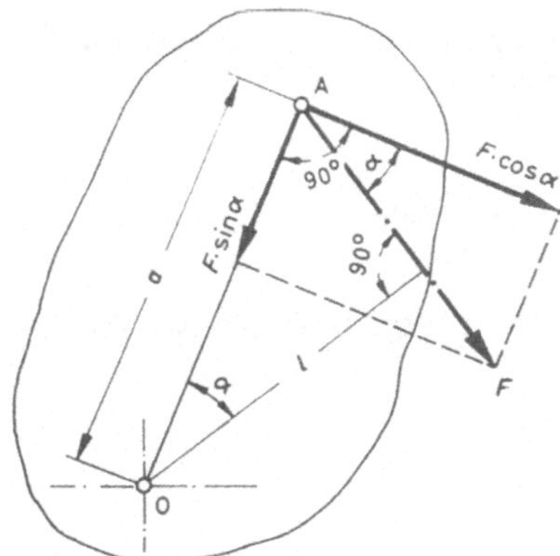

Lösung:

An einem um die Achse O drehbaren Körper greife in A die Resultierende F an. Sie sei zerlegt in ihre Komponenten in Richtung AO und senkrecht dazu, nämlich in $F \cdot \sin\alpha$ und $F \cdot \cos\alpha$, so daß die Komponente $F \cdot \sin\alpha$ durch die Drehachse O hindurchgeht. Das statische Moment der Resultierenden F in bezug auf O ist $M = F \cdot l$ oder, da $l = a \cdot \cos\alpha$, $M = F \cdot a \cdot \cos\alpha = (F \cdot \cos\alpha) \cdot a =$ dem statischen Moment der Komponente $F \cdot \cos\alpha$. Die andere Komponente $F \cdot \sin\alpha$ hat, da sie durch die Drehachse O hindurchgeht, den Hebelarm Null und das statische Moment $F \cdot \sin\alpha \cdot 0 = 0$.

Satz: Das statische Moment der Resultierenden ist gleich dem statischen Moment der Komponente, die rechtwinklig zur Verbindungslinie des Angriffspunktes A mit der Drehachse O steht.

226   Am Ende eines 120 cm langen *Hebels* greift eine Kraft von 70 N senkrecht zur Hebelrichtung an.

Wie groß müßte eine in demselben Punkt unter 30° Neigung gegen die Hebelrichtung wirkende Kraft F sein, um dasselbe Drehmoment zu liefern?

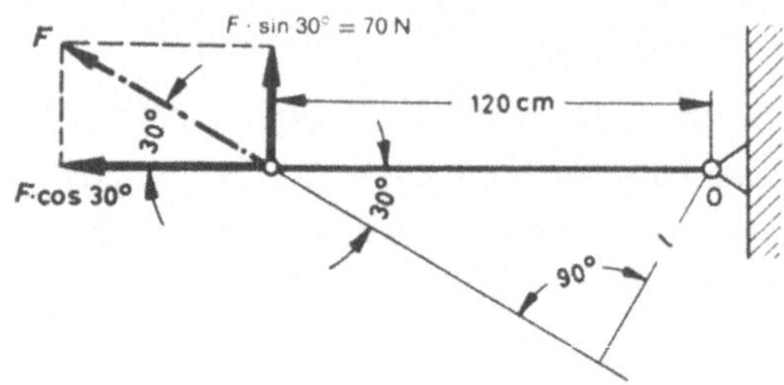

Lösung:

Die statischen Momente der beiden Kräfte für den Hebeldrehpunkt O müssen gleich groß sein, also $F \cdot l = 70\text{ N} \cdot 120\text{ cm}$ oder, da $l = 120\text{ cm} \cdot \sin 30°$,

$$F \cdot (120\text{ cm} \cdot \sin 30°) = 70\text{ N} \cdot 120\text{ cm}, \quad \text{also} \quad F \cdot \sin 30° = 70\text{ N}.$$

Die Kraft F muß demnach so groß sein, daß sie eine senkrechte Komponente $F \cdot \sin 30° = 70\text{ N}$ liefert. Ihre Größe ist

$$F = \frac{70\text{ N}}{\sin 30°} = \frac{70\text{ N}}{0{,}5} = 140\text{ N}$$

Die waagerechte Komponente $F \cdot \cos 30°$ geht durch den Drehpunkt O hindurch, liefert also kein Drehmoment.

227   Die *Schubstange* eines Kurbelgetriebes überträgt auf den Kurbelzapfen A eine Kraft von 9 kN, während sie mit dem *Kurbelarm* einen Winkel von 60° bildet.

Welches Drehmoment tritt an der Kurbelwelle O auf, wenn die Kurbel OA = 400 mm lang ist?

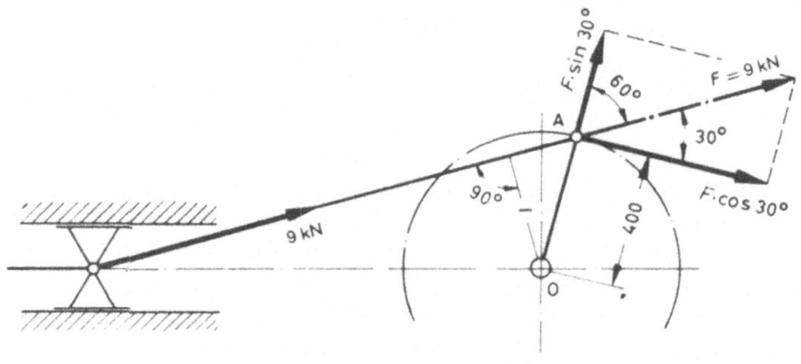

Lösung 1:

$$M = F \cdot l, \quad \text{wobei} \quad l = (40\text{ cm} \cdot \sin 60°) = 34{,}64\text{ cm},$$
$$M = 9000\text{ N} \cdot 0{,}3464\text{ m} = 3117{,}6\text{ Nm}$$

Lösung 2:

F wird am Kurbelzapfen A zerlegt in die tangentiale Komponente $F \cdot \cos 30° = 9000\,\text{N} \cdot 0,866 = 7794\,\text{N}$ und in die radiale Komponente $F \cdot \sin 30° = 9000 \cdot 0,5 = 4500\,\text{N}$. Sie liefert kein Drehmoment, da sie durch den Drehpunkt O hindurchgeht. Die Tangentialkraft liefert das Drehmoment $7794\,\text{N} \cdot 0,4\,\text{m} = 3117,6\,\text{Nm}$.

228 Die *Spannrolle* des skizzierten Riementriebes soll im Riemen eine Spannkraft von 1,5 kN erzeugen.

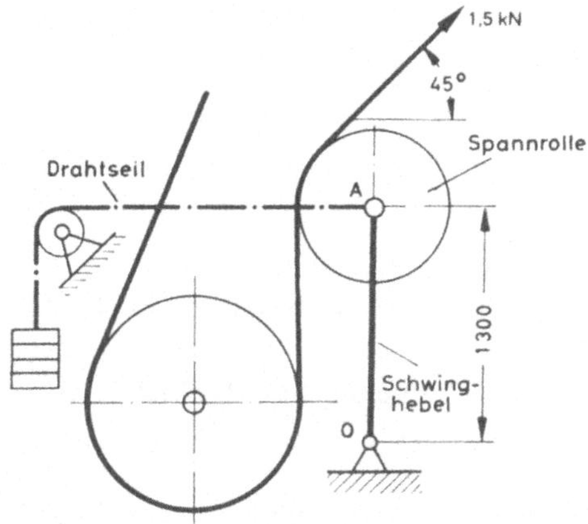

Gesucht wird das erforderliche Belastungsgewicht F_G der Spannrolle.

Kräftepaar

229 Was versteht man unter einem *Kräftepaar*?

Lösung:

Ein Kräftepaar ist die besondere Konstellation zweier gleich großer Kräfte auf parallelen Wirkungslinien und mit entgegengesetztem Richtungssinn. Das Kräftepaar ist insoweit eine statische Grundgröße, als es allein durch eine Kraft nicht aufgehoben, d. h. ins Gleichgewicht gebracht werden kann. Die Resultierende des Kräftepaares ist null, nicht aber seine Wirkung, die Momentenwirkung.

230 Welcher Zusammenhang besteht zwischen *Moment* und *Kräftepaar*?

Lösung:

Die Wirkung eines Kräftepaares ist ein Moment. Der Betrag des Moments ist gleich dem Produkt aus Kraft und dem Abstand der parallelen Wirkungslinien. Während es im Hinblick auf die Gleichgewichtssituation eines Körpers nicht ohne weiteres zulässig ist, eine Kraft aus der Wirkungslinie heraus zu verschieben (es entstehen dann sog. Versatzmomente), ist die Verschiebung des Kräftepaares möglich, ohne daß sich an seiner statischen Wirkung dadurch etwas ändert. Die Kraft ist ein liniengebundener Vektor, das Moment des Kräftepaares nicht, wie aus der Skizze hervorgeht.

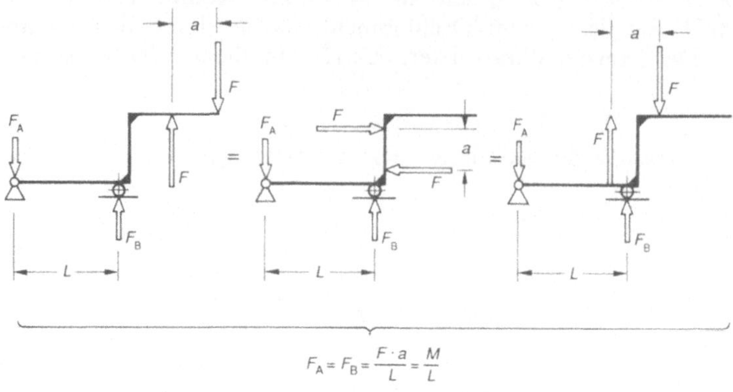

$$F_A = F_B = \frac{F \cdot a}{L} = \frac{M}{L}$$

231 Gegeben ist ein *Kräftepaar*, dessen Kräfte je 640 N groß sind und das ein Drehmoment von 512 Nm erzeugt.

Wie groß sind die Hebelarme der Einzelkräfte?

232 An einem 64 cm langen *Tritthebel* wirkt ein statisches Moment von 204,8 Nm.

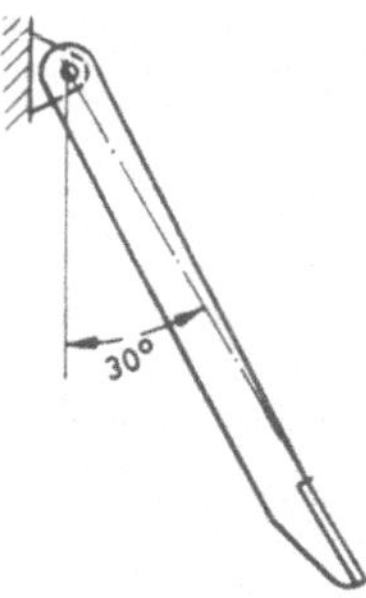

a) Wie groß sind die Einzelkräfte des wirkenden Kräftepaares, wenn eine Kraft am Fußtritt senkrecht zum Tritthebel angreift?

b) Wo und wie wirkt die andere Kraft des Kräftepaares?

c) Wie groß sind die Einzelkräfte, wenn eine Kraft in waagerechter Richtung angreift?

d) Wo und wie wirkt in diesem Fall die andere Kraft des Kräftepaares?

Rechnerische Zusammensetzung

233 An einem Hebel greifen drei senkrechte Kräfte gemäß untenstehender Skizze an.

In welchem Abstand x vom Angriffspunkt der mittleren Kraft muß der Hebeldrehpunkt angeordnet werden, damit Gleichgewicht besteht? (Vergleiche Aufgabe 206).

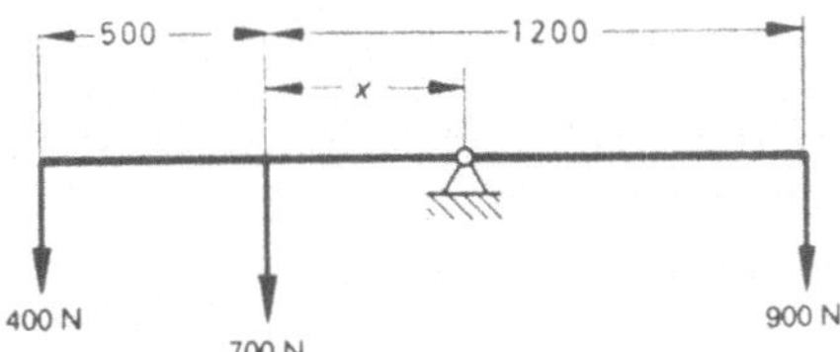

Lösung:

Da die Resultierende F_R der gegebenen Kräfte durch den gesuchten Drehpunkt geht, muß die Resultierende bestimmt werden.

Die Größe der Resultierenden ergibt sich, da alle Kräfte parallel wirken, als Summe der Einzelkräfte

$$F_R = F_1 + F_2 + F_3$$
$$F_R = 400\ \text{N} + 700\ \text{N} + 900\ \text{N} = 2000\ \text{N}$$

Die Lage der Resultierenden wird mit Hilfe einer Momentengleichung bestimmt. Durch geschickte Wahl des Momentenbezugspunktes (Angriffspunkt der Kraft 700 N) wird die Rechnung vereinfacht. Die Kraft 700 N hat keinen Hebelarm und fällt daher bei der Rechnung heraus. Der gesuchte Abstand x wird direkt berechnet.

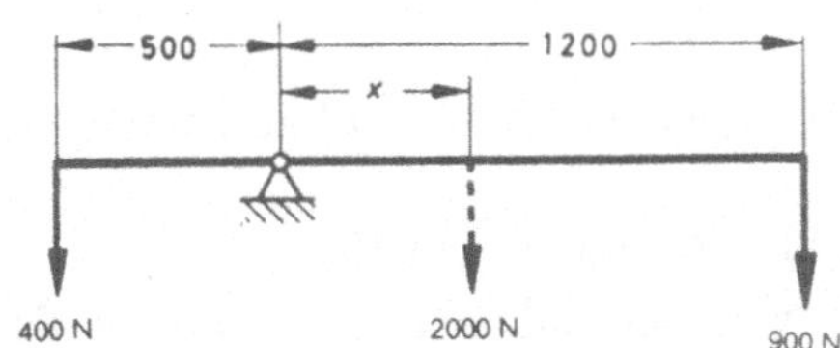

$$-2000\ \text{N} \cdot x = 400\ \text{N} \cdot 0{,}5\ \text{m} - 900\ \text{N} \cdot 1{,}2\ \text{m}$$
$$-x = \frac{400 \cdot 0{,}5 - 900 \cdot 1{,}2}{2000}\ \frac{\text{Nm}}{\text{N}}$$
$$x = 0{,}44\ \text{m}$$

Ist die genaue Lage der Resultierenden unbekannt, so wird sie beliebig angenommen. Bei positivem Ergebnis war die Annahme richtig, bei negativem Ergebnis befindet sich die Resultierende auf der entgegengesetzten Seite des gewählten Momentenbezugspunktes.

234 Bestimme rechnerisch den in Aufgabe 207 gesuchten Abstand x_0 der vorderen *Lokomotivachse* vom Drehzapfen der Scheibe!

235 Für den in Aufgabe 208 gegebenen *Schachtdrehkran* ist rechnerisch zu bestimmen:

Welchen Abstand von der Drehachse hat die Resultierende der beiden gegebenen Lasten?

236 Für den in Aufgabe 209 gegebenen *Winkelhebel* sind rechnerisch zu ermitteln:

a) die Kraft F_3, die an dem senkrechten Arm des Hebels unter 60° Neigung wirken muß, um Gleichgewicht zu halten;

b) die Belastung des Drehzapfens O.

237 Ein gemauerter *Brückenpfeiler* in einem Flußlauf hat die Lagerbelastung von zwei Brückenträgern aufzunehmen, nämlich $F_A = 870$ kN und $F_B = 580$ kN. Der waagerechte Abstand dieser Kräfte beträgt 92 cm.

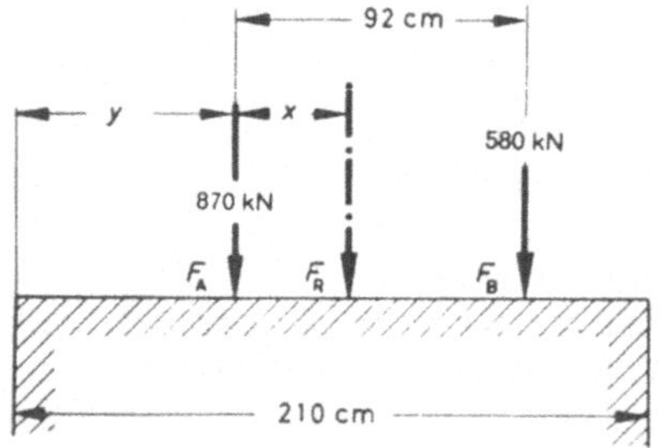

Gesucht sind:

a) die Größe der Resultierenden F_R beider Lagerbelastungen, d. h. die Gesamtbelastung des Pfeilers;

b) das Lagemaß x der Resultierenden F_R;

c) der Abstand y von der linken Pfeilerkante, in dem das Auflager des linken Brückenträgers angeordnet werden muß, damit die Resultierende F_R, also die Gesamtbelastung, gerade in die Mitte des 210 cm breiten Pfeilers fällt.

Rechnerische Zerlegung

238 Ein *Balken* auf zwei Stützen trägt eine Last $F = 5000$ N gemäß Bild. Gesucht sind die Lagerbelastungen F_A und F_B mit Hilfe der Momentengleichungen.

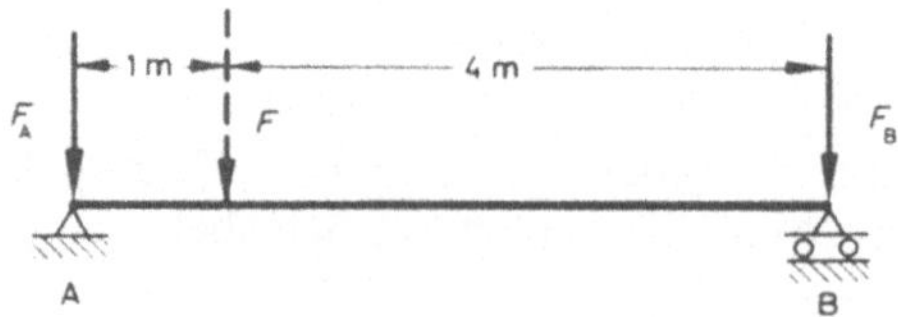

Lösung:

Man wählt den Bezugspunkt für den Ansatz der Momentengleichung so, daß eine Unbekannte keinen Hebelarm hat und dadurch bei der Rechnung herausfällt.

Bezugspunkt B:
$$F_A \cdot 5\,\text{m} = F \cdot 4\,\text{m}$$
$$F_A = \frac{5000\,\text{N} \cdot 4\,\text{m}}{5\,\text{m}}$$
$$F_A = 4000\,\text{N}$$

Bezugspunkt A:
$$-F_B \cdot 5\,m = -F \cdot 1\,\text{m}$$
$$-F_B = -\frac{5000\,\text{N} \cdot 1\,\text{m}}{5\,\text{m}}$$
$$F_B = 1000\,\text{N}$$

Probe: Da alle Kräfte parallel wirken, muß die Summe der Komponenten gleich der gegebenen Kraft sein.

$$F_A + F_B = F$$
$$4000\,\text{N} + 1000\,\text{N} = 5000\,\text{N}$$

239 Bei der gegebenen *Triebwerkswelle* sind die Lagerkräfte F_A und F_B rechnerisch zu ermitteln.

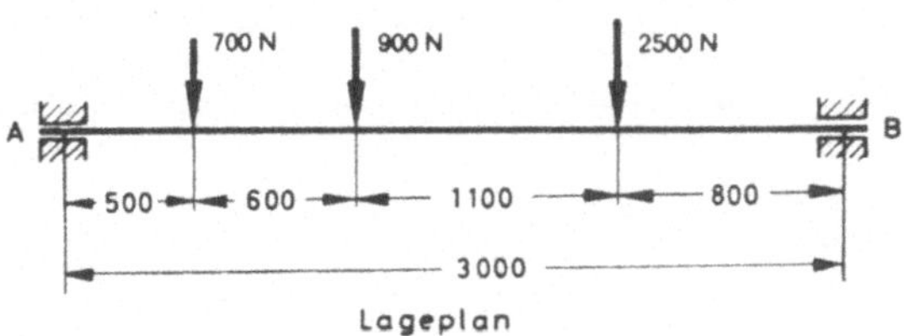

Lösung:

Bei der rechnerischen Ermittlung entfällt die Bestimmung der Resultierenden, da die Einzelkräfte mit den ihnen zugehörigen Hebelarmen in die Rechnung eingesetzt werden können und dabei die gleiche Wirkung haben wie die Resultierende mit ihrem Hebelarm.

Bezugspunkt B:
$$+F_A \cdot 3\,\text{m} = 700\,\text{N} \cdot 2{,}5\,\text{m} + 900\,\text{N} \cdot 1{,}9\,\text{m} + 2500\,\text{N} \cdot 0{,}8\,\text{m}$$
$$F_A = \frac{700 \cdot 2{,}5 + 900 \cdot 1{,}9 + 2500 \cdot 0{,}8}{3} \cdot \frac{\text{N} \cdot \text{m}}{\text{m}}$$
$$F_A = 1820\,\text{N}$$

Bezugspunkt A:
$$-F_B \cdot 3\,\text{m} = -2500\,\text{N} \cdot 2{,}2\,\text{m} - 900\,\text{N} \cdot 1{,}1\,\text{m} - 700\,\text{N} \cdot 0{,}5\,\text{m}$$
$$F_B = \frac{2500 \cdot 2{,}2 + 900 \cdot 1{,}1 + 700 \cdot 0{,}5}{3} \cdot \frac{\text{N} \cdot \text{m}}{\text{m}}$$
$$F_B = 2280\,\text{N} \qquad F_A + F_B = F_1 + F_2 + F_3$$

Probe:
$$1820\,\text{N} + 2280\,\text{N} = 700\,\text{N} + 900\,\text{N} + 2500\,\text{N}$$
$$4100\,\text{N} = 4100\,\text{N}$$

240   Bei dem gegebenen *Träger auf zwei Stützen* sollen die beiden Lagerbelastungen F_A und F_B rechnerisch bestimmt werden.

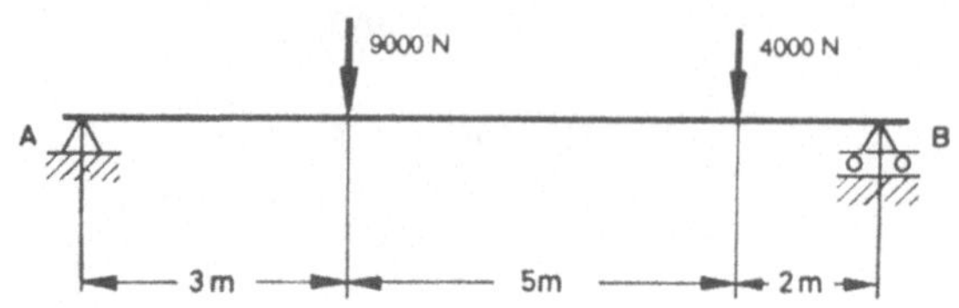

241   Für die gegebene *Wasserradwelle* sollen die Lagerbelastungen F_A und F_B rechnerisch ermittelt werden.

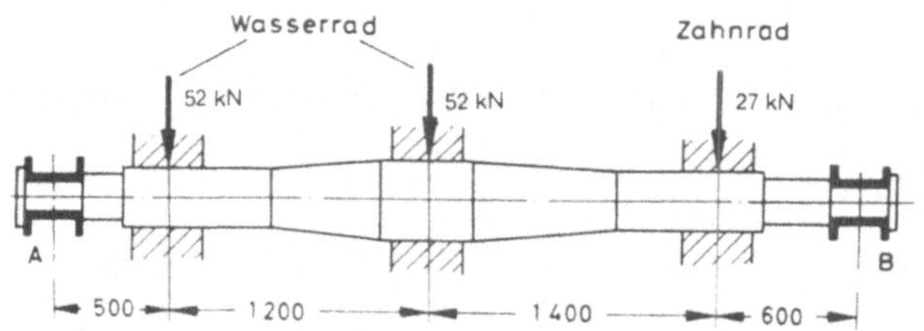

242   Für den gegebenen *Beschick-Kran* sollen die Belastungen der Fahrbahnschienen F_A und F_B berechnet werden.

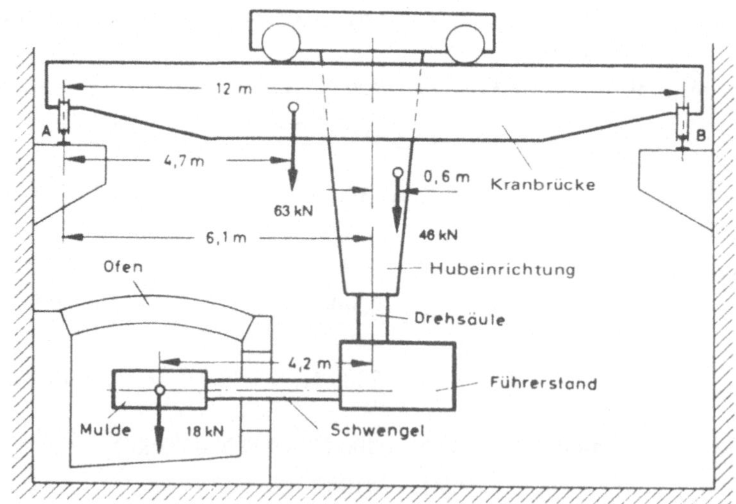

243 Für den gegebenen fahrbaren *Drehkran* sollen die Achslasten F_A und F_B rechnerisch ermittelt werden.

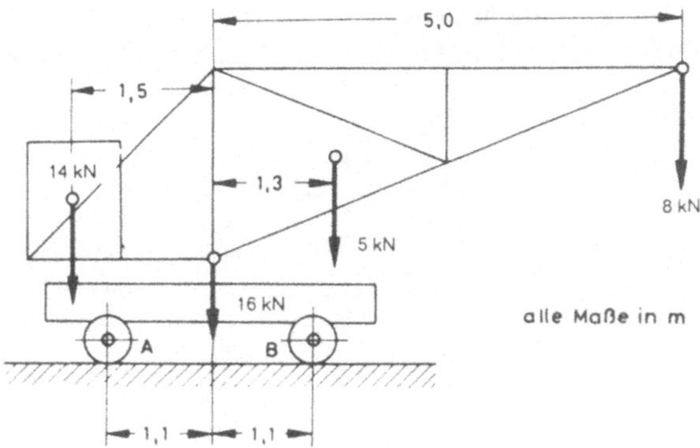

3. Kräfte im Raum

301 Bei einer elektrischen *Straßenbeleuchtung* hängen zwischen vier Masten je zwei Leuchten. Jede Leuchte hat ein Gewicht von 800 N. Die Spanndrähte verlaufen nach untenstehender Skizze. Das Gewicht der Spanndrähte werde vernachlässigt.

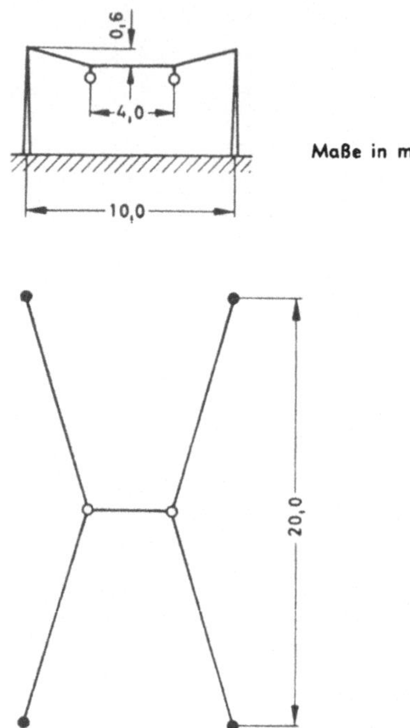

a) Wie groß ist die Zugkraft in dem waagerechten Draht zwischen den beiden Leuchten?

b) Wie groß ist die Zugkraft in den zu den Masten laufenden Drähten?

Lösungshinweis:

a) Die Kraft einer Leuchte wird zunächst nach dem Aufriß zerlegt. Dabei ergibt sich einmal die in dem waagerechten Draht gesuchte Zugkraft, zum anderen eine Komponente, die zwischen den beiden zu den Masten laufenden Drähten liegt.

b) Diese Komponente muß nun noch nach den beiden durch die zu den Masten laufenden Drähten gegebenen Wirkungslinien zerlegt werden. Dabei ist zu beachten, daß aus a) die Komponente in wahrer Größe ermittelt wurde, während die wahre Größe der Drähte bzw. deren Winkel erst konstruiert werden muß.

302 Ein elektrisches Starkstromkabel wird an einer *Isolierstütze* um 40° aus seiner Richtung in waagerechter Ebene abgelenkt. Es ist so gespannt, daß es eine waagerechte Zugkraft 2500 N nach jeder Richtung ausübt. Die Entfernung der nächsten Stützpunkte beträgt nach beiden Richtungen je 30 m; das Eigengewicht des Kabels beträgt 36 N je Meter.

Zeichnerisch und rechnerisch sollen bestimmt werden:

a) die waagerechte Resultierende F, die die Spannkräfte des Kabels an der Stütze ausüben;

b) die senkrechte Belastung der Stütze durch das Kabelgewicht F_G;

c) die Gesamtkraft F_R, die die Stütze aufzunehmen hat;

d) der Winkel β, den diese Kraft mit der Senkrechten bildet.

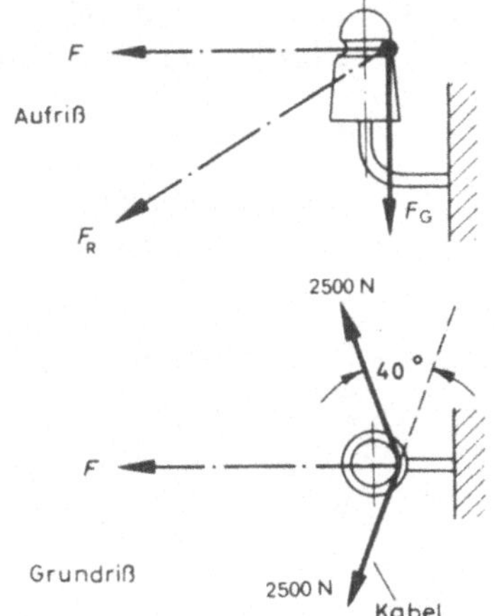

303 Die Verspannung einer elektrischen *Straßenbeleuchtung* ist so ausgebildet, daß zwischen zwei Masten jeweils zwei Leuchten und zwischen vier Masten jeweils vier weitere Leuchten angebracht sind. Alle Spanndrähte greifen in gleicher Höhe an den Masten an und sind so gelegt, daß die Leuchten ebenfalls gleich hoch hängen. Das Gewicht einer Leuchte beträgt 800 N.

Das Gewicht der Spanndrähte werde vernachlässigt.

a) Wie groß ist die Kraft in den einzelnen Spanndrähten?

b) Wie groß ist die an einem Mast angreifende Gesamtkraft?

c) Unter welchem Winkel zur Waagerechten greift sie an?

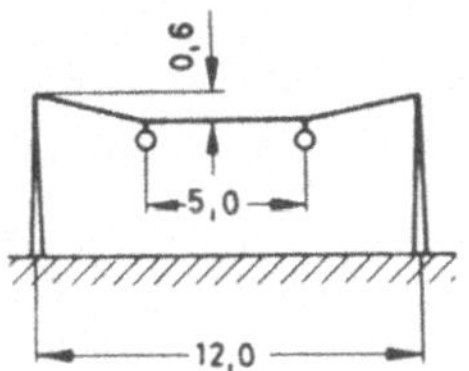

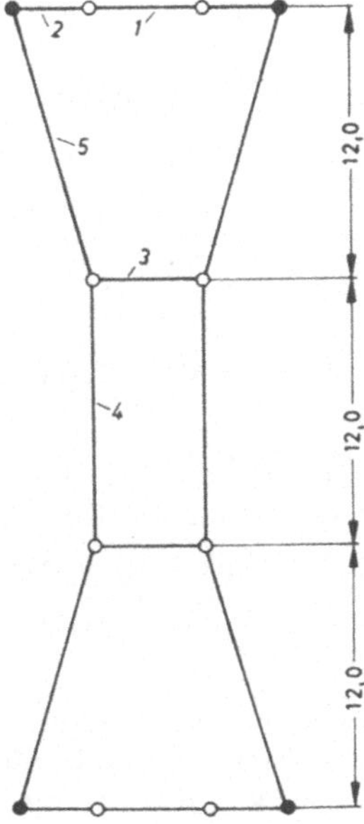

304 Wie viele und welche Bestimmungsstücke sind zur Festlegung einer Kraft im Raum erforderlich, wenn man das räumliche rechtwinklige Koordinatensystem zugrunde legt?

Lösung:

Drei Bestimmungsstücke beschreiben die Kraft im Raum eindeutig, wenn der Angriffspunkt gegeben ist:

1. Betrag der Kraft,
2. Richtung der Wirkungslinie,
3. Richtungssinn,

oder durch die Komponenten F_x, F_y, F_z, oder durch zwei Komponenten und einen Winkel oder durch eine Komponente und zwei Winkel.

305 Wie groß ist die räumliche Resultierende F_R mit den Komponenten $F_x = 800$ N, $F_y = 1200$ N und $F_z = -600$ N und welche Winkel bildet sie mit den drei Koordinatenachsen?

Lösung:

Die Größe der Resultierenden berechnet sich aus

$$F_R = \sqrt{F_x^2 + F_y^2 + F_z^2} = \sqrt{(800\ \text{N})^2 + (1200\ \text{N})^2 + (-600\ \text{N})^2} = 1560\ \text{N}$$

Der Winkel der Resultierenden mit der x-Achse ergibt sich aus

$$\cos\alpha = \frac{F_x}{F_R} = \frac{800\ \text{N}}{1560\ \text{N}} = 0{,}513 \qquad \alpha = 59{,}15°$$

Der Winkel der Resultierenden mit der y-Achse ergibt sich aus

$$\cos\beta = \frac{F_y}{F_R} = \frac{1200\ \text{N}}{1560\ \text{N}} = 0{,}769 \qquad \beta = 39{,}72°$$

Der Winkel der Resultierenden mit der z-Achse ergibt sich aus

$$\cos\gamma = \frac{F_z}{F_R} = \frac{600\ \text{N}}{1560\ \text{N}} = 0{,}385 \qquad \gamma = 67{,}38°$$

306 Gegeben sind die Komponenten $F_x = 1200$ N, $F_y = 2440$ N und $F_z = 880$ N.

Gesucht sind:

a) die Größe der Resultierenden F_R,
b) die Winkel der Resultierenden mit den drei Achsen.

307 Wie groß sind die Komponenten F_x, F_y und F_z einer Kraft $F = 2500$ N, die mit der xy-Ebene einen Winkel von $\alpha = 20°$ bildet und deren Projektion in der xy-Ebene einen Winkel von $\beta = 12°$ mit der x-Achse bildet?

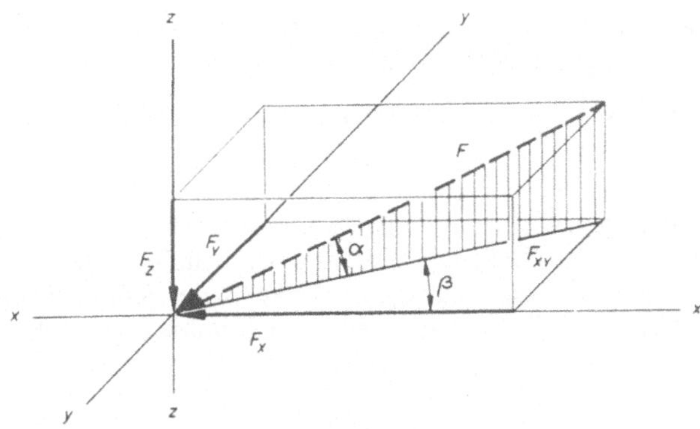

Lösung:

Der Winkel α wird in der schraffierten Ebene gemessen. Die Kraft F zerlegt sich daher zunächst in die Komponenten F_z und F_{xy}

$$F_z = F \cdot \sin\alpha = 2500\ \text{N} \cdot \sin 20° = 2500\ \text{N} \cdot 0{,}342 \quad = 855\ \text{N}$$

$$F_{xy} = F \cdot \cos\alpha = 2500\ \text{N} \cdot \cos 20° = 2500\ \text{N} \cdot 0{,}9397 \quad = 2349\ \text{N}$$

Die Teilkraft F_{xy} zerlegt sich in ihre Komponenten F_x und F_y

$$F_x = F_{xy} \cdot \cos\beta = 2349\ \text{N} \cdot \cos 12° = 2349\ \text{N} \cdot 0{,}9781 = 2298\ \text{N}$$

$$F_y = F_{xy} \cdot \sin\beta = 2349\ \text{N} \cdot \sin 12° = 2349\ \text{N} \cdot 0{,}2079 = \ \ 488\ \text{N}$$

Durch Zusammenfassung der Rechnung läßt sich der Umweg über die Teilkraft F_{xy} vermeiden

$$F_x = F \cdot \cos\alpha \cdot \cos\beta = 2500\ \text{N} \cdot \cos 20° \cdot \cos 12°$$
$$= 2500\ \text{N} \cdot 0{,}9397 \cdot 0{,}9781 = \ \ 2298\ \text{N}$$

$$F_z = F \cdot \cos\alpha \cdot \sin\beta = 2500\ \text{N} \cdot \cos 20° \cdot \sin 12°$$
$$= 2500\ \text{kp} \cdot 0{,}9397 \cdot 0{,}2079 = \ \ 488\ \text{N}$$

308 Bei einem *schrägverzahnten Stirnrad* wird im Wälzpunkt die Zahnkraft $F = 3500\ \text{N}$ von einer Zahnflanke auf die andere übertragen. Die Berührungsfläche steht dabei um den

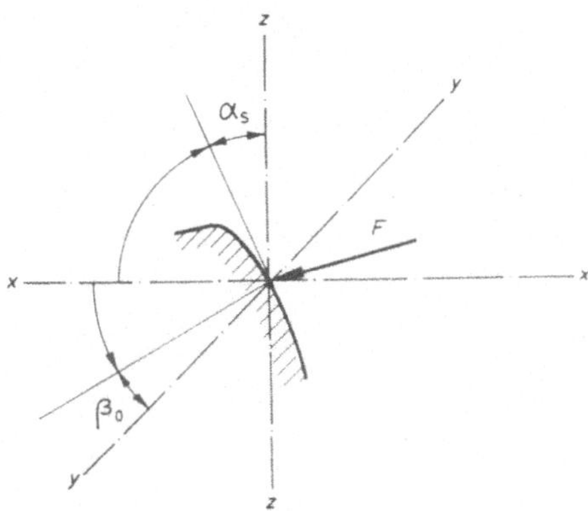

Eingriffswinkel $\alpha = 20°$ schräg gegen die xy-Ebene und um den Schrägungswinkel $\beta_0 = 30°$ schräg gegen die x-Achse.

Wie groß sind die auf die drei Achsen entfallenden Komponenten?

309 Bei Berechnungen von *Zahnradgetrieben* ist normalerweise die x-Komponente (Umfangskraft) bekannt. Stelle die Berechnungsformeln so um, daß aus der Umfangskraft F_x, Eingriffswinkel α und Schrägungswinkel β_0 die Komponente F_y (Axialkraft) und F_z (Radialkraft) sowie die Resultierende F_R (Zahnkraft) berechnet werden können!

4. Gleichgewichtsbedingungen

401 Was versteht man unter dem Begriff „*Gleichgewicht*"?

Lösung:

Gleichgewicht ist der zentrale Begriff der Statik. Gleichgewicht ist jener Zustand des Körpers oder Systems, der gekennzeichnet ist durch Ruhe oder gleichförmige Bewegung: Kräfte und Momente wirken dann so, daß keine Bewegungsänderungen eintreten. Die Vektorsumme aller Kräfte ist gleich null, d.h. es existiert im Gleichgewichtsfall keine resultierende Kraft; die Vektorsumme aller Momente ist null, d.h. es gibt im Gleichgewichtsfall kein resultierendes Moment.

402 Welcher grundsätzliche Unterschied besteht zwischen einer Kräftezerlegung und dem Gleichgewicht von Kräften?

Lösung:

Bei der Zerlegung einer Kraft in zwei Komponenten (im zentralen Kräftesystem) oder in drei Komponenten (im allgemeinen Kräftesystem) weist das entstehende Krafteck keinen einheitlichen Umfahrungssinn auf. Die zu zerlegende Kraft kann als Resultierende der entstandenen Komponenten aufgefaßt werden; von Gleichgewicht ist bei der Kräftezerlegung nicht die Rede.

Im Gleichgewichtsfall weist das Krafteck der im Gleichgewicht stehenden Kräfte einen einheitlichen Umfahrungssinn auf: es existiert keine Resultierende. Für das zentrale Kräftesystem ist dies notwendige und zugleich hinreichende Bedingung für Gleichgewicht. Im allgemeinen Kräftesystem tritt die Forderung hinzu, daß kein resultierendes Moment auftritt.

403 Welche rechnerischen und zeichnerischen Bedingungen gibt es für das Gleichgewicht von Kräften, die in einer gemeinsamen Ebene liegen und am gleichen Punkt angreifen.

Lösung:

Das Gleichgewicht des zentralen Kräftesystems in der Ebene wird durch die Bedingungen

$$\Sigma F_x = 0 \qquad \text{und} \qquad \Sigma F_y = 0$$

beschrieben oder, was dasselbe bedeutet, $F_R = 0$.

Den genannten Gleichgewichtsbedingungen entspricht ein geschlossenes Krafteck und ein einheitlicher Umfahrungssinn im Krafteck.

404 Welche Bedingung muß bei *Gleichgewicht* nur zweier Kräfte erfüllt sein?

Lösung:

Zwei Kräfte stehen dann miteinander im Gleichgewicht, wenn sie „Gegenkräfte" sind, wenn sie also auf derselben Wirkungslinie mit gleichem Kraftbetrag unterschiedlichen

Richtungssinn besitzen: Nullkraft. Pendelstützen sind Bauteile, die als Verbindungselemente in zusammengesetzten Gebilden nur zwei gleichgewichtige Kräfte aufnehmen;
typisches Beispiel: der Zweigelenkstab.

405   Welches *graphische Pendant* gehört zur *Gleichgewichtsbedingung* $M_R = 0$ bzw. $\Sigma M = 0$?

Lösung:

Es ist das geschlossene Seileck. Während das geschlossene Krafteck mit einheitlichem
Umfahrungssinn den graphischen Nachweis erbringt, daß keine resultierende Kraft
existiert ($\Sigma F = 0$), weist das geschlossene Seileck nach, daß kein resultierendes Moment
existiert ($\Sigma M = 0$).

406   Warum bilden drei im Gleichgewicht stehende Kräfte immer ein *zentrales Kräftesystem*?

Lösung:

Faßt man zwei der drei Kräfte zur Teilresultierenden zusammen, so würden diese
Teilresultierende und die dritte Kraft ein Kräftepaar bilden, wenn die dritte Kraft nicht
durch den Schnittpunkt der beiden zur Teilresultierenden zusammengefaßten Kräfte
verliefe; dies aber würde bedeuten, daß zwar Gleichgewicht hinsichtlich Translation
($\Sigma F = 0$), nicht aber hinsichtlich Rotation des Körpers ($\Sigma M \neq 0$) vorläge.

407   Unter welchen *Bedingungen* befindet sich ein Körper unter dem Einfluß ebener Kräfte
im *Gleichgewicht*?

Lösung:

Gleichgewicht besteht, wenn sich alle an einem Körper angreifenden Kräfte aufheben.
Um diese Bedingung durch Gleichungen rechnerisch ausdrücken zu können, zerlegt
man sämtliche Kräfte F_1, F_2, F_3 usw. [Bild a)] in ihre senkrechten und waagerechten
Komponenten nach den Achsenrichtungen OX und OY. Dann gilt:

1. alle *senkrechten* Komponenten müssen sich aufheben. Nennt man die Richtung nach
oben positiv, die Richtung nach unten negativ, so muß die algebraische Summe aller
senkrechten Kräfte, d.h. ihre Summe unter Berücksichtigung der Vorzeichen, gleich
Null sein.

2. Es muß die algebraische Summe aller *waagerechten* Komponenten gleich Null sein.
Bezeichnet man z. B. die Richtung nach rechts als positiv, so gilt die Richtung nach links
als negativ.

3. Hierbei kann der Fall eintreten, daß einige Komponenten zwar gleich groß und
entgegengesetzt gerichtet sind [Bild b)], sich aber trotzdem nicht aufheben, weil ihre
Wirkungslinien nicht auf einer Geraden liegen, sondern einen Abstand l haben. Die
Kräfte F bilden dann ein Kräftepaar und suchen den Körper mit einem statischen
Moment $F \cdot l$ zu drehen (Aufgabe 229). Soll nun Gleichgewicht bestehen, so müssen die
statischen Momente der rechtsdrehenden Kräfte durch gleichgroße linksdrehende
Momente aufgehoben werden, d.h., die algebraische Summe aller Momente für jeden
beliebigen Bezugspunkt muß gleich Null sein.

Wirken sämtliche Kräfte in einer Ebene, so heißen die 3 *Gleichgewichtsbedingungen*:

1. algebraische Summe der senkrechten Kräfte gleich Null, $\Sigma F_y = 0$

2. algebraische Summe der waagerechten Kräfte gleich Null, $\quad \Sigma F_x = 0$

3. algebraische Summe der statischen Momente gleich Null. $\quad \Sigma M = 0$

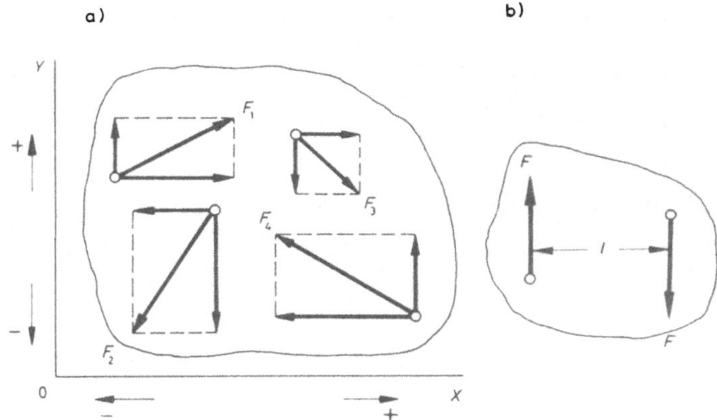

408 a) Wie heißt das Gesetz der *Gegenwirkung* oder *Wechselwirkung*?

b) Nenne Beispiele dazu!

Lösung:

a) Jede Kraft erzeugt eine Gegenkraft von gleicher Größe, aber entgegengesetzter Richtung.

b) Soll z. B. an einem Seil eine Zugkraft erzeugt werden, so muß das Seil-Ende mit einer gleichgroßen Gegenkraft festgehalten werden.

Die Zugkraft, mit der eine Lokomotive einen Wagen bergauf zieht, übt der Wagen rückwärts hemmend auf die Lokomotive aus.

Dieselbe Kraft, mit der eine Last durch ihr Gewicht nach unten wirkt (Lagerbelastung), wird von der Unterlage tragend nach oben auf die Last ausgeübt („Lagerreaktion oder Stützkraft"). Da beide Kräfte gleich groß sind, werden beide als „Lagerkraft" bezeichnet. Sie haben dieselbe Wirkungslinie, sind aber entgegengesetzt gerichtet. Dies ist bei der Wahl des Vorzeichens (+ oder −) zu beachten!

Gleichgewicht bei Stabsystemen

409 Erläutere den Unterschied zwischen inneren und äußeren Kräften!

Lösung:

Äußere Kräfte an einem Körper wirken auf seine Oberfläche ein; es können Aktions- oder Reaktionskräfte sein, denn auch die Kräfte in den Auflagern wirken von außen auf den Körper ein. In gedachten Schnitten durch den Körper wirken innere Kräfte, sie stehen im Gleichgewicht mit den äußeren Kräften, die den Abschnitt belasten. Das

Wesen innerer Kräfte ist molekularer Natur: Gitterbindungskräfte. Kann das Gitter der Belastung nicht standhalten, so versagt der molekulare Zusammenhalt und es kommt zum Bruch. Die Mechanik sagt: die Spannungen – das sind die auf die Flächeneinheit bezogenen inneren Kräfte – wurden für den Werkstoff unerträglich groß.

Bei zusammengesetzten Gebilden, also bei mehrteiligen Systemen, sind die Kräfte in den Verbindungsstellen auf das System bezogen innere Kräfte, sie heben sich auf das System als Ganzes bezogen als Gegenkräfte (Nullkräfte) heraus; als Kräfte am einzelnen Element sind es jedoch wieder äußere Kräfte.

410   Wie erkennt man in einem Stabwerk, ob der einzelne Stab *Zugstab* oder *Druckstab* ist?

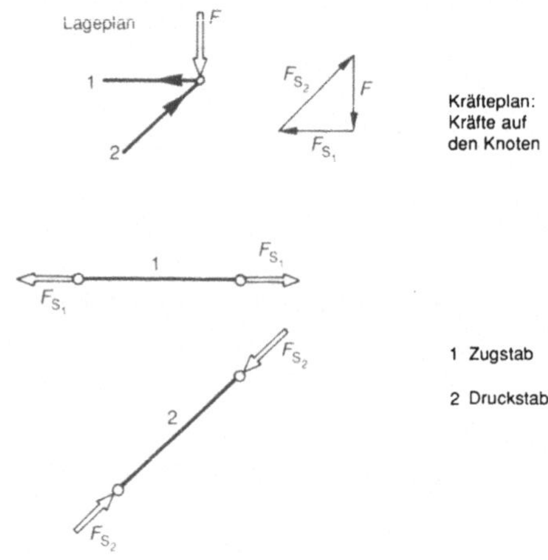

Lösung:

Man zeichnet das gleichgewichtige Krafteck der am behandelten Knoten angreifenden Kräfte. Weist die Pfeilrichtung der Stabkraft auf den Knoten hin, so ist der Stab ein Druckstab, weist die Pfeilrichtung der Stabkraft vom Knoten weg, so ist der Stab ein Zugstab.

411   Worauf beruht die „*Kniehebelwirkung*"?

Lösung:

Ein Kniehebel ist die gelenkige Verbindung zweier Pendelstützen. Werden äußere Kräfte am Gelenk ausgeübt, so werden die Kräfte in den Pendelstützen um so größer, je kleiner der Winkel zwischen den Wirkungslinien der Pendelstützkräfte (α) ist. Im Bereich der Strecklage des Kniehebels werden die in den Pendelstützen wirkenden Kräfte theoretisch unendlich groß;

allgemein:
$$F_S = \frac{F}{\sqrt{2\,(1 - \cos\alpha)}}$$

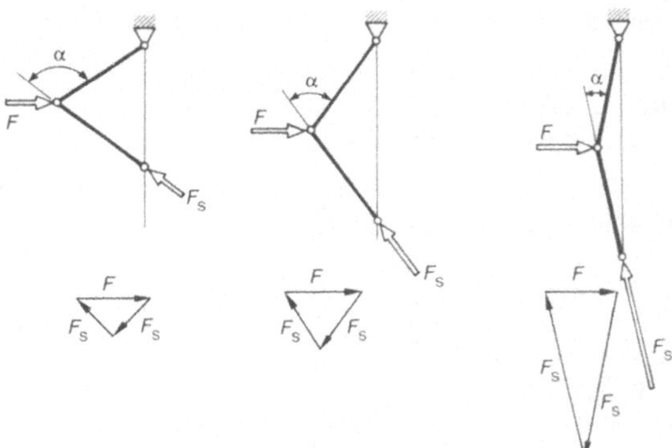

412   Eine 1200 N schwere Tür hängt nach Skizze so an den Angeln A und B, daß nur die untere Angel A senkrechte Belastung aufnimmt, während die obere in senkrechter Richtung Spiel gibt.

Die an den Angeln auftretenden Lagerkräfte sind durch Zeichnung zu ermitteln und durch Rechnung nachzuprüfen!

Lösung:

Die obere Angel erhält nur waagerechte Belastung. Die waagerechte Wirkungslinie der Lagerkraft F_B wird mit der Wirkungslinie des Gewichts 1200 N zum Schnitt gebracht. Im Schnittpunkt zerlegt sich die Resultierende 1200 N in die waagerechte Lagerkraft $F_B = 530$ N und die schräg gerichtete Lagerkraft $F_A = 1310$ N. Letztere zerlegt sich bei A in eine waagerechte Komponente $F_{Ax} = 530$ N und eine senkrechte Komponente $F_{Ay} = 1200$ N.

413   Ein *Dachbinder* von den gegebenen Abmessungen ruht bei B auf einem festen Auflager, bei A auf einem Rollenlager. Dieses ist in waagerechter Richtung nachgiebig, um die Ausdehnung des Binders bei Temperaturänderungen zu ermöglichen, kann also nur eine senkrechte Lagerkraft übertragen. Der Winddruck in waagerechter Richtung ist mit $p = 1250$ Pa [1]) anzunehmen.

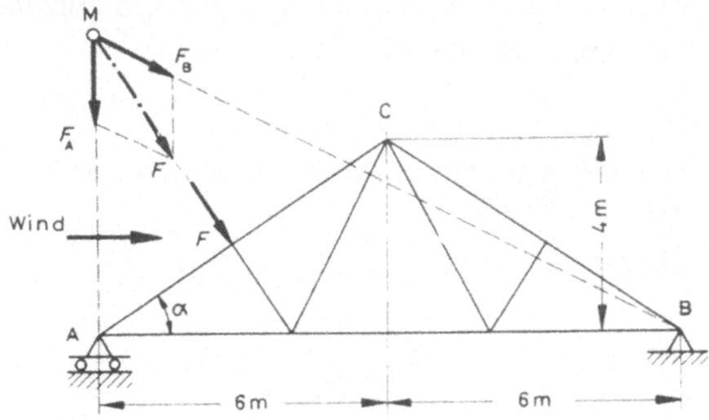

---

[1]) $\text{Pa} = \text{N/m}^2$

a) Wie groß ist die Komponente des Winddrucks senkrecht zu der geneigten Dachfläche?

b) Mit welcher Kraft F belastet der Winddruck den Binder senkrecht zu der geneigten Dachfläche, wenn die tragenden Binder des Daches in Abständen von 4,9 m angeordnet sind?

c) Wie groß sind die Lagerkräfte F_A und F_B, die der Winddruck an einem Binder erzeugt?

Lösung:

a) $p \cdot \sin \alpha = 693{,}37 \, \text{Pa}$

b) $F = (7{,}21 \cdot 4{,}9) \, \text{m}^2 \cdot 693{,}37 \, \text{N/m}^2 = 24\,499{,}8 \, \text{N}$

c) $F_A = 13 \, \text{kN}$ senkrechte Belastung
   $F_B = 15{,}5 \, \text{kN}$ schräg gerichtete Belastung.

414   Die *Schüttrinne* eines Kohlenkippers ist mittels Zapfen O am Schüttrumpf befestigt, während das vordere Ende A durch zwei seitlich angreifende, schräg ausgespannte Ketten getragen wird. Das Gewicht der Rinne, in ihrem Schwerpunkte S angreifend, beträgt 6700 N.

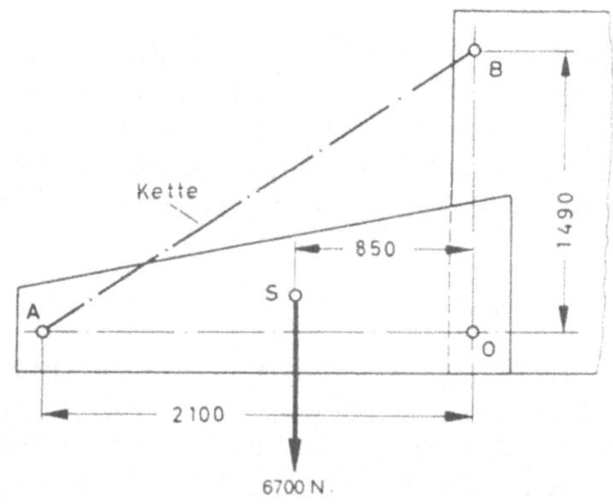

a) Welche Spannkräfte haben die Ketten zusammen aufzunehmen?

b) Welche Lagerkraft erhalten die Drehzapfen O?

415   Ein *Drehkran* von den gegebenen Maßen trägt in 4,3 m Ausladung die Laufkatze mit Nutzlast, zusammen 56 kN.

Welche Druckkraft erzeugt diese Belastung in der *Strebe*?

Lösung:

$$\Sigma M_A = 0$$
$$-56 \, \text{kN} \cdot 4{,}3 \, \text{m} + F_1 \cdot l = 0;$$
$$l = 2{,}8 \, \text{m} \cdot \cos \alpha = 2{,}108 \, \text{m}$$
$$F_1 = 114 \, \text{kN}.$$

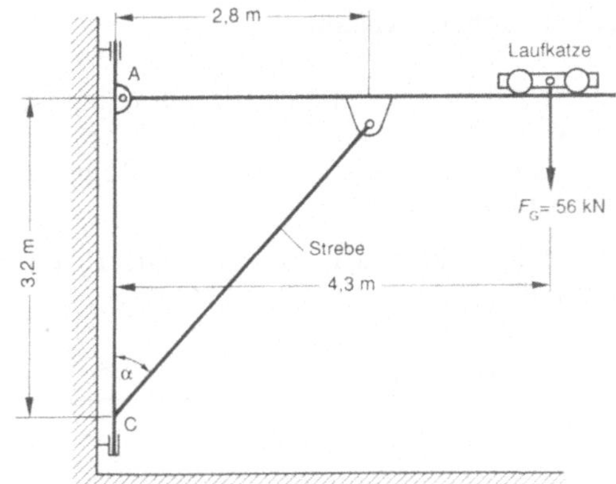

416 An dem waagerechten Ausleger eines Drehkrans ist ein 19,2 kN schweres *Gegengewicht* in 3000 mm Ausladung angeordnet.

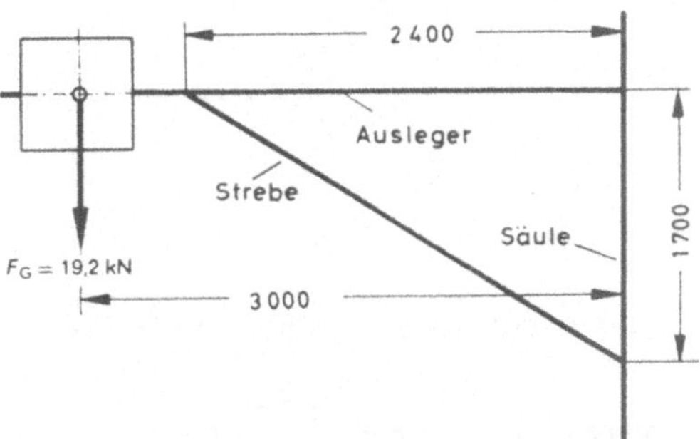

Welche Druckkraft hat die Strebe aufzunehmen, die den Ausleger gegen die Kransäule abstützt?

417 Ein *Pultdach* von 2000 N Gesamtgewicht je m² Grundriß (Projektionsfläche) wird durch Schrägstreben gestützt. Diese sind in Abständen von 1,8 m angeordnet.

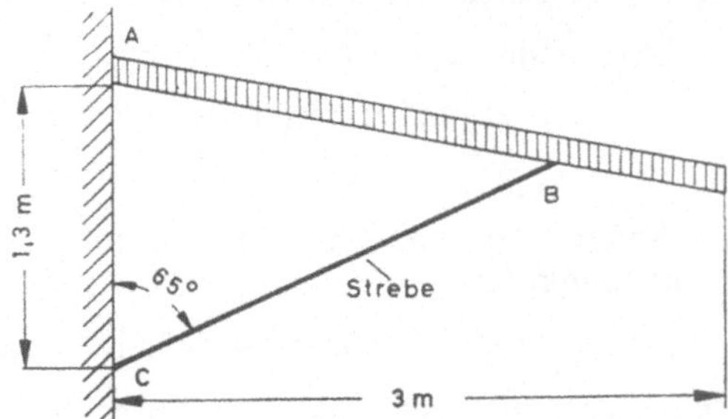

Gesucht wird die Kraft, die eine Strebe in ihrer Achsrichtung aufzunehmen hat.

Gleichgewicht bei Hebelsystemen

418 Die skizzierte *Speisepumpe* hat 45 mm Kolbendurchmesser [Bild a)] und wird durch die Kraft 200 N eines Arbeiters am Handgriff C des Hebels betätigt. Der erzeugte Wasserdruck am Kolben soll 7 bar betragen; die Reibung ist durch 15 % Zuschlag zum Wasserdruck zu berücksichtigen.

Gesucht werden die Kolbenkraft, die Zugkraft F_S im Schwinghebel AO und die erforderliche Hebellänge x.

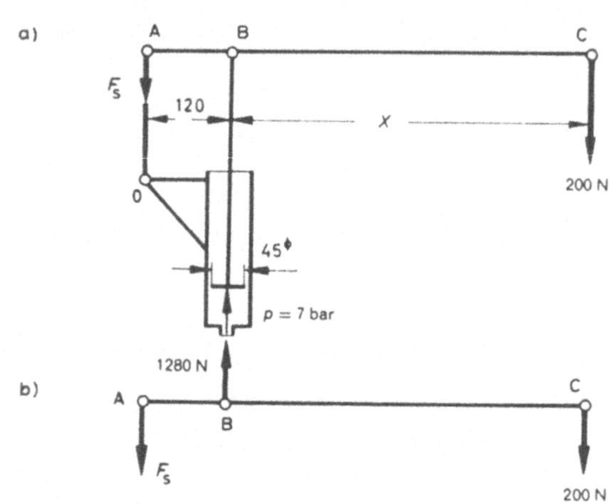

Lösung:

$$\text{Wasserdruck } p = 7\ \text{bar} + 0{,}15 \cdot 7\ \text{bar} = 8{,}05\ \text{bar}$$

$$\text{Kolbenkraft } \frac{\pi d^2}{4}\, p = \left(\frac{\pi\, 4{,}5^2}{4}\right) \text{cm}^2 \cdot 8{,}05\ \text{bar}$$

$$= 15{,}9\ \text{cm}^2 \cdot 8{,}05\ \text{bar} = 1280\ \text{N}$$

Diese Kraft wirkt nach dem Gesetz der Gegenwirkung (Aufg. 408) in zwei entgegengesetzten Richtungen in gleicher Größe, nämlich auf den Kolben nach unten, dagegen auf den Hebel bei B nach oben. Ebenso wirkt die Zugkraft F_S des Schwinghebels am Drehzapfen O nach oben, dagegen am Hebel-Drehzapfen A nach unten. Dementsprechend sind die Kraftrichtungen am Hebel in Bild b) eingetragen.

Die *Gleichgewichtsbedingungen* für den Hebel heißen (Aufg. 407):

1. Algebraische Summe der *senkrechten Kräfte* gleich Null:

$$-F_S + 1280\ \text{N} - 200\ \text{N} = 0; \qquad F_S = 1080\ \text{N}$$

2. *Waagerechte Kräfte* sind nicht vorhanden.

3. Algebraische Summe der *statischen Momente* für jede beliebige Drehachse gleich Null, z. B. für Drehpunkt A:

$$-200\ \text{N}\,(12\ \text{cm} + x) + 1280\ \text{N} \cdot 12\ \text{cm} = 0.$$

Die Kraft F_S geht durch den Drehpunkt A hindurch, hat also den Hebelarm Null und liefert kein Moment.

$$-2400\ \text{N cm} - x \cdot 200\ \text{N} + 15360\ \text{N cm} = 0; \qquad x = 64{,}8\ \text{cm}.$$

Dasselbe Ergebnis liefert die Gleichung der statischen Momente für Drehpunkt B:

$$+F_\text{S} \cdot 12 \text{ cm} - 200 \text{ N} \cdot x = 0; \quad x = \frac{1080 \text{ N} \cdot 12 \text{ cm}}{200 \text{ N}} = 64{,}8 \text{ cm}.$$

419 Das skizzierte *Sicherheitsventil* einer Wasserdruckpresse ist am Hebel durch eine Gewichtskraft von 300 N belastet.

a) Die auf den Ventilteller ausgeübte Druckkraft ist zu bestimmen;

b) welche Kraft ist von dem Drehzapfen O des Winkelhebels aufzunehmen?

c) Bei wieviel bar Wasserdruck öffnet sich das Ventil, dessen Durchmesser 20 mm beträgt?

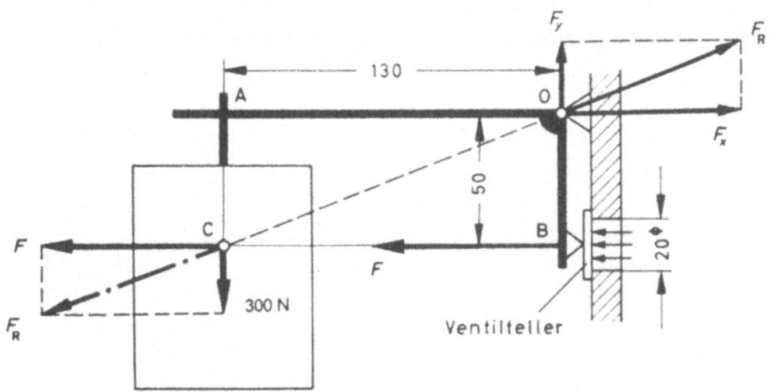

Lösung:

a) Gleichgewichtsbedingungen (Aufg. 407):

1. $\sum$ *Senkrechte Kräfte* = 0. Das Belastungsgewicht 300 N muß am Drehzapfen durch eine nach oben wirkende Kraft F_y getragen werden:

$$F_y - 300 \text{ N} = 0; \quad F_y = 300 \text{ N}$$

2. $\sum$ *Waagerechte Kräfte* = 0. Die nach links gerichtete Ventilkraft F muß am Drehzapfen durch eine nach rechts gerichtete Kraft F_x aufgehoben werden:

$$F_x - F = 0; \quad F_x = F.$$

3. $\sum$ *Statische Momente* = 0. Drehpunkt O:

$$-F \cdot 5 \text{ cm} + 300 \text{ N} \cdot 13 \text{ cm} = 0; \quad F = 780 \text{ N}.$$

b) Aus dem Kräfteparallelogramm bei C ergibt sich die Resultierende $F_R = \sqrt{780^2 + 300^2} = 840 \text{ N}$. Diese wird am Drehzapfen O aufgenommen durch eine gleich große, entgegengesetzt gerichtete Resultierende $F_R = \sqrt{F_x^2 + F_y^2} = 840 \text{ N}$.

c) 25 bar.

420 Das skizzierte *Sicherheitsventil* von 50 mm lichtem Ventildurchmesser soll bei 12 bar Dampfdruck abblasen.

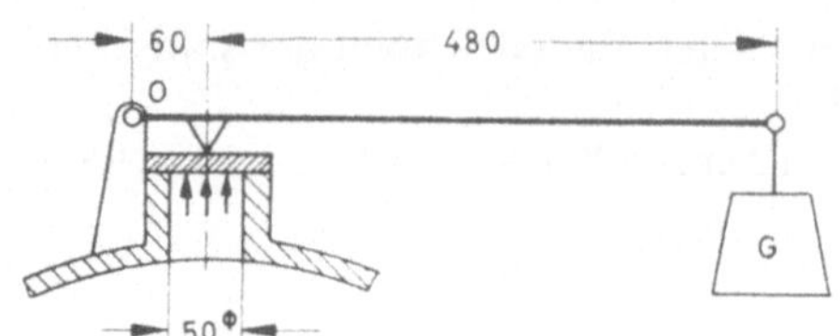

Welche Kraft tritt am Hebeldrehzapfen O auf bei Vernachlässigung des Hebel-Eigengewichts?

421 Ein *Sicherheitsventil* hat 75 mm lichten Ventildurchmesser. Das Belastungsgewicht am Hebel ist 500 N schwer. Das Eigengewicht des Hebels werde vernachlässigt.

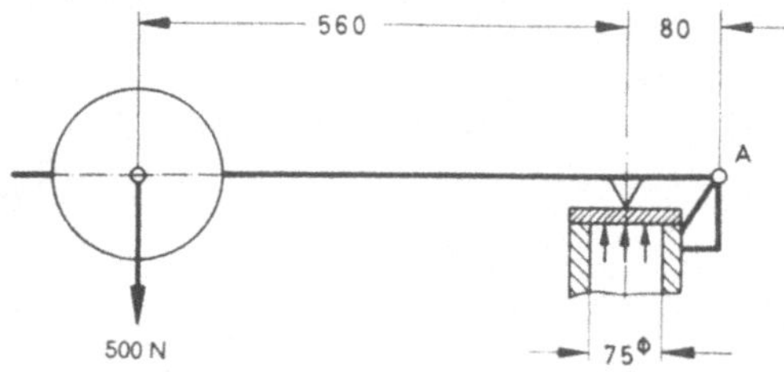

a) Bei wieviel bar Dampfdruck bläst das Ventil ab?

b) Welche Kraft hat der Hebel-Drehzapfen A aufzunehmen?

422 Bei einem *Kipper* zum Entladen von Eisenbahn-Kohlenwagen wird die vordere Achse A des auf die Bühne aufgefahrenen Wagens durch einen Fanghaken AD festgehalten und die Bühne um die Kante O gekippt. Bei genügender Neigung gleitet die Kohle an der ausschwingenden vorderen Stirnwand aus dem Wagen heraus. Das Gesamtgewicht des Wagens mit Ladung beträgt $F_G = 236 \text{ kN}$. Der Gesamtschwerpunkt S des beladenen Wagens liegt bei 1,5 m über Schienenoberkante in Wagenmitte. Der Raddurchmesser beträgt 1 m, der Achsstand 4 m.

Gesucht sind:

a) die Normalkräfte, die die Achsen A und B auf die Bühne ausüben, wenn die Entleerung des Wagens bei 35° Neigung erfolgt;

b) die Zugkraft, die der Fanghaken aufzunehmen hat.

Lösungshinweis:

Das Gesamtgewicht $F_G = 236 \text{ kN}$ verteilt sich auf die beiden Achsen. Zwischen den Rädern und Schienen bei B können nur Normalkräfte auftreten. Also wird die Normalrichtung B mit der Richtung der Gewichtskraft F_G in C zum Schnitt gebracht und die Kraft F_G dort in die Richtungen CA und CB zerlegt.

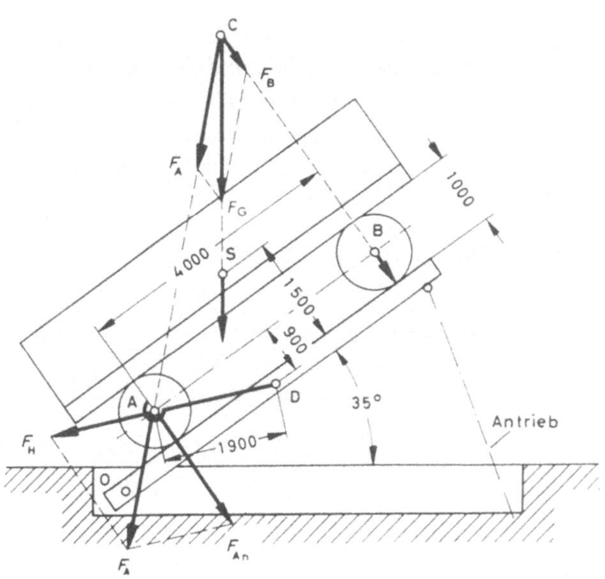

423 Der skizzierte *Lokomotiv-Rahmen*, in den Punkten A, B und C an den Tragfedern aufgehängt, belastet die Zapfen der Radachsen durch die Druckstützen der Federn mit 68 kN und 53 kN. Bei der wechselnden Durchbiegung der Federn und den dadurch entstehenden senkrechten Schwingungen des Rahmens gleiten die Lager der Achszapfen in den senkrechten Führungen des Rahmens. Der 1130 mm lange Hebel DBE gleicht die während der Fahrt auftretenden Belastungsschwankungen der beiden Nachbarfedern aus.

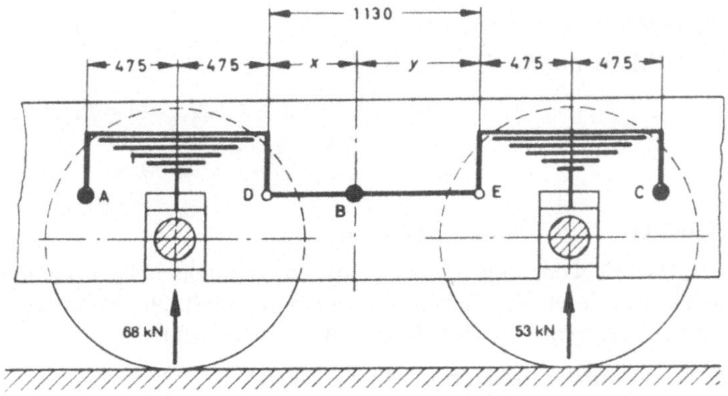

a) Die Maße x und y für die Lage des Drehpunktes B des Ausgleichshebels sind zu berechnen.

b) Welche Lagerkräfte erfahren die Tragpunkte A, B und C?

424 Die Gestänge von *Radbremsen* müssen so ausgelegt werden, daß die auftretenden Normalkräfte sich gegenseitig aufheben und die von ihnen hervorgerufenen Reibungskräfte keinen Einfluß auf das Momentengleichgewicht der Bremshebel haben.

Bei der gezeichneten *Eisenbahnwagen-Bremse* wird dies durch die gewählten Maße erreicht. Sie wird am Winkelhebel bei A durch die Schraubenspindel der Handbremskurbel mit einer Kraft von 2500 N angezogen.

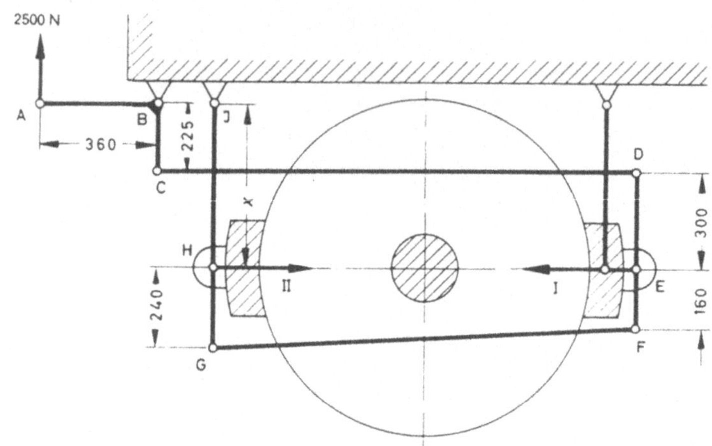

Zu berechnen sind:

a) die Kraft in der Zugstange CD;

b) die Normalkraft der Bremsbacke I auf das Rad;

c) die Kraft in der Zugstange FG. Die geringe Neigung der Stange werde vernachlässigt und ihre Richtung als waagerecht angenommen.

d) die Hebellänge HJ = x, so daß die Normalkraft der Bremsbacke II auf das Rad ebenso groß wird wie die der Bremsbacke I.

Lösung:

a) Winkelhebel ABC [Bild a)]

Statische Momente für Drehpunkt B:

$$-2500 \text{ N} \cdot 36 \text{ cm} + C \cdot 22{,}5 \text{ cm} = 0,$$

$$C = \frac{2500 \text{ N} \cdot 36 \text{ cm}}{22{,}5 \text{ cm}} = 4000 \text{ N}.$$

b) Hebel DEF Drehpunkt F [Bild b)]:

Die Kraft 4000 N der Zugstange CD, die am Winkelhebel in C nach rechts zieht, wirkt in D nach links (Gesetz der Gegenwirkung, Aufg. 408). Die Bremsbacke I drückt das Rad nach links, dagegen den Hebel DEF in E nach rechts:

Statische Momente für Drehpunkt F [Bild b)]:

$$+4000 \text{ N} \cdot 46 \text{ cm} - E \cdot 16 \text{ cm} = 0.$$

Die Kraft F geht durch den Drehpunkt F hindurch, liefert also kein Moment.

$$E = \frac{4000 \text{ N} \cdot 46 \text{ cm}}{16 \text{ cm}} = 11\,500 \text{ N} = 11{,}5 \text{ kN} = \text{Normalkraft der Bremsbacke I}$$

c) Hebel DEF. Drehpunkt E [Bild c)]: Die Kraft E liefert kein Moment.

$$4000 \text{ N} \cdot 30 \text{ cm} - F \cdot 16 \text{ cm} = 0 \qquad F = 7500 \text{ N}$$

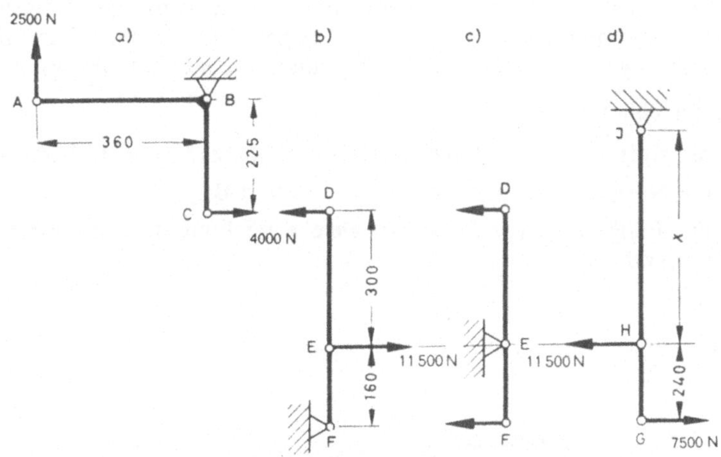

Probe: Die Gleichung der waagerechten Kräfte für *Hebel* DEF:

$$+4000 \text{ N} - 11\,500 \text{ N} + 7500 \text{ N} = 0 \quad \text{ergibt} \quad 0 = 0.$$

d) Am Hebel GHJ wirkt in G die Kraft 7500 N der Zugstange nach rechts; in H die Normalkraft der Bremsbacke 11 500 N nach links (Bild d), während sie auf das Rad nach rechts drückt.

Drehpunkt J [Bild d)]: $\quad +7500 \text{ N} (24 \text{ cm} + x) - 11\,500 \cdot x = 0.$

Daraus $x = 45$ cm.

425   Die skizzierte *Doppelbackenbremse* einer *Fördermaschine* wird durch einen Dampfkolben mit 17 kN Kolbenkraft angezogen.

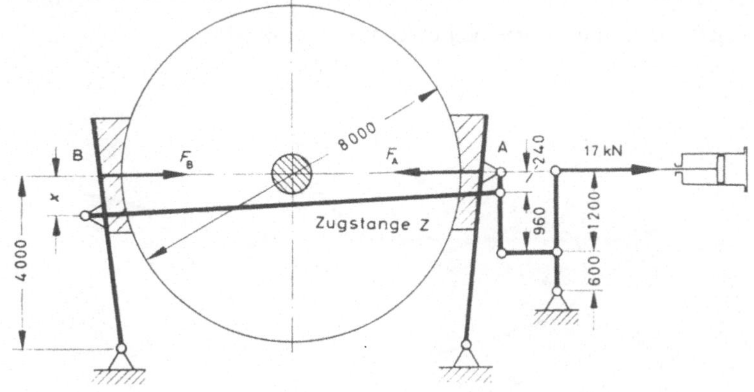

Wie groß muß das Maß x des Hebels bei B gemacht werden, damit die Bremsbacke B die gleiche Kraft auf die Scheibe ausübt wie die Bremsbacke A?

426 Die *Backenbremse* einer *Fördermaschine* wird durch einen Dampfkolben mit Hebelübersetzung angezogen. In Notfällen greift an Stelle des Kolbens selbsttätig ein Fallgewicht ein. Falls nämlich der Maschinist die Steuerung des Kolbens nicht rechtzeitig bedient, löst ein Anschlag des Förderkorbes die Aufhängekette des Fallgewichts aus, so daß dieses, herunterfallend, die Bremse anzieht. Die Schleife am unteren Ende der Druckstange T ermöglicht, daß der Dampfkolben das Fallgewicht nicht mitbewegt.

Zu berechnen sind:

a) die Kolbenkraft für 180 mm Kolbendurchmesser und 12 bar Dampfdruck;

b) die Normalkräfte der Bremsbacken A und B;

c) das Fallgewicht so, daß es die gleiche Wirkung hervorzubringen vermag wie der Dampfkolben.

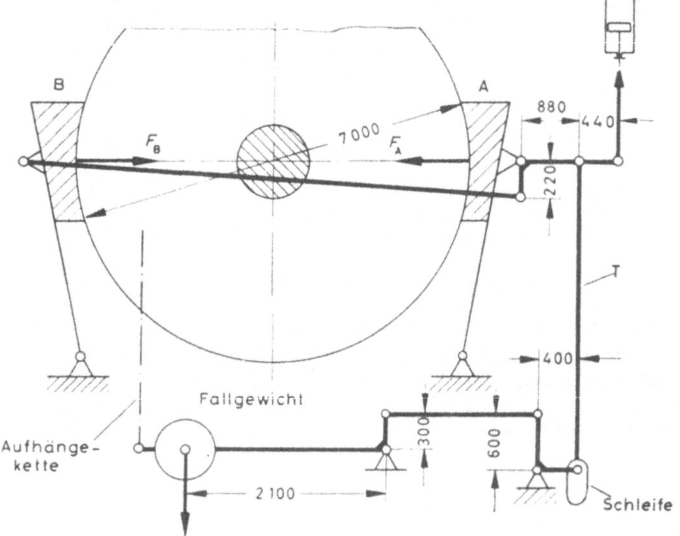

427 Ein Treibriemen wird durch eine *Spannrolle* nach Bild gespannt. Die Schwinge OAG ist in O drehbar gelagert und durch ein 260 N schweres Gewicht F_G belastet.

Gesucht wird die im Riemen erzeugte Spannkraft.

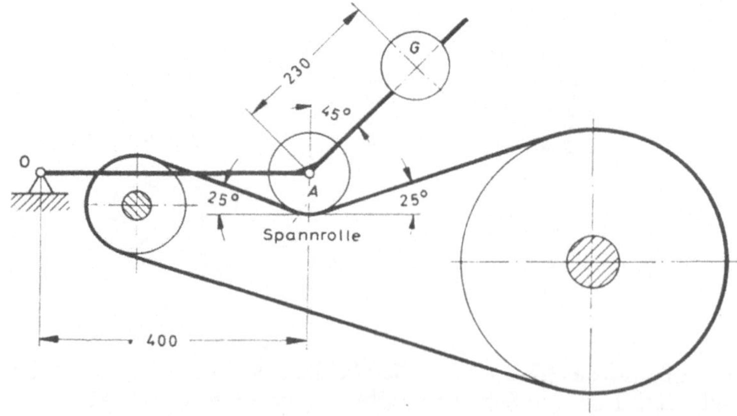

428   Die skizzierte *Bandbremse* wird durch ein 150 N schweres Belastungsgewicht am Hebel
angezogen.

Wie groß ist die im Bremsband erzeugte Spannkraft?

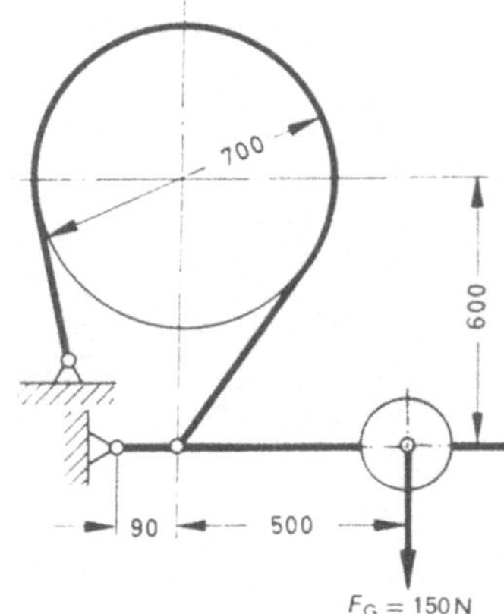

429   Die Zugkette des *Deckels* eines *Tiegeleinsetzofens* ist durch ein Gegengewicht von 150 N
belastet.

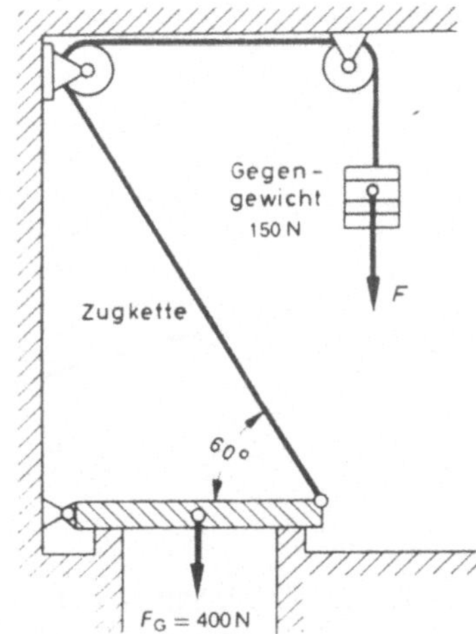

Mit welcher Zugkraft *F* muß der Arbeiter an dem Gegengewicht nach unten ziehen,
um den Deckel aus der waagerechten Lage zu öffnen? Das Gewicht des Deckels von
400 N greift in seiner Mitte an. Das Eigengewicht der Kette werde vernachlässigt.

430   Eine im Keller aufgestellte *Kondensator-Luftpumpe* wird von oben durch die Dampfma-
schinen-Kurbel unter Vermittlung des Winkelhebels AOB angetrieben. Beim Saughub
soll auf den Kolben eine Zugkraft 12,5 kN übertragen werden.

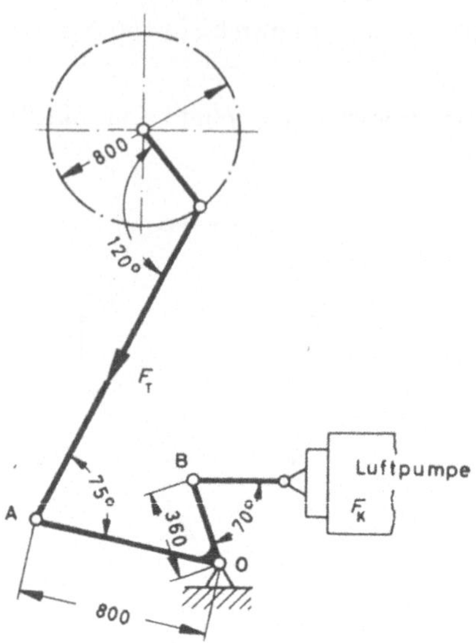

Zu berechnen ist die zum Antrieb aufzuwendende Umfangskraft am Kurbelkreis.

431 Der *Hebetisch* eines Walzwerkes wird mittels Hebel und Stangen durch einen Hydraulikzylinder gehoben. Das Tischgewicht F_G von 38 kN ruht je zur Hälfte auf den Druckstangen A und B.

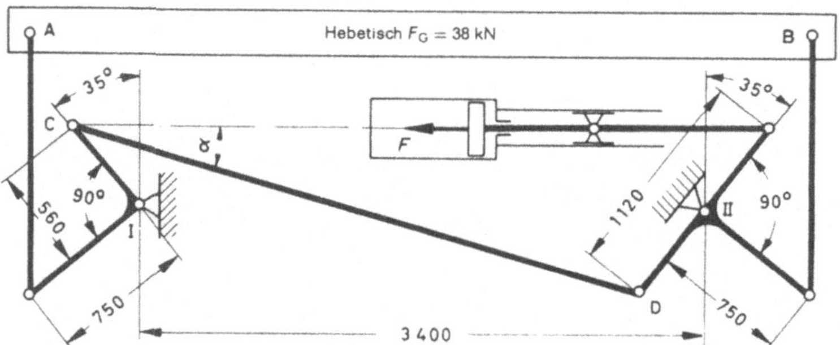

Für die gezeichnete Stellung soll berechnet werden:

a) die Zugkraft F_Z in der Verbindungsstange CD;

b) die erforderliche Kolbenkraft F bei Vernachlässigung der Reibung;

c) der erforderliche Durchmesser des Hydraulikzylinders unter der Annahme, daß durch die Reibung ein Kraftverlust von 30% entsteht. Der Öldruck beträgt 9 bar, der Durchmesser der Kolbenstange 50 mm.

Lösungshinweis:

Man berechnet zunächst den Winkel α, den die Verbindungsstange CD mit der Waagerechten bildet. Dann lassen sich die senkrechten Abstände der wirksamen Kräfte bezogen auf die Drehpunkte I und II ermitteln. Die gesuchten Kräfte erhält man durch Ansatz der Momentengleichungen für die Drehpunkte I und II.

432 Der *Stromabnehmer* einer elektrischen Straßenbahn besteht aus einem auf dem Wagendach angeordneten doppelarmigen Hebel mit Drehpunkt O. Die Rolle am Kopf des Hebels wird durch eine am anderen Hebelende angreifende Spannfeder gegen den Fahrdraht angedrückt und nimmt den Strom am Draht rollend ab. Das Eigengewicht des Hebels greift im Schwerpunkt S an und beträgt 110 N, das Gewicht der Rolle mit Befestigungskopf 38 N.

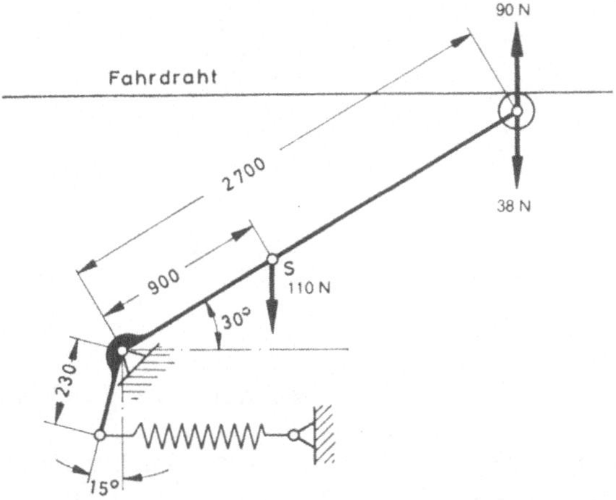

Welche Spannkraft muß die Feder ausüben, damit die Rolle sich mit einer Anpreßkraft von 90 N in senkrechter Richtung gegen den Fahrdraht anlegt?

433 Das skizzierte *Schaltwerk* einer Dampfmaschine wird durch eine Kraft von 120 N am Handhebel betätigt. Die Klinke am kurzen Hebelarm greift in einen Zahnkranz des Schwungrades und dreht dieses beim Hin- und Herbewegen des Handhebels von Zahn zu Zahn weiter. Das Schaltwerk wird benutzt, um beim Anlassen der Maschine die Kurbel aus der ungünstigen Totlage in die Anlaufstellung zu bringen oder zum Antrieb der Maschine beim Auflegen des Riemens oder bei Ausbesserungsarbeiten.

Welche Umfangskraft übt die Klinke am Schwungrad aus?

Lösung 1:

Die von der Klinke übertragene Druckkraft F_R bestimmt sich aus der Momentengleichung für den Winkelhebel:

$$120 \text{ N} \cdot 1300 \text{ mm} = F_R \cdot l, \qquad \text{wobei} \qquad l = 80 \text{ mm} \cdot \cos\alpha.$$

$$\text{Nun ist } \tan\alpha = \frac{70}{170} = 0{,}4118; \qquad \alpha = 22{,}381°, \qquad \cos\alpha = 0{,}9247.$$

$$l = 80 \text{ mm} \cdot 0{,}9247 = 74 \text{ mm}, \qquad F_R = \frac{120 \text{ N} \cdot 1300 \text{ mm}}{74 \text{ mm}} = 2110 \text{ N}$$

$$\text{Umfangskraft } F_y = F_R \cos\alpha = 2110 \text{ N} \cdot 0{,}9247 = 1950 \text{ N}.$$

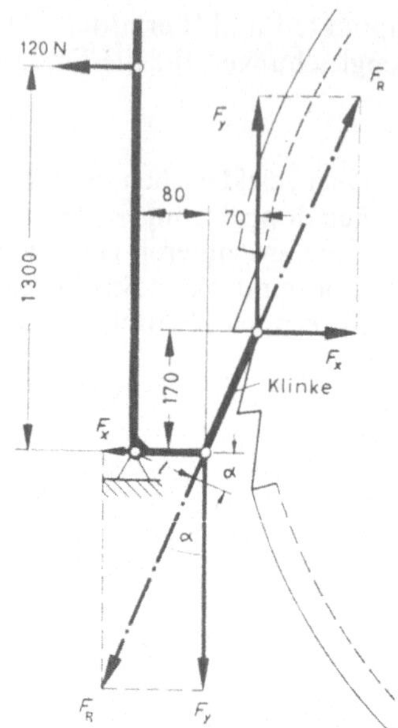

Einfacher ist folgende *Lösung 2:* Die Kraft F_R kann an beiden Endpunkten der Klinke in ihre senkrechten und waagerechten Seitenkräfte F_y und F_x zerlegt werden. Das statische Moment der Resultierenden F_R ist dann gleich dem Moment der senkrechten Seitenkraft F_y, da die andere Seitenkraft F_R keinen Beitrag zum Moment liefert, weil sie durch den Drehpunkt hindurchgeht (siehe Aufg. 225).

Die Momentengleichung für den Winkelhebel heißt dann:

$$120\ \text{N} \cdot 1300\ \text{mm} = F_y \cdot 80\ \text{mm}.$$

Daraus ergibt sich unmittelbar die Umfangskraft $F_y = 1950\ \text{N}$.

434 Bei einer *Zugbrücke* in einem Hafen wird die um die Achse A drehbare Brückenklappe mittels der Zugkette BC geöffnet. Das Gewicht der Klappe beträgt 26 kN und greift in

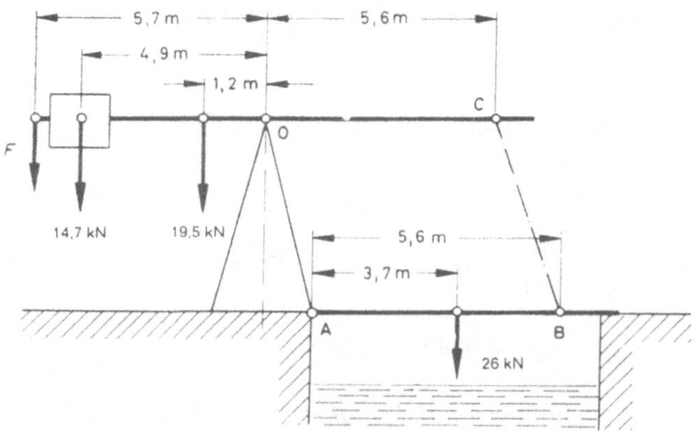

ihrem Schwerpunkt S in 3,7 m Entfernung von der Drehachse an. Der obere Schwinghebel mit der Drehachse O ist gegenüber dem Kettenangriffspunkt C durch ein Gegengewicht von 14,7 kN belastet; das Eigengewicht des Hebels beträgt 19,5 kN und greift an seinem Schwerpunkt in 1,2 m Abstand von der Drehachse an.

Welche senkrechte Zugkraft F muß zum Öffnen der Brücke am Hebelende bei Vernachlässigung der Reibungswiderstände ausgeübt werden?

435 Die skizzierte *Doppel-Backenbremse* [Bild a)] wird durch eine Kraft von 150 N am Handhebel angezogen.

a) Welche Anpreßkraft übt die Bremsbacke A auf die Bremsscheibe aus?

b) Wie groß muß das Maß x des oberen Hebels bemessen werden, damit die Bremsbacke B die gleiche Anpreßkraft wie die Bremsbacke A auf die Scheibe ausübt?

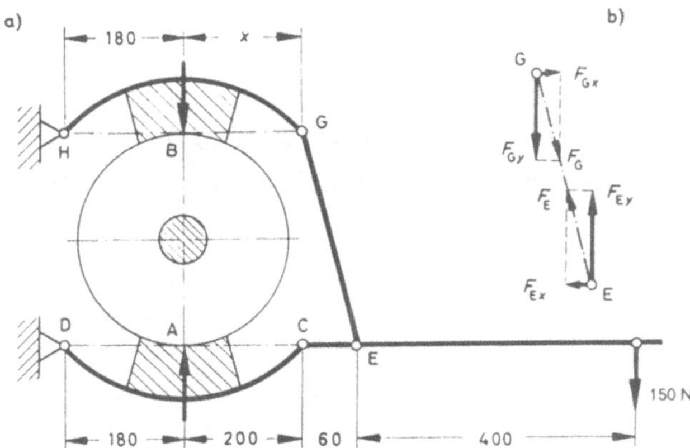

Lösungshinweis:

Die Zugkraft in der schrägen Stange EG kann an beiden Endpunkten in die senkrechten und waagerechten Komponenten zerlegt werden [Bild b)]. Die statischen Momente der schrägen Resultierenden F_E und F_G können dann durch die Momente der senkrechten Komponenten F_{Ey} und F_{Gy} ersetzt werden, da die waagerechten Komponenten F_{Ex} und F_{Gx} keinen Beitrag zum Moment liefern, weil sie durch die Drehpunkte der Hebel hindurchgehen (ähnlich wie in Aufg. 433, Lösung 2).

436 Die skizzierte *Lokomotivbremse* wird durch einen Dampfkolben von 160 mm Durchmesser mit 10 bar Dampfspannung betätigt. Durch Hebel werden die Bremsbacken gegen die Räder benachbarter Achsen auseinandergedrückt.

Zu berechnen sind:

a) die Kolbenkraft;

b) die in den schrägen Spreizen erzeugten Druckkräfte;

c) die Normalkraft F_N der Bremsbacken auf die Räder.

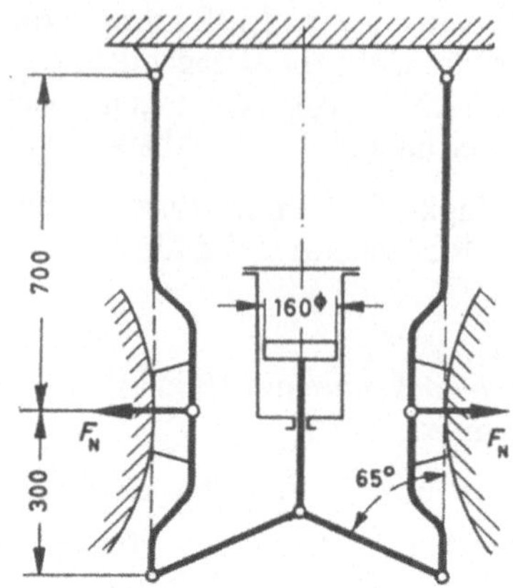

437 Durch eine *Spannrolle* soll im Riemen eine Spannkraft von 850 N erzeugt werden. Gesucht wird die erforderliche Größe des Belastungsgewichts.

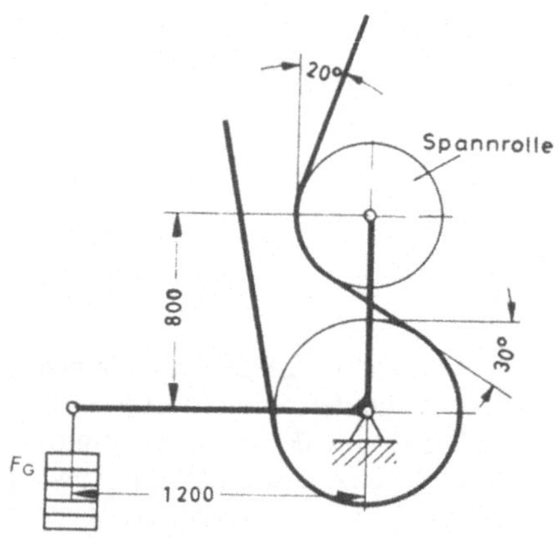

438 Die skizzierte *Wippe* schwingt um die Achse O und dient zum Regeln der Riemenspannung des aufgesetzten Elektromotors. Sie ist belastet durch ihr Eigengewicht von 450 N und durch das Motorgewicht von 1600 N. Die Spannkraft der gedrückten Feder am rechten Ende der Wippe soll so eingestellt werden, daß im ruhenden Riemen eine Spannkraft von 520 N auftritt.

Zu berechnen ist die erforderliche Federspannkraft.

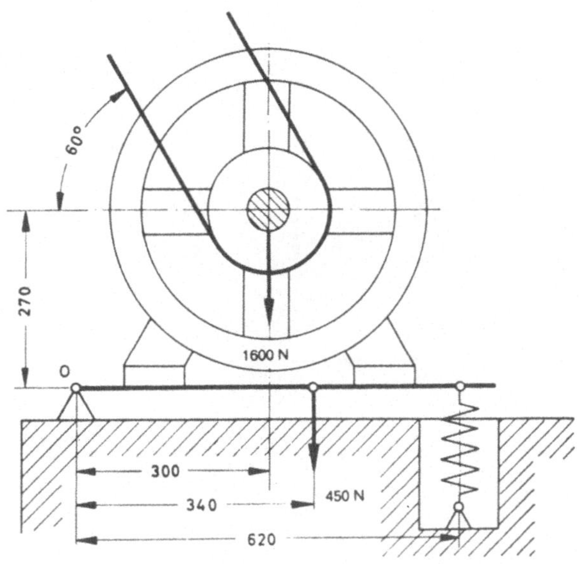

439 Welche Spannkraft wird bei der skizzierten Spannvorrichtung eines Eisenbahn-*Signalzuges* durch das 350 N schwere Belastungsgewicht im Draht erzeugt?

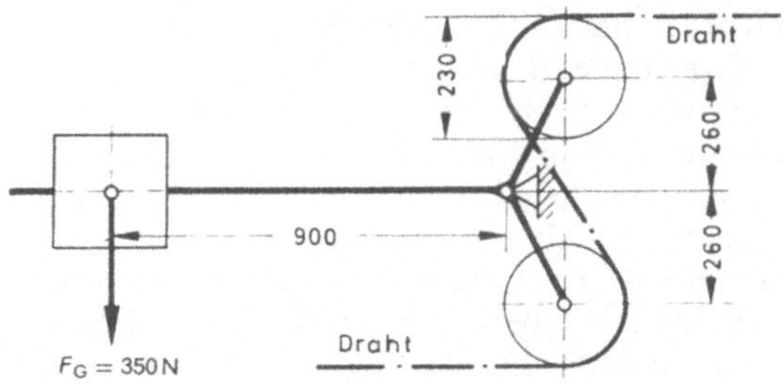

440 Der skizzierte *Kipper* für Eisenbahnwagen besteht aus einer um die Achse O drehbaren Kippbühne, deren Eigengewicht 163 kN in 2,5 m Ausladung angreift; ein Gegengewicht von 54 kN ist in 4,8 m Ausladung angeordnet. Der zu entladende Eisenbahn-Kohlenwagen wird durch einen „Fanghaken" an der Vorderachse so festgehalten, daß die Wagenmitte 0,8 m waagerechten Abstand von der Bühnen-Kippachse O erhält.

Das Eigengewicht des Wagens beträgt 86 kN; der Schwerpunkt S_0 des leeren Wagens liegt 1,0 m über Schienen-Oberkante. Die Kohlenladung wiegt 150 kN; ihr Schwerpunkt S liegt 1,7 m über Schienen-Oberkante. Die Kippachse O liegt 0,4 m unter Schienen-Oberkante.

Das Übergewicht des beladenen Wagens bringt die Bühne zum Kippen. Ein in A angreifender Tauchkolben von 180 mm Durchmesser wird dabei in seinen Zylinder

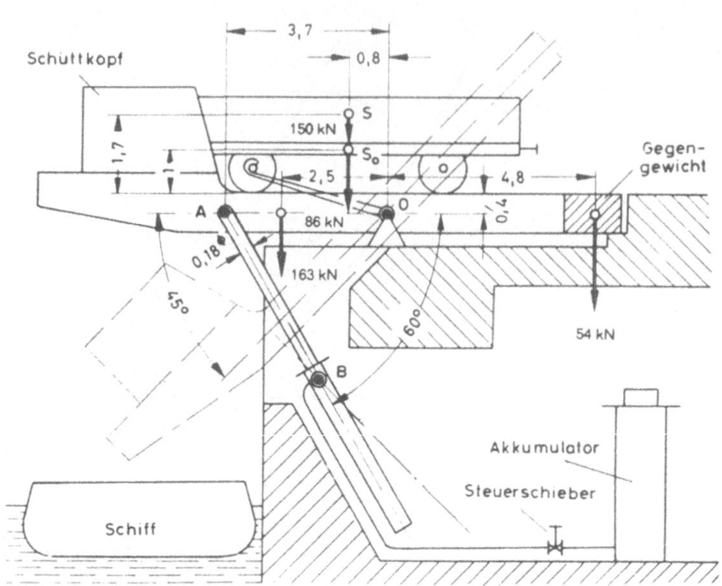

hineingedrückt. Letzterer ist um eine waagerechte Drehachse B schwingend angeordnet, so daß er der wechselnden Schrägstellung des Kolbens folgen kann. Die Kolbenachse bildet mit der waagerechten Bühnenachse einen Winkel von 60°, während sie zu der unter 45° geneigten Bühne senkrecht steht.

Beim Senken der Bühne verdrängt der Kolben das Druckwasser aus dem Zylinder durch eine in der Drehachse B anschließende Rohrleitung in einen Druckwasser-Akkumulator, wodurch dessen entsprechend belasteter Kolben gehoben wird. Ein Schieber in der Rohrleitung, vom Führerstand aus mittels Steuerhebels betätigt, ermöglicht die Regelung der Durchflußgeschwindigkeit des Wassers und somit die Regelung der Bühnenbewegung. Durch Schließen des Schiebers kann die Bühne in jeder Stellung festgehalten werden. Bei genügender Neigung der Bühne gleitet die Kohle an der geöffneten und um ihre Oberkante ausschwingenden Stirnwand aus dem Wagen heraus (siehe auch Bild in Aufg. 422) und wird durch den „Schüttkopf" der Bühne in das zu beladende Schiff geleitet.

Nach dem Ausstürzen der Kohle bekommt der Akkumulator-Kolben das Übergewicht über die Belastung des Treibkolbens und hebt, sobald der Steuerschieber geöffnet wird, die Bühne mit dem leeren Wagen in die Anfangslage zurück. Der hydraulische Kipper arbeitet also selbsttätig ohne Motor. Das Gewicht der Kohle dient als Betriebskraft.

Es sollen berechnet werden:

a) die Belastung des Treibkolbens und der erzeugte Wasserdruck für die waagerechte Anfangsstellung der Bühne mit beladenem Wagen;

b) dasselbe für 45° Bühnenneigung unter der Annahme, daß die Kohle sich dann noch im Wagen befindet;

c) die zum Heben der Bühne mit dem *entleerten* Wagen bei 45° Neigung erforderliche Triebkraft des Kolbens sowie der erforderliche Wasserdruck;

d) dasselbe für die waagerechte Endstellung der Bühne mit dem leeren Wagen.

Lösung:

a) Statische Momente für Drehachse O:

$$+163\ \text{kN} \cdot 2{,}5\ \text{m} - 54\ \text{kN} \cdot 4{,}8\ \text{m} + (86 + 150)\ \text{kN} \cdot 0{,}8\ \text{m}$$
$$- F_1 \cdot (3{,}7 \cdot \sin 60°)\ \text{m} = 0. \quad \text{Daraus} \quad F_1 = 105{,}2\ \text{kN}.$$

Wasserdruck $p_1 = 105{,}2\ \text{kN}: \dfrac{\pi\, 18^2}{4}\ \text{cm}^2 = 41{,}3\ \text{bar}.$

b) $+163\ \text{kN} \cdot (2{,}5 \sin 45°)\ \text{m} - 54\ \text{kN} \cdot (4{,}8 \sin 45°)\ \text{m}$
$\quad +\ 86\ \text{kN} \cdot 1{,}556\ \text{m} + 150\ \text{kN} \cdot 2{,}05\ \text{m} - F_2 \cdot 3{,}7\ \text{m} = 0,$

$$F_2 = 147{,}6\ \text{kN}; \qquad p_2 = 58\ \text{bar}$$

c) Derselbe Ansatz wie b), nur das Glied $(+150\ \text{kN} \cdot 2{,}05\ \text{m})$ fällt weg.

$$F_3 = 64{,}5\ \text{kN}; \qquad p_3 = 25{,}3\ \text{bar}$$

d) $\qquad\qquad F_4 = 67{,}8\ \text{kN} \qquad\qquad p_4 = 26{,}6\ \text{bar}$

Gleichgewicht bei Räderwerken

441 Bei einer *Winde* mit Rädervorgelege nach Skizze dreht ein Arbeiter mit einer Kraft von 150 N an der 360 mm langen Kurbel.

a) Wie groß ist die an den Rädern auftretende Umfangskraft F_U bei Vernachlässigung der Reibung?

b) Wie groß ist die zu hebende Last F_G bei Vernachlässigung der Reibung?

c) Wie groß ist das Übersetzungsverhältnis?

d) Welche Beziehung besteht zwischen Antriebsmoment und Lastmoment bei Vernachlässigung der Reibung?

e) Welche Beziehung besteht zwischen Antriebsmoment und Lastmoment, wenn die Reibungsverluste durch Einführung eines Gesamtwirkungsgrads η berücksichtigt werden?

f) Welche Last kann gehoben werden, wenn die Reibungsverluste mit $\eta = 0{,}84$ berücksichtigt werden?

Lösung:

Die an den Rädern auftretende Umfangskraft F wirkt nach dem Gesetz der Wechselwirkung (Aufg. Nr. 408) in zwei entgegengesetzten Richtungen in gleicher Größe, nämlich an dem kleinen Rad als hemmende Kraft F nach oben, dagegen an dem großen Rad als treibende Kraft F nach unten.

a) Gleichung der statischen Momente für die Kurbelwelle I

$$150\ \text{N} \cdot l = F \cdot r_1$$

$$F = 150\ \text{N}\ \frac{l}{r_1} = 150\ \text{N} \cdot \frac{360\ \text{mm}}{40\ \text{mm}} = 1350\ \text{N}$$

b) Gleichung der statischen Momente für die Trommelwelle II

$$F_G \cdot R = F' \cdot r_2$$

$$F_G = F' \cdot \frac{r_2}{R} = 1350 \text{ N} \cdot \frac{320 \text{ mm}}{60 \text{ mm}} = 7200 \text{ N}$$

c) Die Übersetzung berechnet sich aus:

$$i = \frac{r_2}{r_1} = \frac{n_1}{n_2}$$

$$i = \frac{320 \text{ mm}}{40 \text{ mm}} = 8$$

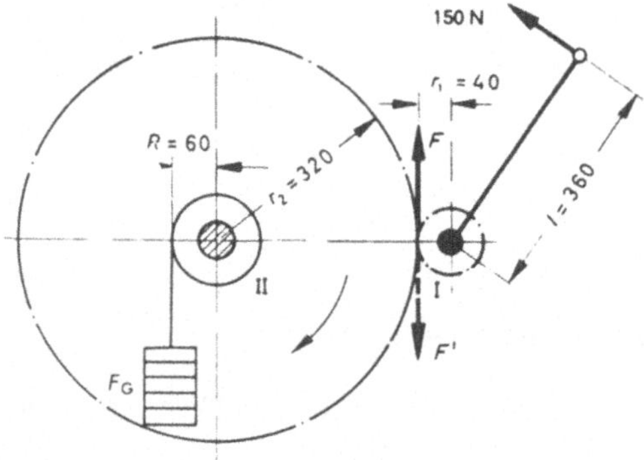

d) Durch Einsetzen von Gleichung II in Gleichung I und umgekehrt ergibt sich:

$$150 \text{ N} \cdot l = F \cdot r_1 \qquad\qquad F_G \cdot R = F' \cdot r_2$$

$$150 \text{ N} \cdot l = F_G \cdot R \cdot \frac{r_1}{r_2} = F_G \cdot R \cdot \frac{1}{i}$$

Antriebsmoment = Lastmoment dividiert durch Räderübersetzung.

e) Der Wirkungsgrad gibt an, wieviel von der aufgewandten Leistung (Antriebsleistung P_i) am Ausgang einer Maschine nutzbar ist (Nutzleistung P_e). Er berechnet sich aus

$$\text{Wirkungsgrad } \eta = \frac{\text{Nutzleistung } P_e}{\text{Antriebsleistung } P_i}$$

Für Räderwerke ergibt sich daraus, daß nur der durch den Wirkungsgrad gegebene Teil des Antriebsmomentes zur Wirkung kommt.

$$F_G \cdot R \cdot \frac{1}{i} = \eta \cdot F \cdot l.$$

f)

$$F_G \cdot R \cdot \frac{1}{i} = \eta \cdot F \cdot l$$

$$F_G = \eta \cdot \frac{F \cdot l \cdot i}{R} = 0{,}84 \cdot \frac{150 \text{ N} \cdot 360 \text{ mm} \cdot 8}{60 \text{ mm}} = 6050 \text{ N}$$

442 Mittels der skizzierten *Räderwinde* soll eine Last von 8 kN gehoben werden.

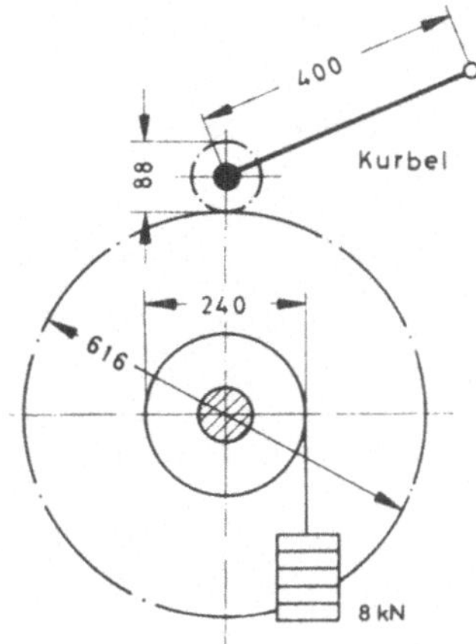

Zu berechnen sind:

a) Die Umfangskraft an den Zahnrädern bei Vernachlässigung der Reibung;

b) die erforderliche Kurbelkraft bei Vernachlässigung der Reibung;

c) die Übersetzung aus den gegebenen Maßen;

d) die Kurbelkraft bei Berücksichtigung der Reibungsverluste. Der Gesamtwirkungsgrad der Winde beträgt 86%.

e) Wieviel Arbeiter sind zum Bedienen der Winde erforderlich, wenn die Kurbelkraft eines Mannes nicht über 200 N betragen soll?

443 Das Stauschütz einer Wasserkraft-Anlage erfordert zum Heben eine Kraft von 5400 N an der Zahnstange der *Aufzugwinde*. Die Zahnstange greift in ein Zahnrad von 100 mm Teilkreisdurchmesser ein.

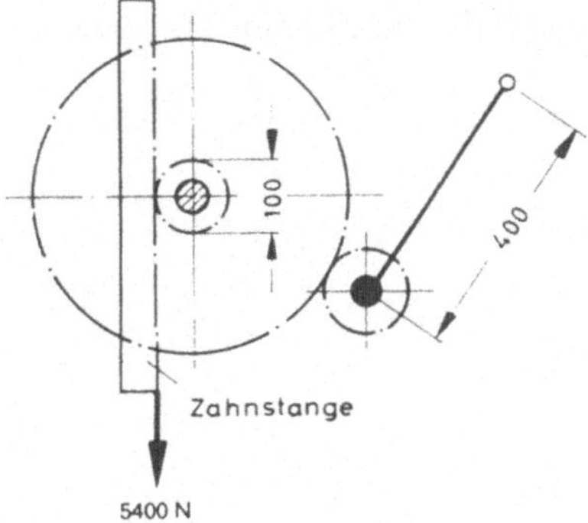

Wie groß muß die Übersetzung des Rädervorgeleges gemacht werden, damit ein Mann mit 150 N Kurbelkraft bei einem Gesamtwirkungsgrad von 75% das Schütz aufziehen kann?

444 Eine Winde mit zwei Zahnradvorgelegen hat die gegebenen Maße. Der Antrieb erfolgt durch zwei Mann, die an der 400 mm langen Kurbel mit je 150 N Kurbelkraft drehen.

a) Welche Umfangskräfte F_1 und F_2 treten an den beiden Räderpaaren auf, wenn keine Reibung wirksam ist?

b) Welche Last kann gehoben werden ohne Berücksichtigung der Reibung?

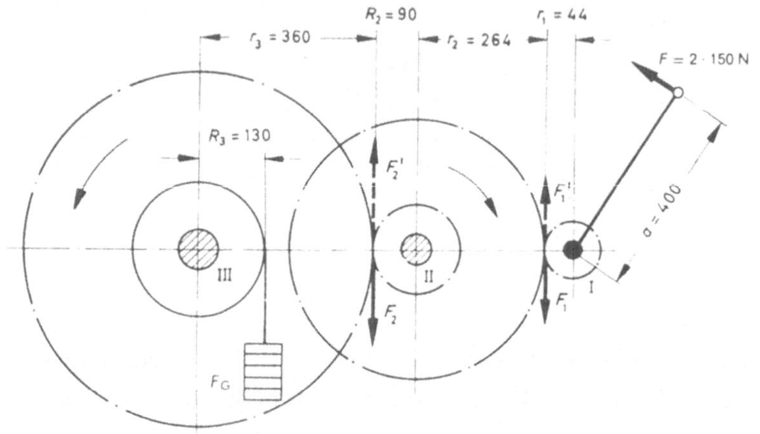

c) Welche Beziehung besteht zwischen Antriebsmoment und Lastmoment ohne Berücksichtigung der Reibung?

d) Welche Last kann tatsächlich gehoben werden, wenn der Einfluß der Reibung mit einem Gesamtwirkungsgrad von 78 % berücksichtigt wird?

e) Wie groß ist die Übersetzung?

f) Wie hoch wird die Last während 10 Kurbelumdrehungen gehoben?

445 Die skizzierte Räderwinde von 230 mm Trommeldurchmesser soll eine Last von 30 kN heben.

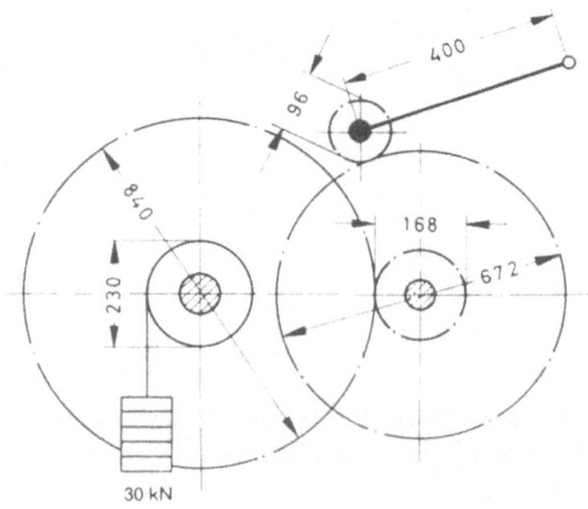

Gesucht sind:

a) die Umfangskraft an den beiden Räderpaaren bei reibungslosem Betrieb;

b) die erforderliche Kurbelkraft ohne Berücksichtigung der Reibung;

c) die Übersetzung;

d) die bei einem Gesamtwirkungsgrad von 77% erforderliche Kurbelkraft;

e) die zur Bedienung der Räderwinde erforderliche Anzahl Arbeiter. Ein Mann kann 150 bis 200 N Kurbelkraft aufbringen.

f) Mit Hilfe der Übersetzung soll die Anzahl Kurbelumdrehungen berechnet werden, die zum Heben der Last um 1 m Höhe erforderlich sind.

446 Das *Hubwerk* eines Laufkrans wird mittels *Haspelkette* durch einen Arbeiter von unten bedient. Die Zugkraft des Mannes an der Kette soll 200 N betragen, die Tragfähigkeit der Winde 23 kN. Der Gesamtwirkungsgrad ist zu 72% anzunehmen.

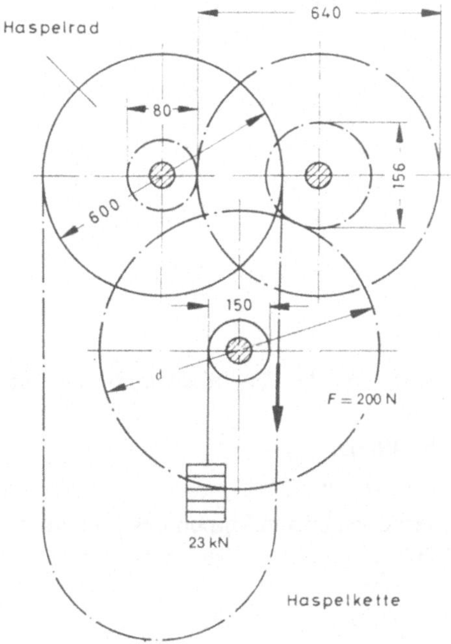

Zu berechnen sind:

a) der Durchmesser des großen Zahnrades der Trommelwelle;

b) das Verhältnis des Arbeitsweges der Haspelkette zu dem erzielten Lasthub.

Standsicherheit

447 Was versteht man unter dem *Standmoment* oder *Standsicherheitsmoment* eines gestützten Körpers?

Lösung:

Das *Standmoment* oder *Standsicherheitsmoment* ist das statische Moment des Körpergewichts für die in Bedracht kommende Kippkante.

448 Der 4300 N schwere Flügel eines *Fabriktores* hängt nach Skizze an einem freistehenden prismatischen Mauerpfeiler von quadratischem Querschnitt 0,9 m × 0,9 m und 2,9 m Höhe. Die Wichte des Ziegelmauerwerks ist 16 N/dm^3.

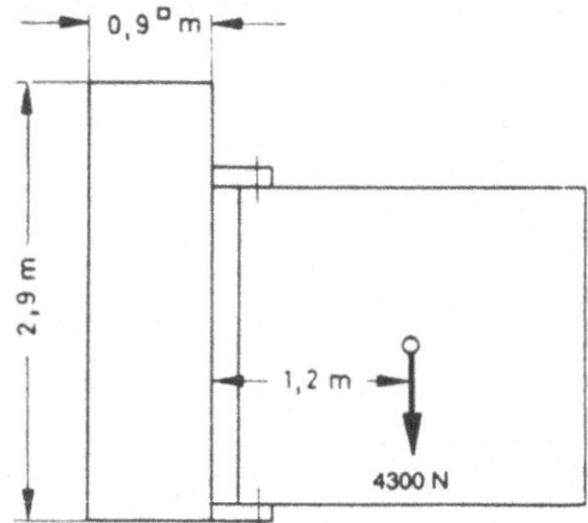

Zu berechnen sind:

a) das Kippmoment, das der Torflügel in bezug auf die untere rechte Kante des Mauerpfeilers ausübt;

b) das Gewicht des Pfeilers;

c) das Standmoment des Pfeilers;

d) der Sicherheitsgrad gegen Umkippen des Pfeilers bei Vernachlässigung der Zugfestigkeit des Mörtels.

Lösung:

a) Kippmoment 4300 N · 1,2 m = 5160 Nm.

b) Gewicht 0,9 m · 0,9 m · 2,9 m · 16 kN/m^3 = 37,584 kN.

c) Standmoment 37 584 N · 0,45 m = 16 912,8 Nm.

d) Sicherheitsgrad 16 912,8 Nm : 5160 Nm = 3,277.

449 Für die *Stützmauer* einer Erdböschung mit den gegebenen Maßen sind für 1 m Mauerlänge zu berechnen:

a) das Standmoment für Kippkante A,

b) das Standmoment für Kippkante B.

c) Um wieviel Prozent ist die Standsicherheit für Kante A geringer als für Kante B?
Die Wichte des Betons ist 23 N/dm³.

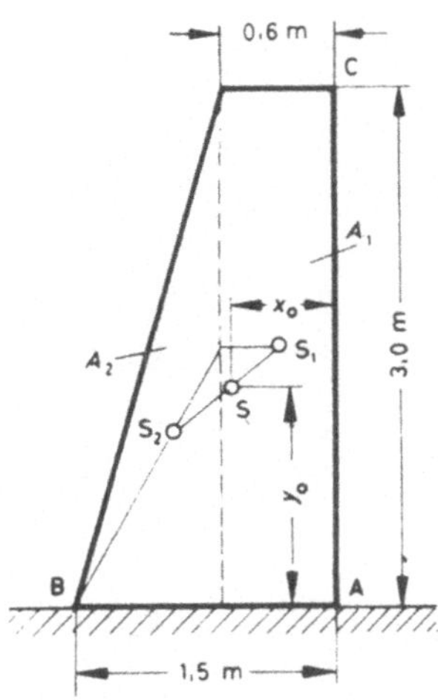

450 Ein *Fabrikschornstein* hat einen pyramidenförmig verjüngten Schaft von 36 m Höhe und
1740 kN Gewicht. Die äußere Seitenlänge des quadratischen Querschnitts beträgt unten
3,8 m, oben 2,1 m. Der Winddruck, der gleichmäßig verteilt auf die trapezförmige
Fläche der Seitenwand des Schornsteins wirkt, wird für stärksten Orkan zu 1500 N/m²
angenommen.

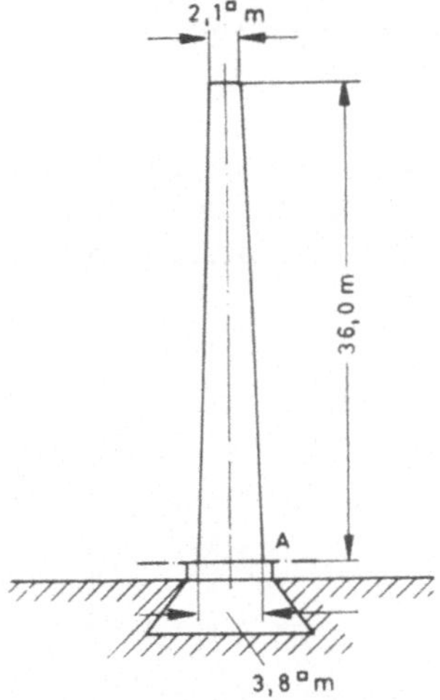

Zu berechnen sind:

a) das Umsturzmoment des Winddrucks für die Kippkante der Schaftsohle A;

b) der waagerechte Abstand von der Schornsteinachse, in der die Mittelkraft aus
Eigengewicht und Winddruck die waagerechte Ebene der Schaftsohle A durchschneidet.

451 Der skizzierte *Drehkran* ruht auf vier Rädern, die auf einem Schienenkreis von 3,7 m Durchmesser laufen. Der mittlere Drehzapfen des Krans dient nur zum Führen, nicht zum Tragen. Die Nutzlast von 70 kN greift in 8 m Ausladung an, das Eigengewicht von 120 kN des unbelasteten Krangerüsts in 0,4 m Abstand von der Drehachse.

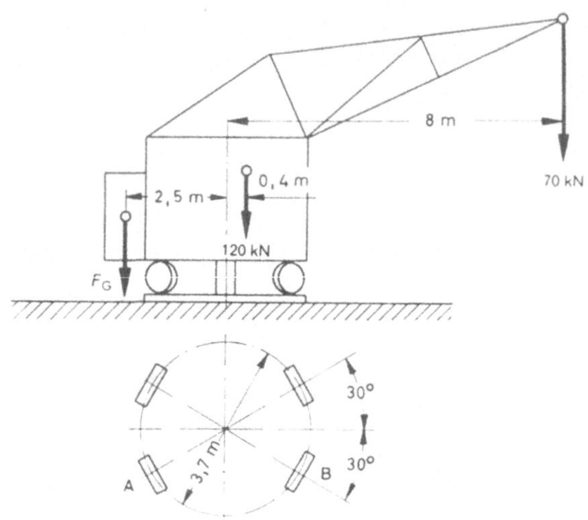

Für die gezeichnete Kranstellung sollen berechnet werden:

a) die erforderliche Größe des in 2,5 m Ausladung angeordneten Gegengewichts. Es soll 1,4mal so schwer gemacht werden, wie zur Sicherung des Krans gegen Kippen bei voller Belastung nötig wäre;

b) die Belastung der Laufräder A und B bei leerem Haken, d. h. fehlender Nutzlast unter Berücksichtigung des Gegengewichts.

452 Ein freistehender *Drehkran* ist auf einem zylindrischen *Betonfundament* von 4,5 m Durchmesser verankert. Die Nutzlast von 70 kN hat 7,5 m Ausladung. Das Eigengewicht des schwenkbaren Krangerüsts beträgt 50 kN, das Gewicht der Säule einschließlich Grundplatte 30 kN.

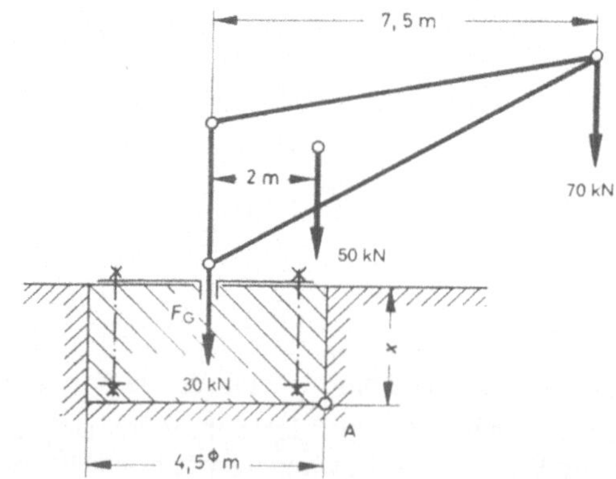

a) Wie schwer muß der Betonkörper F_G sein, damit er das Kippen des Krans um die Kante A gerade verhindert? Der Widerstand des umgebenden Erdreichs werde vernachlässigt.

b) Welche Tiefe x muß der Betonkörper erhalten, wenn er doppelt so schwer, wie zur Standsicherung gerade erforderlich, ausgeführt wird? Die Wichte des Betons ist 23 N/dm³.

453   Die gußeiserne *Grundplatte* eines Drehkrans ist als sechsarmiger Stern ausgebildet und mit sechs Ankerschrauben auf dem Grundmauerwerk befestigt. Die Nutzlast beträgt 40 kN, das Eigengewicht des schwenkbaren Auslegers 18 kN, das Gewicht der Grundplatte mit Säule 13 kN. Der Kran sucht um die Kante AB zu kippen. Die Ankerschrauben verhindern dies und werden hierbei um so mehr auf Zug beansprucht und gereckt, je weiter sie von der Kippkante entfernt liegen, so daß die äußeren Schrauben doppelt so viel Belastung erhalten wie die mittleren.

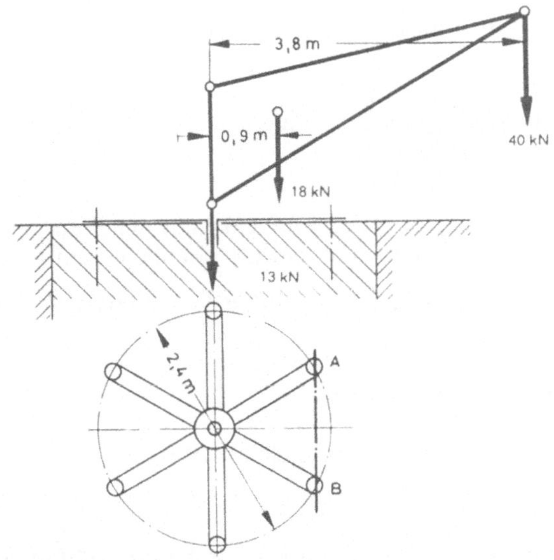

Welche größte Kraft entfällt auf eine Schraube?

Gleichgewicht im Raum

454   Wie viele Freiheitsgrade hat ein Körper in der Ebene und wie viele im Raum?

Lösung:

In der Ebene hat der Körper (Scheibe) drei Freiheitsgrade: zwei der Translation und einen der Drehung in der Ebene. Im Raum hat der Körper sechs Freiheitsgrade: drei der Translation und drei der Rotation um die drei Raumachsen bzw. in den drei Ebenen.

455 In der ebenen Statik sind Pendelstützen und Loslager einwertige Fesseln; sie nehmen der Scheibe einen der drei Freiheitsgrade. Welche Wertigkeit besitzen diese Lager im Raum?

Lösung:

Auch im Raum haben die genannten Lager die Wertigkeit eins: sie nehmen dem Körper ausschließlich die Translationsfreiheit in Richtung der Wirkungslinie der Lagerkraft.

456 Welche Wertigkeit hat die Einspannung als Lagerung der ebenen Statik, und welche Wertigkeit hat sie als Lager im Raum?

Lösung:

In der Ebene ist die Einspannung dreiwertig, sie nimmt der Scheibe ihre drei Freiheitsgrade. Darum ist ein einseitig eingespannter Körper statisch bestimmt gelagert. Auch als Lager im Raum garantiert eine Einspannung statische Bestimmtheit der Lagerung, denn die Einspannung im Raum ist eine sechswertige Fessel; der Körper im Raum besitzt genau diese sechs Freiheitsgrade.

457 Wie lauten die Gleichgewichtsbedingungen für zentrale, räumliche Kräftesysteme?

Lösung:

Der Knoten im Raum weist drei Freiheitsgrade der Translation auf; also lauten die drei Gleichgewichtsbedingungen für zentrale räumliche Kräftesysteme

$$\Sigma F_x = 0, \qquad \Sigma F_y = 0 \qquad \text{und} \qquad \Sigma F_z = 0.$$

Stabilität des Gleichgewichts

458 Kennzeichne die drei Arten des Gleichgewichts.

Lösung:

Die drei Arten des Gleichgewichts sind Stabilität, Indifferenz und Labilität. Sind alle Massenteilchen eines Körpers oder Systems von Körpern beschleunigungsfrei, so liegt ein Gleichgewichtszustand vor. Dieser Zustand kann verschiedene Qualitäten haben. Je nachdem, wie das System auf eine kleine Störung reagiert, unterscheidet man nach labilem Gleichgewicht, indifferentem Gleichgewicht und stabilem Gleichgewicht. Kehrt das System nach der Störung in die gleichgewichtige Ausgangslage zurück, so ist in dieser Lage das Gleichgewicht stabil; verharrt es in der durch die Störung erreichten Lage, so ist das Gleichgewicht indifferent; entfernt sich das System nach der Störung noch weiter von der gleichgewichtigen Ausgangslage, so war die Gleichgewichtslage labil.

459 Was sind *Potential-Energien* eines mechanischen Systems?

Lösung:

Potential-Energien sind potentielle Energie (Energie der Lage) und die Energie der elastischen Deformation (Federenergie). Sie sind nur vom Anfangs- und Endzustand gekennzeichnet, nicht vom Weg, auf dem der neue Zustand erreicht wird.

460 Wie lauten die Bedingungen für Gleichgewicht und Stabilität eines ruhenden Systems bei *virtuellen Verrückungen*?

Lösung:

Bei Systemen mit einem Freiheitsgrad wird im Gleichgewichtsfall die erste Variation der gesamten Potential-Energie des Systems null. Das heißt für die Elastostatik, daß die Potential-Energie ein Minimum aufweist. Bei kleinen, virtuellen Verrückungen des Systems ist im Gleichgewichtsfall die erste Ableitung der Potential-Energie null. Im Fall stabilen Gleichgewichts ist die zweite Ableitung positiv.

461 Diskutiere das Prinzip vom Minimum der potentiellen Energie.

Lösung:

Strebt das System nach kleiner Störung in die stabile Gleichgewichtslage zurück, so ist dies ein Zeichen dafür, daß die Potential-Energie im Gleichgewichtsfall minimal ist. Die mechanische Arbeit, die bei der Störung aufgewendet wird, erhöht die Potential-Energie des Systems, sie wird bei Wegnahme der Störung wiedergewonnen. Dementgegen wird das System aus labiler Gleichgewichtslage nach kleiner Störung in eine stabile Gleichgewichtslage streben, die eine andere ist und deren zugehörige Potential-Energie minimal ist.

462 Was besagt das *Prinzip von Torricelli*?

Lösung:

In Systemen ohne Federn ist die Gleichgewichtslage durch eine Extremlage des Schwerpunkts gekennzeichnet. Im Falle stabilen Gleichgewichts befindet sich der Schwerpunkt am tiefsten Bahnpunkt, bei labilem Gleichgewicht befindet er sich am höchsten Punkt seiner möglichen Bahn. Ein Pendel, dessen Schwerpunkt sich lotrecht unter dem Drehgelenk befindet, ist in stabiler Gleichgewichtslage, sofern keine Bewegungen vorliegen. Befindet sich der Pendelschwerpunkt lotrecht über dem Drehpunkt, so ist diese Ruhelage eine labile Gleichgewichtslage. Ist der Drehpunkt identisch mit dem Schwerpunkt, so liegt indifferentes Gleichgewicht vor; es kann dann selbstverständlich nicht mehr von einem Pendel gesprochen werden.

463   Es ist die Stabilitätsbedingung für das durch die Feder gehaltene biegesteife Gebilde zu formulieren. Die Größe c ist die Federkonstante.

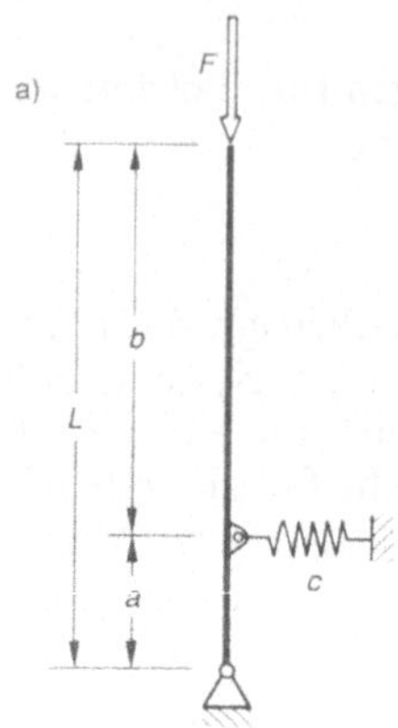

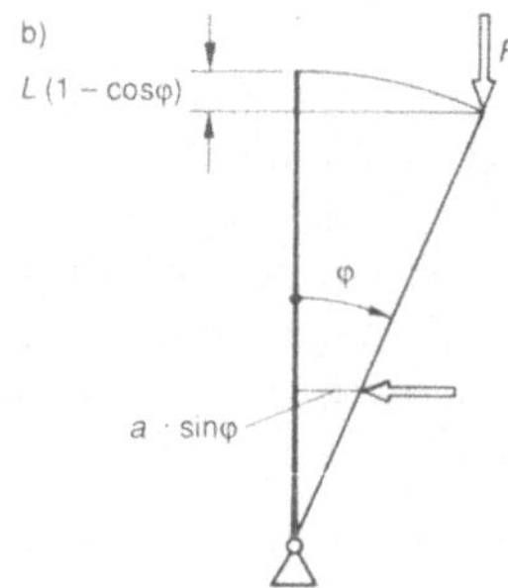

Lösung:

$$U(\varphi) = \frac{c}{2}(a \cdot \sin\varphi)^2 - F \cdot L \cdot (1 - \cos\varphi)$$

1. Ableitung:

$$\frac{dU(\varphi)}{d\varphi} = 0 = \frac{c \cdot a^2}{2}\sin(2\varphi) - F \cdot L \cdot \sin\varphi \qquad \text{(ist erfüllt für } \varphi = 0)$$

2. Ableitung:

$$\frac{dU(\varphi)}{d\varphi} = c \cdot a^2 \cdot \cos(2\varphi) - F \cdot L \cdot \cos\varphi > 0 \qquad \text{(Stabilitätsbedingung)}$$

Daraus folgt

$$F_{kr} < \frac{c \cdot a^2 \cdot \cos(2\varphi)}{L \cdot \cos\varphi}$$

und für die Gleichgewichtslage $\varphi = 0$

$$F_{kr} < \frac{c \cdot a^2}{L}.$$

464 Zu untersuchen ist, für welche Stablänge L die skizzierte Gleichgewichtslage noch stabil ist (Federkonstante $c = 9 \ \text{kN/m}$). Der Stab sei von vernachlässigbar kleiner Masse.

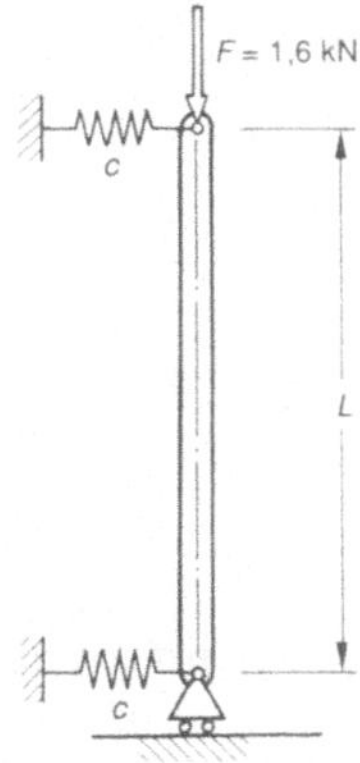

Lösungshinweis:

Gleichgewichtsüberlegungen fordern, daß der Stabmittelpunkt seine Lage beibehält, so daß eine Feder auf Druck, die andere auf Zug beansprucht wird.

465 Wie lautet die Lösung der Aufgabe 464, wenn der Stab die Masse $m = 40 \ \text{kg}$ hat?

466 Zwei gleich lange Stäbe von vernachlässigbar kleinem Gewicht sind – wie skizziert – gelenkig miteinander verbunden. Im Verbindungsgelenk ist eine Feder mit der Federsteifigkeit c festgemacht. Es ist zu untersuchen, welche Federsteifigkeit erforderlich ist, damit das System unter der Last $F = 50 \ \text{N}$ bei den Stablängen $a = 25 \ \text{mm}$ stabiles Gleichgewicht aufweist.

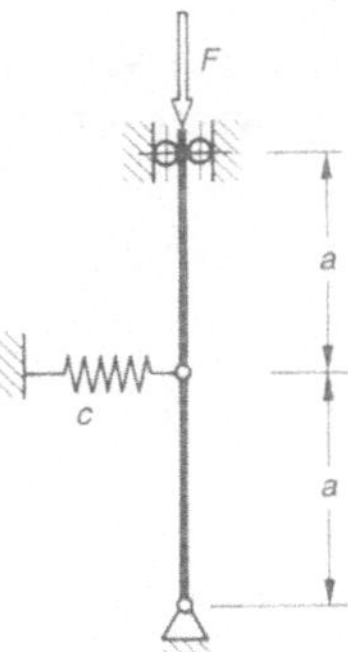

467 Wie ändert sich die Lösung der Aufgabe 466, wenn die Stäbe massebehaftet sind? Masse je Stab 2 kg.

468 Ein schwerer Stab mit der Länge L liegt – wie skizziert – auf glatter Unterlage. Es ist nachzuweisen, daß labiles Gleichgewicht vorliegt.

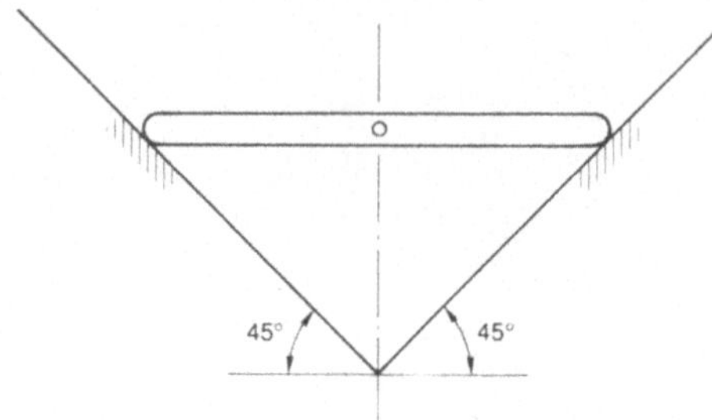

469 Eine schwere Stange der Länge L wird am Fußpunkt mittels einer Feder der Steifigkeit c gehalten. Das obere Stangenende A ist vertikal durch Loslagerung geführt. Welche Federsteifigkeit ist erforderlich für stabiles Gleichgewicht in der skizzierten Lage?

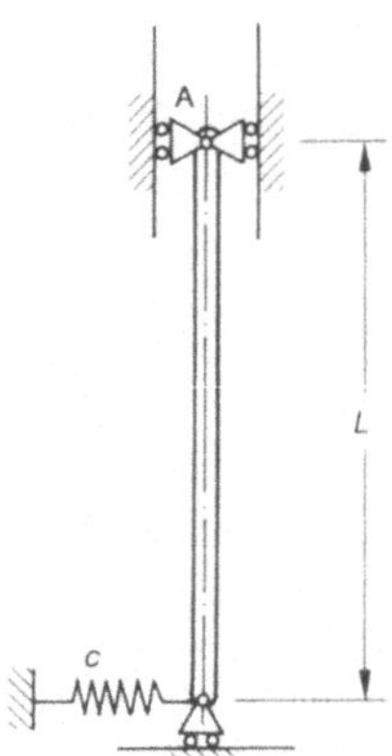

470 Für das skizzierte System ist nachzuweisen, bei welcher Federhärte c der beiden gleich harten Federn stabiles Gleichgewicht vorliegt. Das Ergebnis ist für die Sonderfälle $R = 0$ und $1/R = 0$ zu diskutieren.

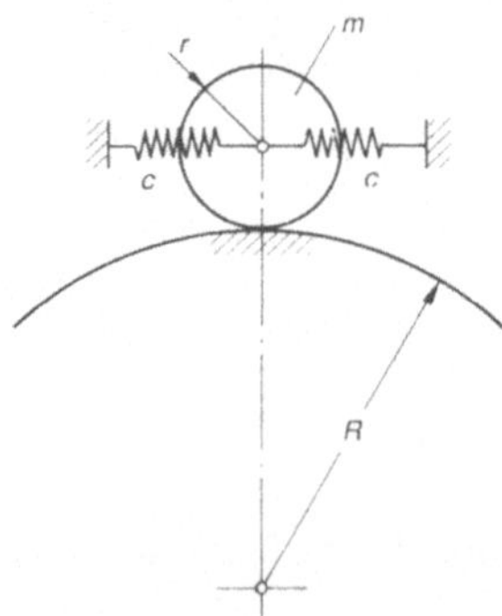

Lösung:

$$U(\varphi) = U_0 + 2 \cdot \frac{c}{2} \left((R+r) \cdot \sin\varphi\right)^2 - m \cdot g \cdot (R+r) \cdot (1 - \cos\varphi)$$

Aus der Stabilitätsbedingung $\dfrac{\mathrm{d}^2 U(\varphi)}{\mathrm{d}\varphi^2} > 0$

folgt die Lösung zu $c > \dfrac{m \cdot g}{2 \cdot (R+r)}$

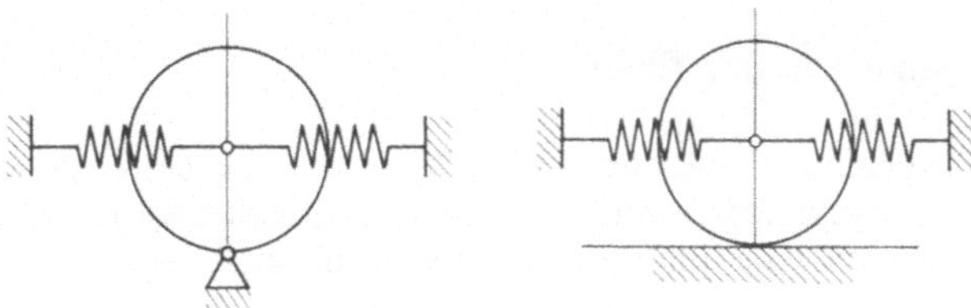

1. Sonderfall: $R = 0$

$$c > \frac{m \cdot g}{2r}$$

2. Sonderfall: $\dfrac{1}{R} = 0$

$c > 0$; d.h.: auch noch so schwache Federn garantieren stabiles Gleichgewicht.

5. Ebene gestützte Körper

501 Was versteht man unter einem *ebenen gestützten Körper*?

Lösung:

Ein ebener gestützter Körper ist ein durch Lagerungen, Fesselungen, Einspannungen unterstützter Körper, der unter dem Einfluß eines ebenen Kräftesystems steht.

Stützungsarten in der Ebene

502 Welche *Festlegungen* sind notwendig, damit man bei der Lagerung eines Balkensystems oder anderer Systeme von einer *Einspannung* sprechen kann? Wieviel Unbekannte treten an der Einspannstelle auf? Gib praktische Beispiele an!

Lösung:

Eine Einspannung sorgt dafür, daß der eingespannte Körper keine Drehung und keine Verschiebebewegung in der Ebene ausführen kann. Im allgemeinen Belastungsfall werden die Lagerreaktionen also ein Moment und eine Reaktionskraft sein, die, in Komponenten des ebenen Koordinatensystems zerlegt, zwei Unbekannte im Gleichungssystem der Gleichgewichtsbedingungen darstellen:

Drei Unbekannte: F_{Ax}, F_{Ay} und M_A.

503 Wodurch ist ein *festes Lager* von einer Einspannung unterschieden, und wieviel Unbekannte treten am festen Lager auf?

Lösung:

Ein Festlager oder Gelenk raubt nur die zwei translatorischen Freiheitsgrade in der Ebene, es beläßt dem Körper den Freiheitsgrad der Drehung. Festlager nehmen also keine Momente auf.

504 Vergleiche die Fesselungen des *beweglichen Lagers* mit denen des festen und eingespannten Lagers. Wieviel Unbekannte treten an einem beweglichen Lager auf? Gib Anwendungsbeispiele aus dem Maschinenbau an!

Lösung:

Am beweglichen oder sog. Loslager ist die Wirkungslinie der hier übertragbaren Kraft bekannt; und zwar können nur Kräfte in Richtung senkrecht zur noch vorhandenen Bewegungsrichtung übertragen werden. Auch der Zweigelenkstab und die Pendelstütze sind demnach Loslager. Loslager nehmen einen Freiheitsgrad, es tritt die Loslagerkraft als genau eine Unbekannte im System der Gleichgewichtsgleichungen auf.

505 Wann ist eine Scheibe in der Ebene nicht mehr statisch bestimmt gelagert?

Lösung:

Statische Bestimmtheit liegt dann vor, wenn die Summe der Wertigkeiten der angelegten Fesseln (Lager) gleich ist der Summe der Freiheitsgrade, nämlich in der Ebene drei:

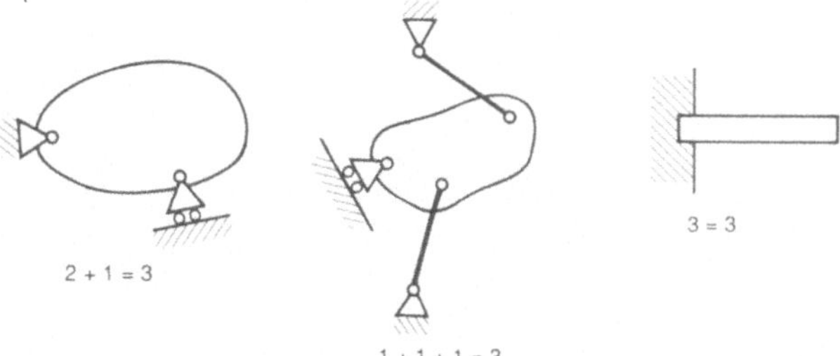

Von statischer Unterbestimmtheit spricht man, wenn die Summe der Fesselwertigkeiten kleiner als drei ist (bewegliches Gebilde: kinematisch unbestimmt); von statischer Überbestimmtheit spricht man, wenn die Summe der Fesselwertigkeiten größer als drei ist:

Das Freimachen der Körper

506 Was versteht man unter dem *Freimachen der Körper?*

Lösung:

Bei gestützten Körpern sind die in den Lagerungen auftretenden Kräfte meist unbekannt, da sich ihre Größe und Richtung aufgrund des Wechselwirkungsgesetzes nach den am Körper angreifenden Kräften einstellt. Für die Konstruktion von

Maschinenteilen ist es jedoch wichtig, die Lagerkräfte genau zu kennen. Man befreit daher den zu untersuchenden Körper von den Lagerungen und setzt statt dessen Kräfte an, die die gleiche Wirkung wie die Lagerungen haben. Auf diese Weise wird ein gestützter Körper in ein Kräftesystem übergeführt und die Ermittlung der unbekannten Lagerkräfte mit Hilfe der Gleichgewichtsbedingungen rechnerisch oder zeichnerisch ermöglicht.

507 Der in den gezeichneten Stellungen aufliegende Körper, dessen Gewicht im Schwerpunkt angreift und der gegebenenfalls durch eingezeichnete äußere Kräfte im Gleichgewicht gehalten wird, soll freigemacht werden (ohne Berücksichtigung der Reibungskräfte).

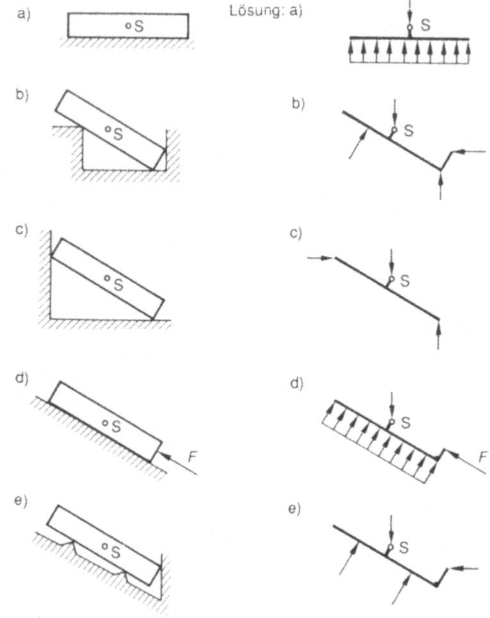

Beachte: Die Kraft wird von einer Fläche (Auflage) auf die andere immer senkrecht zur Fläche bzw. Flächentangente übertragen. Kanten und Schneiden verhalten sich wie Loslager.

508 Der in den gezeichneten Stellungen von Seilen (Ketten) gehaltene Körper, dessen Gewicht im Schwerpunkt angreift und der gegebenenfalls durch eingezeichnete äußere Kräfte im Gleichgewicht gehalten wird, soll freigemacht werden (ohne Berücksichtigung der Reibungskräfte).

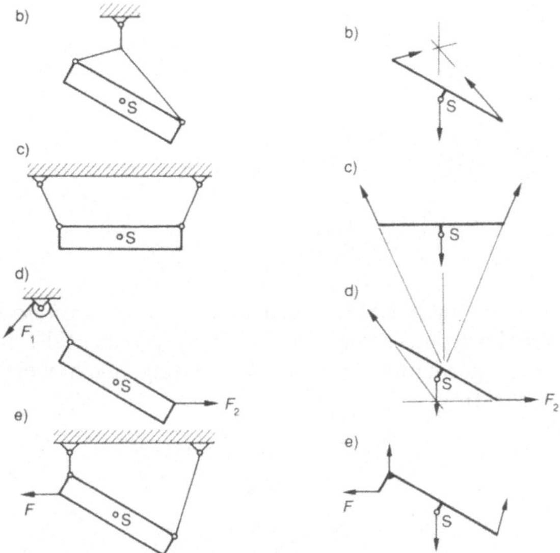

Beachte: Seile (Ketten) übertragen nur Zugkräfte in Seilrichtung (Kettenrichtung).

509 Der in den gezeichneten Stellungen von *Stäben* gestützte *Körper*, dessen Gewicht im Schwerpunkt angreift und der gegebenenfalls durch eingezeichnete äußere Kräfte im Gleichgewicht gehalten wird, soll freigemacht werden (ohne Berücksichtigung der Reibungskräfte).

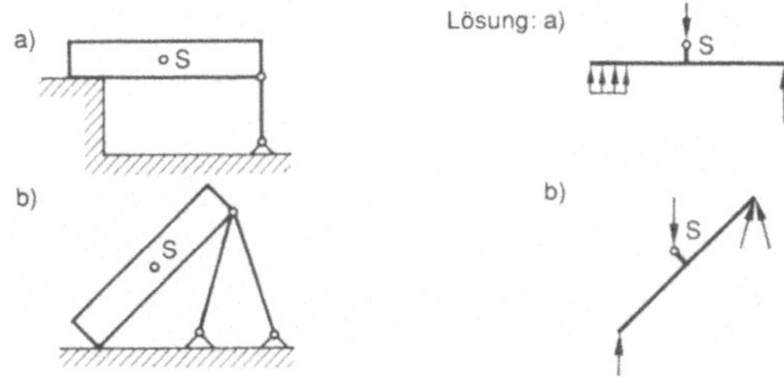

510 Der in den gezeichneten Stellungen auf *Rädern* (Rollen) aufliegende Körper, dessen Gewicht im Schwerpunkt angreift und der gegebenenfalls durch eingezeichnete äußere Kräfte im Gleichgewicht gehalten wird, soll freigemacht werden (ohne Berücksichtigung der Reibungskräfte).

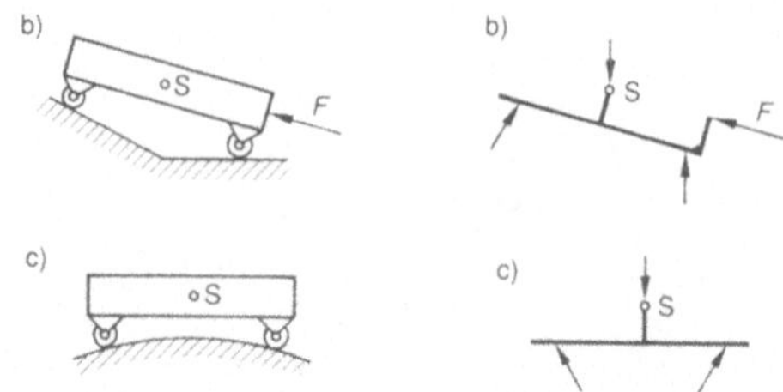

511   Der in den gezeichneten Stellungen in *Fest-* und *Loslagern* gestützte Körper dessen Gewicht im Schwerpunkt angreift und der gegebenenfalls durch eingezeichnete äußere Kräfte im Gleichgewicht gehalten wird, soll freigemacht werden (ohne Berücksichtigung der Reibungskräfte).

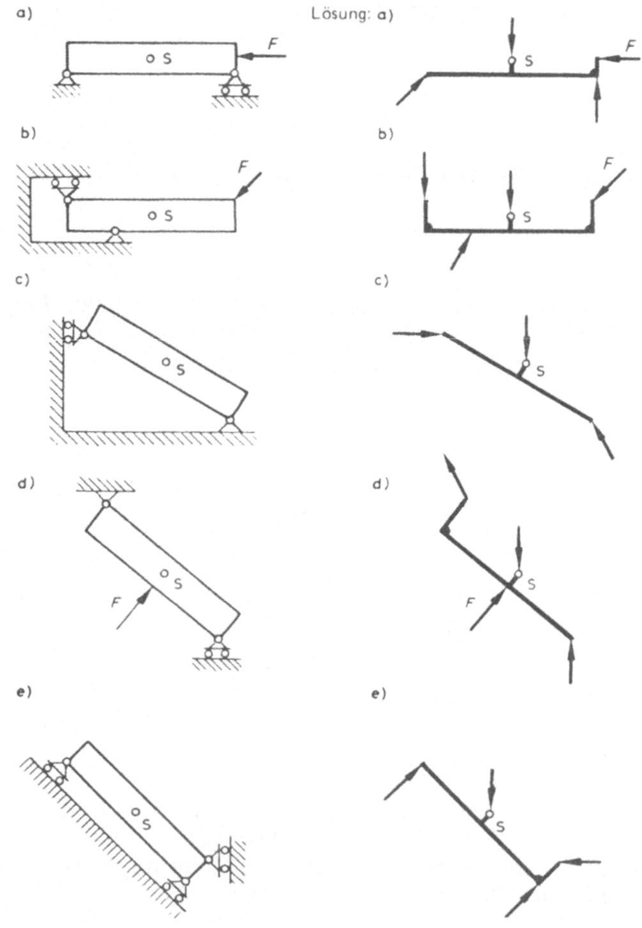

Beachte: Ein *Festlager* überträgt die Kräfte in jeder Richtung senkrecht zur Achse (jedoch keine Momente!). Ein *Loslager* überträgt nur Kräfte senkrecht zur Auflagefläche.

Balken auf zwei Stützen

512 Ein *Balken auf zwei Stützen* [Bild a)] trägt eine *Einzellast F*.
Welche Richtung und welche Größe haben die Lagerkräfte?

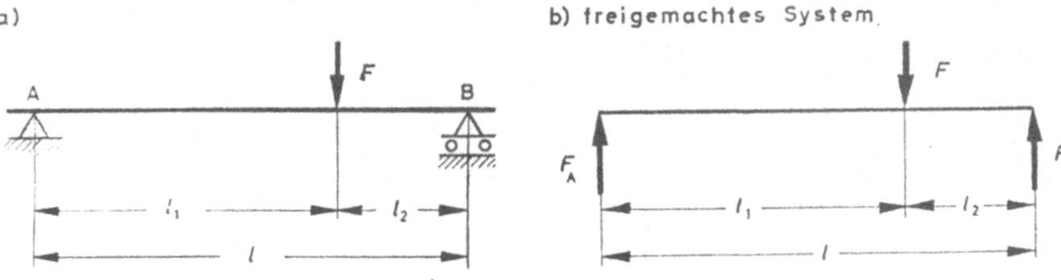

Lösung:

Die Last F drückt die Stützen A und B des Balkens nach unten. Die Stützen dagegen
üben nach dem Gesetz der Gegenwirkung (Aufg. 408) dieselben Kräfte in entgegengesetzter Richtung auf den Balken nach oben aus [Bild b)]. Bei der Untersuchung des
Gleichgewichts des Balkens sind deshalb die Lagerkräfte F_A und F_B als nach *oben*
gerichtet anzunehmen.

Gleichgewichtsbedingungen (Aufg. 407):

1. Senkrechte Kräfte: $F - F_A - F_B = 0$; $F = F_A + F_B$
2. Waagerechte Kräfte sind nicht vorhanden.
3. Statische Momente:

Bezugspunkt B: $\qquad -F_A \cdot l + F \cdot l_2 = 0$; $\quad F_A = F \dfrac{l_2}{l}$

Bezugspunkt A: $\qquad +F_B \cdot l - F \cdot l_1 = 0$; $\quad F_B = F \dfrac{l_1}{l}$

Probe nach (1): $\qquad F = F_A + F_B = F \dfrac{l_2}{l} + F \dfrac{l_1}{l} = F \dfrac{l_2 + l_1}{l} = F \dfrac{l}{l} = F$

513 Eine *Triebwerkswelle* trägt eine nach Skizze angeordnete, 2300 N schwere Riemenscheibe. Die waagerecht gerichteten Riemenspannkräfte sind 2800 und 1400 N.

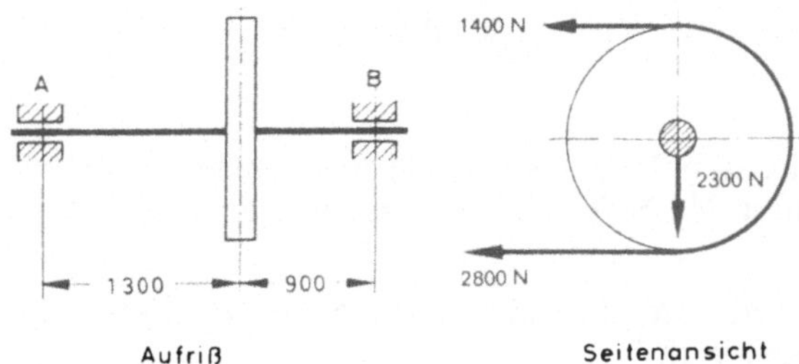

Gesucht sind:

a) die an der Welle wirksame Resultierende der waagerechten und senkrechten Kräfte;
b) die Lagerkräfte bei A und B.

514   Ein *Träger* ist durch die senkrechten Kräfte von 3500 N und 5400 N belastet.
Die Lagerkräfte F_A und F_B sind zu berechnen!

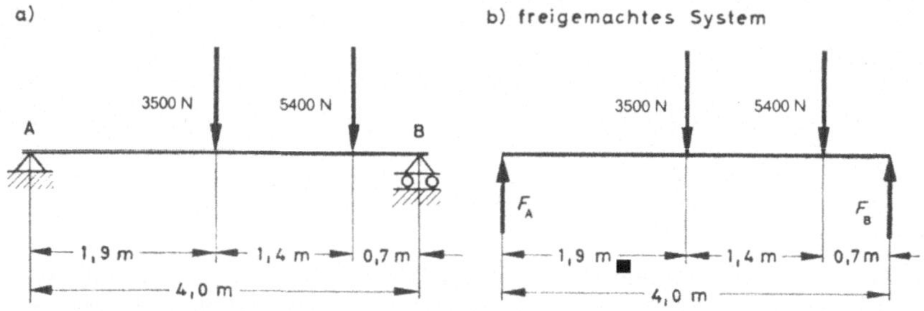

Lösung:

Bezugspunkt B: $-F_A \cdot 4\,\text{m} + 3500\,\text{N} \cdot 2{,}1\,\text{m} + 5400\,\text{N} \cdot 0{,}7\,\text{m} = 0$; $F_A = 2780\,\text{N}$

Bezugspunkt A: $-3500\,\text{N} \cdot 1{,}9\,\text{m} - 5400\,\text{N} \cdot 3{,}3\,\text{m} + F_B \cdot 4\,\text{m} = 0$; $F_B = 6120\,\text{N}$

Probe: Senkrechte Kräfte: $3500\,\text{N} + 5400\,\text{N} = F_A + F_B$; $8900\,\text{N} = 2780\,\text{N} + 6120\,\text{N}$

515   Eine *Straßenwalze* mit den Achslasten 128 kN und 87 kN nimmt die gezeichnete Stellung auf einer Brücke ein.

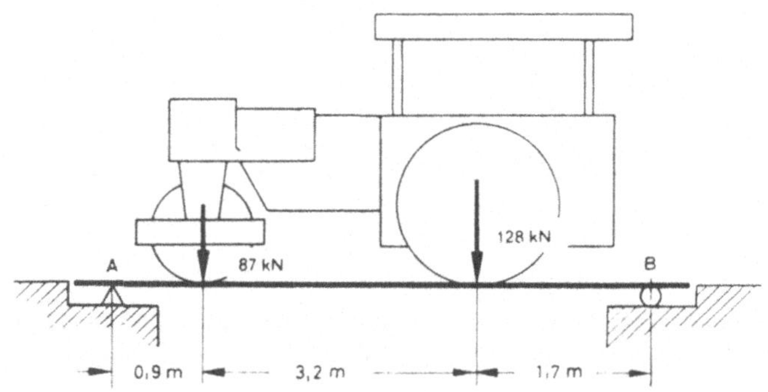

Welche Lagerkräfte ergeben sich durch ihr Gewicht für die Lager A und B der Brücke?

516   Die beiden Laufräder am Kopfende eines *Laufkrans* haben 2,8 m Mittenabstand und belasten mit je 94 kN den *Fahrbahnträger*. Dieser ist in Abständen von 6 m auf Säulen gelagert.

Welche Lagerkräfte üben die Säulen A und B in der gezeichneten Stellung auf den Fahrbahnträger aus?

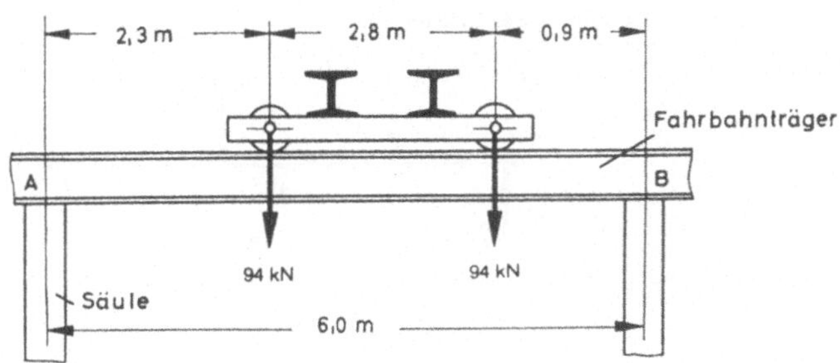

517 Eine *Lokomotive* mit den gegebenen Achslasten wird nach Abkupplung des Tenders in der Werkstatt durch den Laufkran mittels untergeschobener Querträger A und B angehoben, um auf ein anderes Gleis versetzt zu werden.

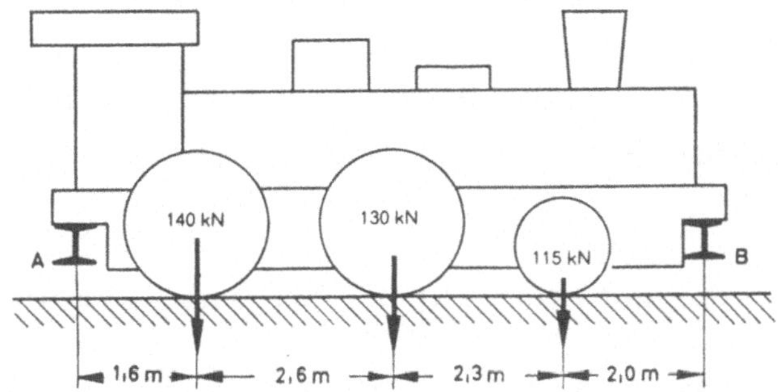

Die Belastungen der beiden Winden des Laufkrans bei A und B sind zu berechnen.

518 Ein *Drehkran* zum Verladen von Kohle ist fahrbar auf einem zweiachsigen Wagen aufgebaut. Die Nutzlast von 10 kN hängt am Auslegerkopf in 5,5 m Ausladung. Auf der anderen Seite ist ein 14 kN schweres Gegengewicht in 1,7 m Ausladung angeordnet. Der Schwerpunkt S des 6 kN schweren Auslegers liegt in 1,6 m Abstand von der Drehachse des Krans. Das Gewicht des Wagens mit Windwerk beträgt 42 kN und fällt mit der Drehachse zusammen. Der Abstand der Laufachsen beträgt 2,4 m. Zu berechnen sind die von den Schienen ausgeübten Lagerkräfte F_A und F_B.

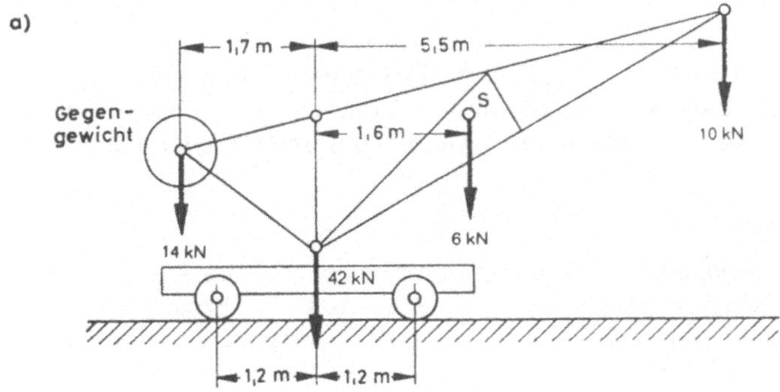

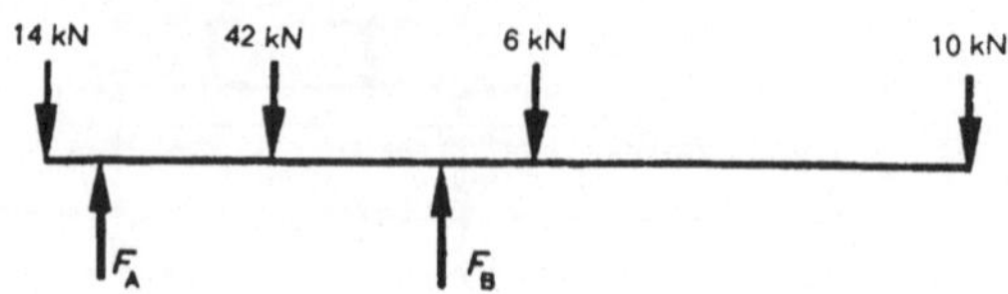

Lösung:

Bezugspunkt B: $-10\ \text{kN} \cdot 4{,}3\ \text{m} - 6\ \text{kN} \cdot 0{,}4\ \text{m} +$

$+42\ \text{kN} \cdot 1{,}2\ \text{m} - F_A \cdot 2{,}4\ \text{m} +$

$+14\ \text{kN} \cdot 2{,}9\ \text{m} = 0;$ $F_A = 19\ \text{kN}$

Bezugspunkt A: $-10\ \text{kN} \cdot 6{,}7\ \text{m} - 6\ \text{kN} \cdot 2{,}8\ \text{m} + F_B \cdot 2{,}4\ \text{m} -$

$-42\ \text{kN} \cdot 1{,}2\ \text{m} + 14\ \text{kN} \cdot 0{,}5\ \text{m} = 0;$ $F_B = 53\ \text{kN}$

Probe: Senkrechte Kräfte

$$10\ \text{kN} + 6\ \text{kN} + 42\ \text{kN} + 14\ \text{kN} = F_A + F_B = 19\ \text{kN} + 53\ \text{kN}$$

Die Gleichung ergibt $72\ \text{kN} = 72\ \text{kN}$.

519   Der skizzierte *Träger* ist durch Kräfte zwischen den Stützen und außerhalb der Stützen belastet.

Die Lagerkräfte bei A und B sind zu berechnen.

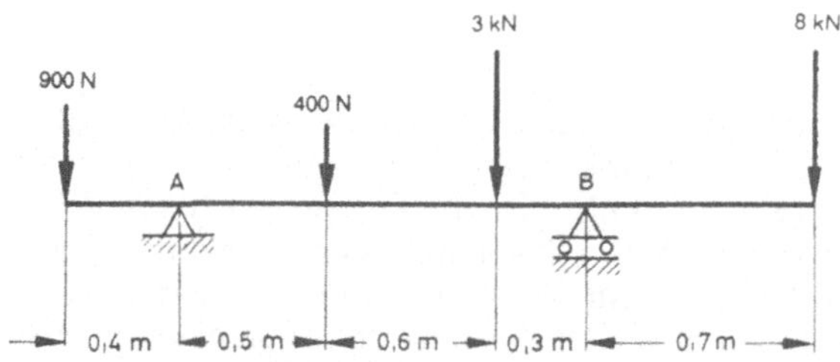

Lösung:

$F_A = -1940\ \text{N}$, $F_B = 1{,}424\ \text{kN}$. Das negative Vorzeichen der Lagerkraft F_A bedeutet, daß die Lagerkraft nicht wie angenommen nach oben gerichtet ist, sondern daß der Träger bei A vielmehr mit 1940 N nach unten niedergedrückt werden muß.

520   Ein *Eisenbahn-Drehkran* von den gegebenen Abmessungen erfährt folgende Belastungen: Nutzlast 60 kN in 4,5 m Ausladung; Gegengewicht 40 kN; Eigengewicht der schwenkbaren Teile des Krans 80 kN; Eigengewicht des Wagen-Unterbaus 20 kN. Achsstand 2 m.

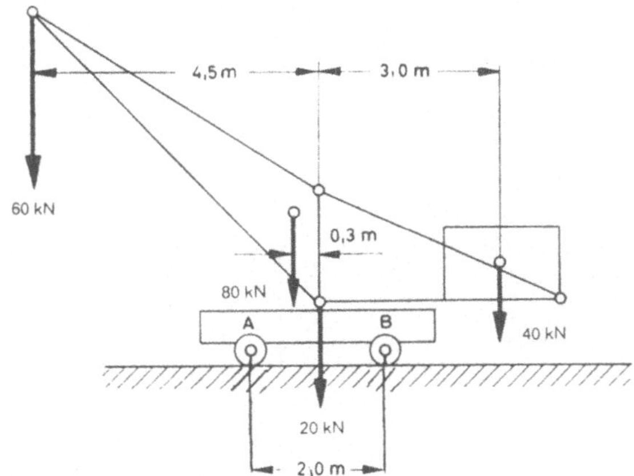

Zu berechnen sind die Lagerkräfte bei A und B

a) bei voller Belastung durch 60 kN Nutzlast,

b) bei unbelastetem Haken, d. h. fehlender Nutzlast.

521   Ein *Laufdrehkran* besteht aus einem fahrbaren Laufkrangerüst von 68 kN Eigengewicht und einem daran aufgehängten, um eine Achse schwenkbaren Drehkran von 97 kN Eigengewicht. Dieser trägt am Ende seines Auslegerarmes die Nutzlast 50 kN.

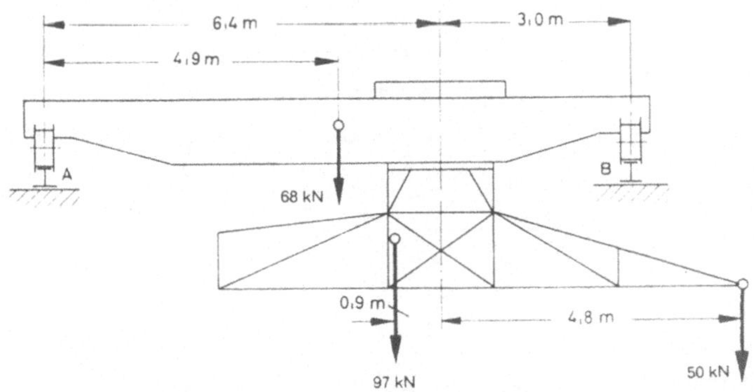

Wie groß sind in der gezeichneten Stellung die Belastungen der Fahrbahnschienen bei A und B?

522   Bei einem *Halbtor-Hafenkran* von den gegebenen Maßen beträgt das Gewicht des auf den Schienen A und B laufenden Halbtor-Gerüsts 98 kN, das Gewicht des oben aufgesetzten Drehkrans 121 kN, die Nutzlast 30 kN in 10 m Ausladung.

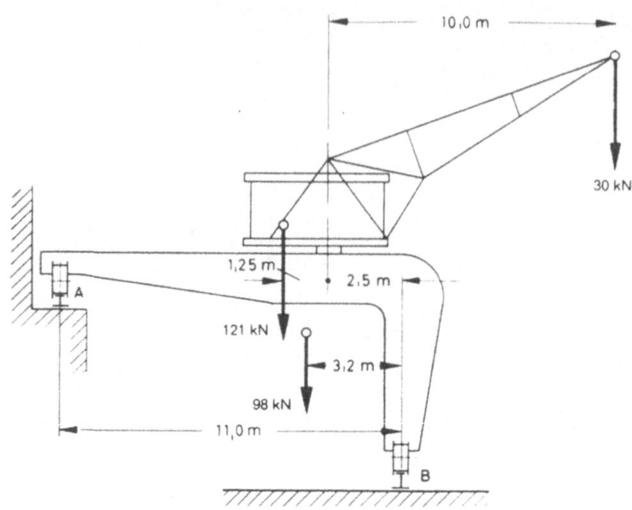

Die Schienenbelastungen bei A und B sind zu berechnen.

523 Die Teile eines *Motor-Drehkrans* haben folgende Gewichte: Nutzlast 35 kN in 7 m
Ausladung; Ausleger 8 kN; Maschine mit Triebwerk und Führerhaus 70 kN; Hydrau-
lik-Anlage 43 kN; Fahrgestell 36 kN. Stützweite der Laufgleise 2,4 m.

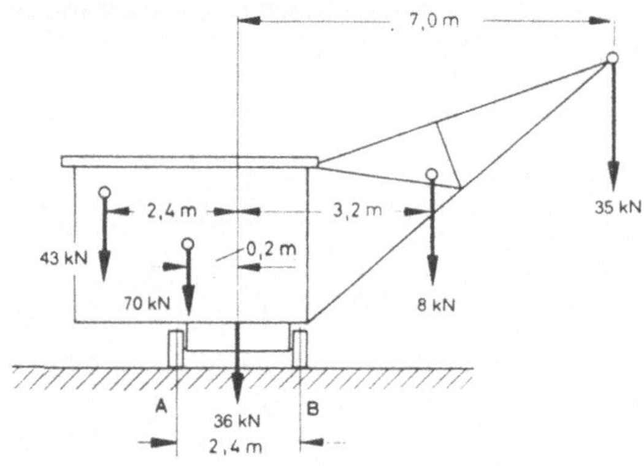

Zu berechnen sind die Schienenkräfte bei A und B

a) bei voller Belastung durch 35 kN Nutzlast,

b) bei leerem Haken, d. h. fehlender Nutzlast.

524 Eine *Drehbrücke* ruht auf dem Drehzapfen O und zwei Laufrädern A, welche auf einem
Schienenkreis von 6,8 m Durchmesser rollen. Das Eigengewicht der Brücke beträgt
1120 kN und greift in ihrem Schwerpunkt in 5,6 m Entfernung vom Drehzapfen an.
Außerdem ist am Ende des kürzeren Brückenarms ein 935 kN schweres Gegengewicht in
7,1 m Ausladung angeordnet. Wenn die Brücke ausgeschwenkt werden soll, wird

zunächst das rechte Auflager B gesenkt, so daß die Brücke hier frei schwebt. Danach erfolgt das Schwenken um 90° und damit die Freigabe der Kanaldurchfahrt für die Schiffe.

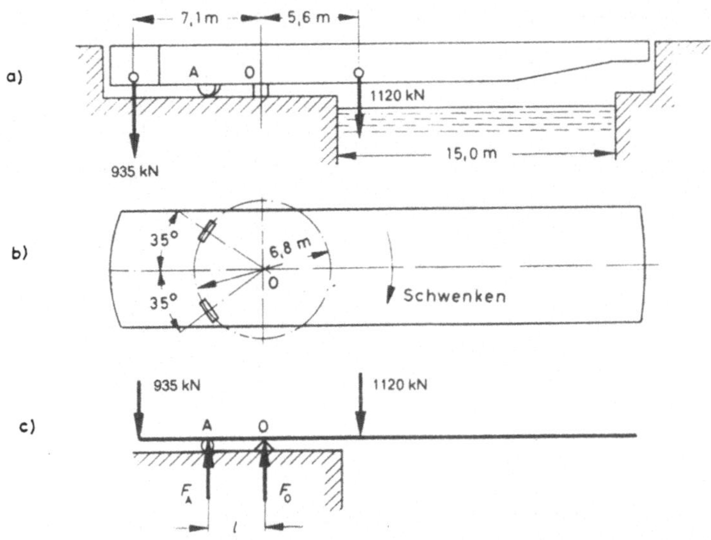

Welche senkrechte Belastung erfahren dabei der Drehzapfen O und die Laufräder A?

525 Eine *Drehscheibe* ruht in der Mitte auf dem Drehzapfen A und an einem Ende auf zwei Laufrädern B, die um 1,95 m seitlich von der Mittelebene der Scheibe angeordnet sind und auf einem Schienenkreis von 13 m Durchmesser rollen. Eine Lokomotive ist auf die Scheibe vom Ende her so weit aufgefahren, daß sie mit drei Achsen die abgebildete einseitige Stellung einnimmt. Die senkrechten Achslasten sind 130, 120 und 90 kN.

Welche Belastungen übt die Lokomotive aus

a) auf den Stützzapfen A in Scheibenmitte und

b) auf jedes der beiden Laufräder B? Das Eigengewicht der Scheibe bleibe unberücksichtigt.

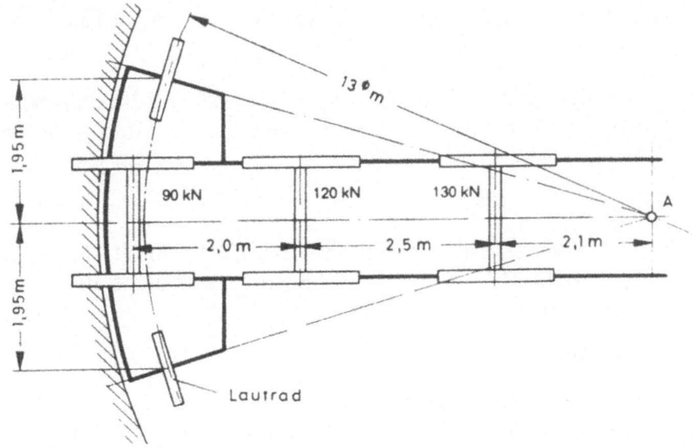

526 Der Fahrbahnträger eines Laufkrans, parallel zur Gebäudewand in 270 mm Abstand angeordnet, ist auf *Kragträgern* (Konsolen) gelagert. Diese stützen sich unten mittels eines angenieteten Winkelstahls auf eine in die Wand eingemauerte Graugußplatte und sind bei A mit einer Ankerschraube, bei B mit zwei Steinschrauben an der Wand befestigt.

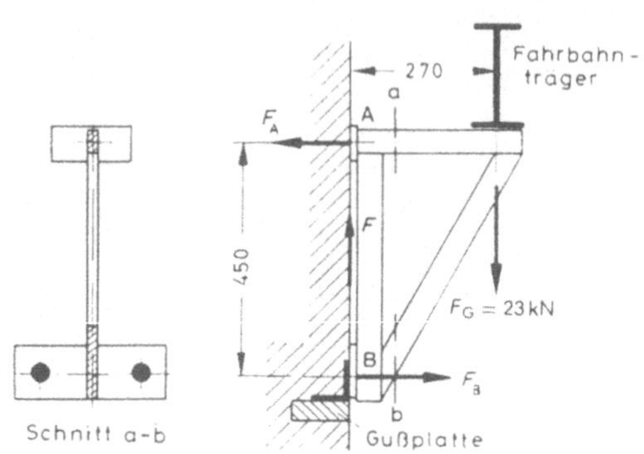

Welche Kräfte haben die Schrauben und die Graugußplatte aufzunehmen, wenn der Fahrbahnträger eine senkrechte Last $F_G = 23$ kN ausübt?

Lösung:

Gleichgewichtsbedingungen (Aufg. 407):

1. *Senkrechte Kräfte.* Der Auflagerdruck F_G wird an der Stützplatte aus Grauguß durch eine gleichgroße Gegenkraft $F = F_G = 23$ kN aufgenommen.

2. *Waagerechte Kräfte.* Die Ankerschraube A hat Zug aufzunehmen. Bei B stemmt sich der Kragträger mittels angenieteten Winkelstahles in waagerechter Richtung gegen die Wand. Die Mittelkraft F_B des Gegendruckes kann in der Mittellinie der Steinschrauben wirksam gedacht werden. Die Gleichung der waagerechten Kräfte heißt:

$$F_A - F_B = 0; \qquad F_A = F_B$$

3. *Statische Momente:*

Bezugspunkt B: $-F_G \cdot 27\,\text{cm} + F_A \cdot 45\,\text{cm} = 0; \quad F_A = 13,8\,\text{kN}$

Bezugspunkt A: $-F_G \cdot 27\,\text{cm} + F_B \cdot 45\,\text{cm} = 0; \quad F_B = 13,8\,\text{kN} = F_A$

Die beiden gleich großen Kräfte F_A und F_B bilden ein linksdrehendes Kräftepaar, das dem rechtsdrehenden, kippenden Kräftepaar der Kräfte F_G und F das Gleichgewicht hält.

527 Der skizzierte *Wand-Drehkran* trägt eine Nutzlast von 20 kN in 3,2 m Ausladung. Der Schwerpunkt S des 17 kN schweren Krangerüsts liegt in 0,8 m Abstand von der Drehachse des Krans.

Zu berechnen sind:

a) die Lagerkraft des Loslagers B;

b) die waagerechte, senkrechte und resultierende Lagerkraft des Festlagers A.

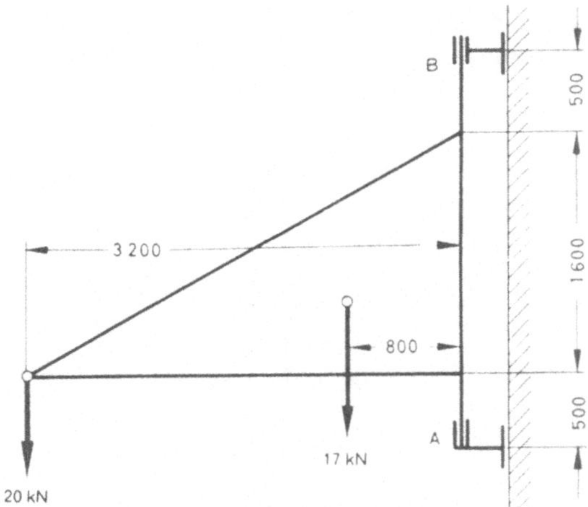

528 Ein *Zweirad-Kran* ruht unten auf zwei Rädern, die hintereinander auf derselben Schiene laufen. Oben lehnt sich der Kran mit einer Rolle in waagerechter Richtung gegen seitliche Führungsschienen. Die Nutzlast beträgt 25 kN in 4 m Ausladung; Gewicht des Auslegers 19 kN; Gegengewicht 16 kN; Gewicht des fahrbaren Unterbaus 21 kN.

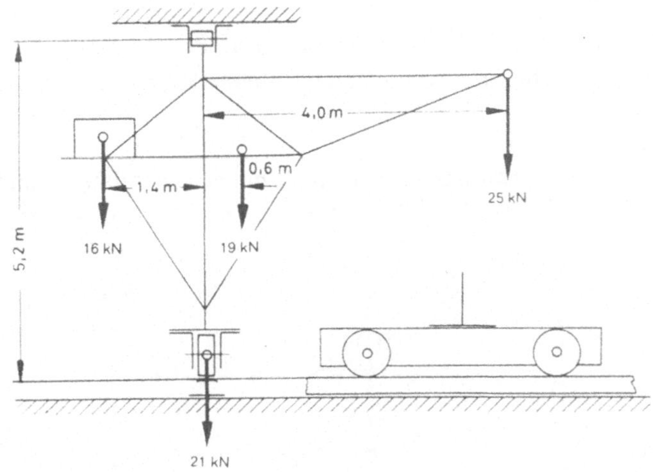

Zu berechnen sind:

a) die Lagerkraft der oberen Führungsrolle;

b) die waagerechte, senkrechte und resultierende Lagerkraft der unteren Fahrschiene.

529 Ein *Hammerkran* stützt sich mit seiner drehbaren Säule unten auf das Spurlager A und wird oben durch das Halslager B in einem feststehenden Fachwerkgerüst geführt, so daß das Lager B nur waagerechte Kräfte aufnehmen kann. Die Nutzlast 1500 kN befindet sich in 22 m Ausladung. Das Eigengewicht des hammerförmigen Krankörpers mit

Säule, Ausleger und Gegengewicht beträgt 3700 kN und ist in 2,8 m Abstand hinter der
Drehachse wirksam.

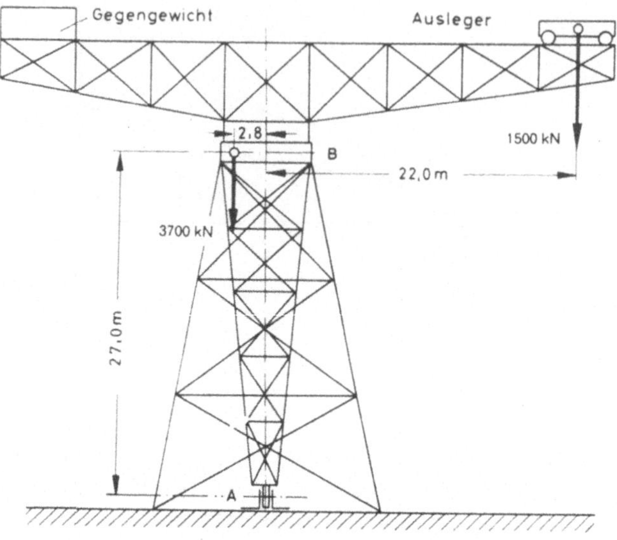

Wie groß sind:

a) die waagerechte Lagerkraft des Loslagers B;

b) die waagerechte, senkrechte und resultierende Lagerkraft des unteren Festlagers A?

530 Der skizzierte *Wandarm* ist an einer Säule mit den Schrauben A und B befestigt und trägt
in 600 mm Ausladung das Lager einer Triebwerkswelle, das 9 kN senkrechte Belastung
ausübt.

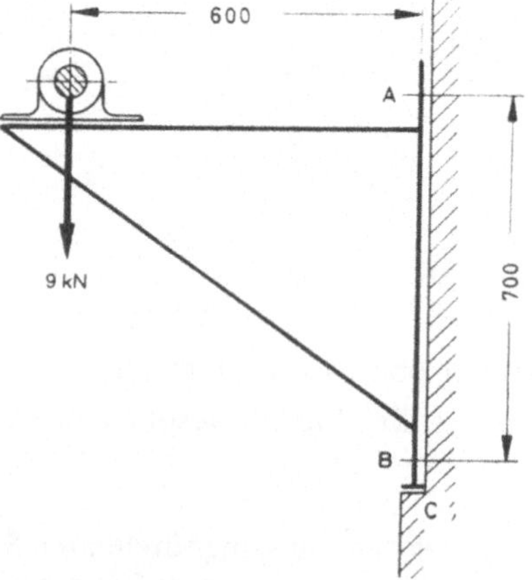

Welche Kräfte wirken zur Befestigung des Wandarms an der Säule?

531 Ein *Dachbinder* ist durch senkrechte Kräfte und eine waagerecht angreifende Windlast beansprucht.

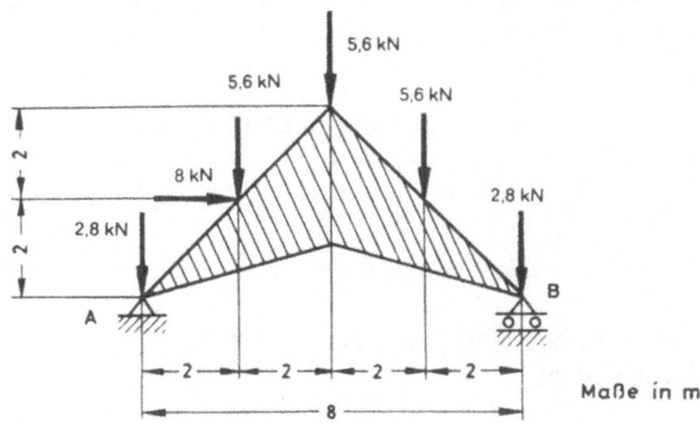

Wie groß sind:

a) die Lagerkraft F_B des Loslagers B,

b) die senkrechte Lagerkraftkomponente F_{Ay} des Festlagers A,

c) die waagerechte Lagerkraftkomponente F_{Ax} des Festlagers A,

d) die gesamte Lagerkraft F_A des Festlagers A?

532 Ein *Portalträger* gemäß Skizze ist durch eine senkrecht angreifende Kraft $F_1 = 5$ kN und eine unter $60°$ schräg angreifende Kraft $F_2 = 7$ kN belastet. Der Träger ist als starres System aufzufassen.

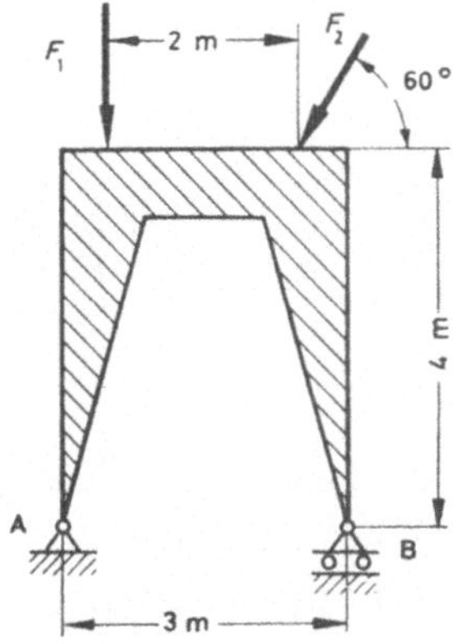

Wie groß sind:

a) die Lagerkraft des Loslagers B;

b) die Lagerkraft des Festlagers A?

Gelenkträger

533 Die skizzierte symmetrische *Gelenkstangen-Verbindung* [Bild a)] ist im Scheitelpunkt C mit 900 N belastet. Die Eigengewichte der beiden Stangen greifen in ihrer Mitte an und betragen je 300 N.

Welche Kräfte treten in den Gelenkpunkten A, B und C auf?

Lösung:

Mittels der *Gleichgewichtsbedingungen* für eine der beiden Stangen, z. B. BC [Bild b)]:

1. $\sum$ *Senkrechte Kräfte* = 0. Sämtliche Lasten werden von den Lagerpunkten F_A und F_B je zur Hälfte getragen.

$$450\ \text{N} + 300\ \text{N} - F_{By} = 0; \qquad F_{By} = 750\ \text{N}.$$

2. $\sum$ *Waagerechte Kräfte* = 0. Die beiden Stangen lehnen sich im Scheitelpunkt mit einer waagerechten Kraft F_C gegeneinander.

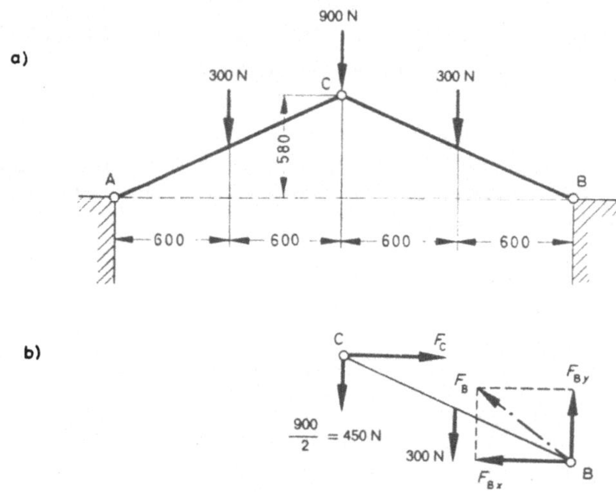

$$F_C - F_{Bx} = 0; \qquad F_C = F_{Bx}.$$

3. $\sum$ *Statische Momente* = 0, z. B. für Bezugspunkt B:

$$-F_C \cdot 58\ \text{cm} + 450\ \text{N} \cdot 120\ \text{cm} + 300\ \text{N} \cdot 60\ \text{cm} = 0; \qquad F_C = 1240\ \text{N} = F_{Bx}.$$

$$F_B = \sqrt{F_{Bx}^2 + F_{By}^2} = 1450\ \text{N} = F_A.$$

534 Eine *Dreigelenk-Bogenbrücke* von 32,4 m Spannweite und 4,2 m Pfeilhöhe ist im Scheitelpunkt C durch eine Lokomotive mit 900 kN belastet. Das Eigengewicht jeder Brückenhälfte beträgt 710 kN und greift im Schwerpunkt in 6,5 m waagerechtem Abstand von den Widerlagern A und B an.

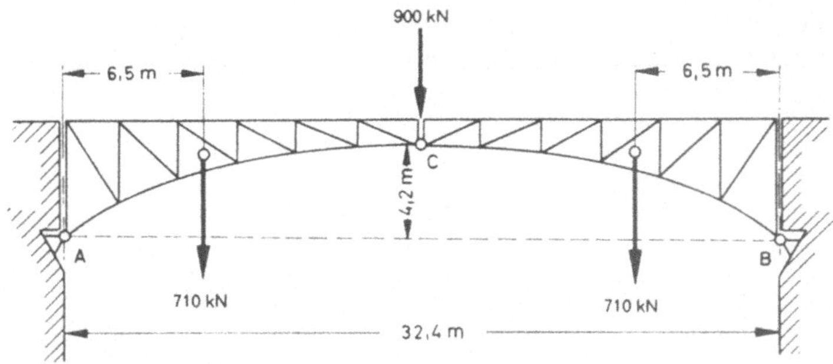

Welche Belastungen erfahren die Kämpfergelenke A und B und das Scheitelgelenk C?

535 Der *Scheren-Stromabnehmer* eines elektrischen Straßenbahnwagens besteht aus zwei Gelenkstangen-Systemen, die nebeneinander auf dem Wagendach angeordnet sind und zusammen im oberen Gelenkpunkt A den Schleifbügel tragen. Dieser wird durch die zwischen den unteren Hebeln angebrachte Spannfeder stets nach oben gegen den Fahrdraht angedrückt, so daß er der veränderlichen Höhenlage desselben folgt und, an ihm gleitend, den Strom abnimmt. Hierbei drehen sich die beiden Stangen AB und AB′ wie die Blätter einer Schere um den Zapfen A; daher der Name „*Scheren*"-Stromabnehmer. An jedem der beiden Scherensysteme greifen folgende Kräfte an: bei A das halbe Bügelgewicht $\frac{1}{2} \cdot 120\ \text{N} = 60\ \text{N}$ und die halbe Normalkraft des Fahrdrahtes, die $\frac{1}{2} \cdot 60\ \text{N} = 30\ \text{N}$ betragen soll. In der Mitte M der Stange AB kann ihr Eigengewicht 51 N vereinigt gedacht werden. Im Schwerpunkt S des Hebels BO greift sein Eigengewicht 78 N an. Das Gewicht der Spannfeder kann vernachlässigt werden. Die Lenkerstange CD sichert die symmetrische Bewegung der beiden Scherenhälften, so daß der Bügel sich nur senkrecht auf- und abbewegen kann. Das Gewicht der Lenkerstange wirkt auf beide Scherenhälften in umgekehrtem Sinne, nämlich rechts hebend, links senkend, ist also ohne Einfluß.

Welche Spannkraft F_K muß die Feder ausüben?

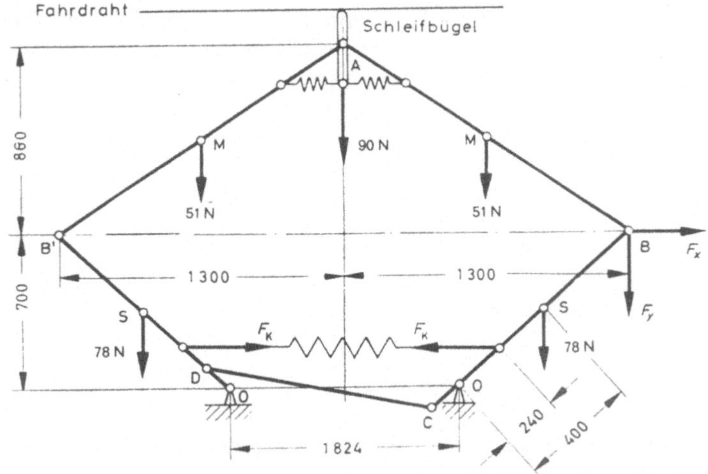

536 Bei der skizzierten *Gelenkstangen-Verbindung* [Bild a)] greifen zwei Stäbe AC und BC gelenkartig ineinander und stützen sich bei A und B auf Widerlager-Gelenke.

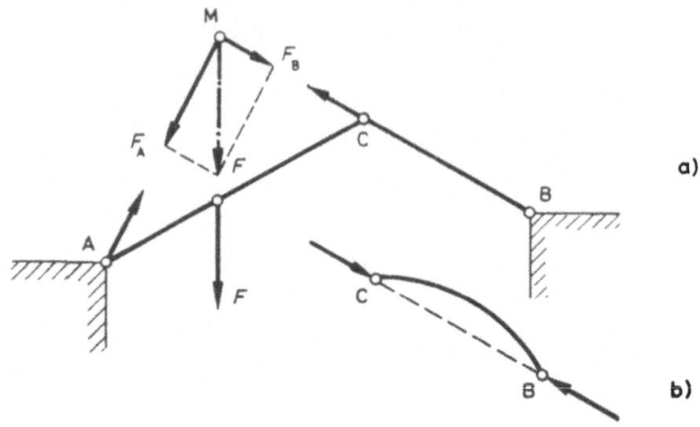

Welche Kräfte übt eine Last *F* auf die drei Gelenke aus? Das Eigengewicht der Stangen werde vernachlässigt.

Lösung:

Die gewichtlose, unbelastete Stange BC kann nur Kräfte in der Richtung der Verbindungslinie BC ihrer Gelenkpunkte ausüben, welche Form sie auch haben mag [z. B. Bild b)]. Denn damit die Stange sich im Gleichgewicht befindet, müssen sich die beiden an ihr angreifenden Gelenkkräfte F_B und F_C das Gleichgewicht halten, also in Richtung der Verbindungsgeraden BC entgegengesetzt wirken [Bild b)]. Die Lagerkraft F_B muß demnach in die Richtung BC fallen. Die Kräfte F_B und F schneiden sich in M. Folglich muß auch die dritte Kraft F_A durch M hindurchgehen. Das Kräfteparallelogramm in M ergibt die Größe der Lagerkräfte F_A und F_B. Die Gelenkkraft F_C ist gleich F_B.

537 Eine *Dreigelenk-Bogenbrücke* stützt sich auf die Widerlager- oder Kämpfergelenke A und B, während die beiden Brückenhälften im Scheitelgelenk C ineinandergreifen. Die Spannweite beträgt 26 m, die Pfeilhöhe des Bogens 4,7 m. Eine 190 kN schwere Straßenwalze befindet sich auf der Brücke in der angegebenen Stellung.

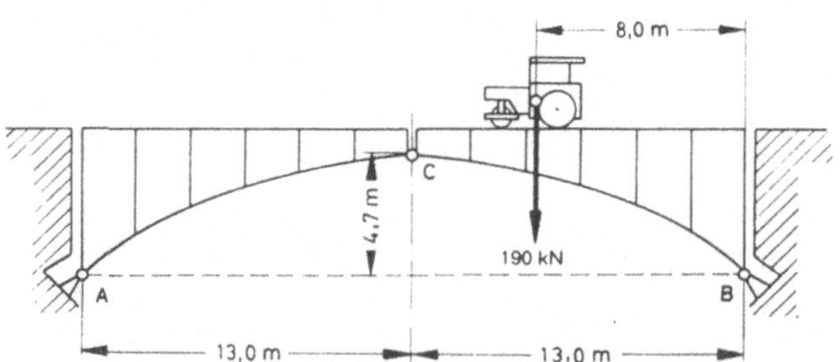

Die durch das Gewicht der Walze hervorgerufenen Lagerkräfte F_A und F_B sind zeichnerisch und rechnerisch zu ermitteln.

Lösung:

Zeichnerische Lösung wie in voriger Aufgabe. – *Rechnerisch* ergibt sich $F_A = 172$ kN aus der statischen Momentengleichung für die rechte Brückenhälfte in bezug auf Punkt B. Aus dem Kräfteparallelogramm findet man weiter mit dem Cosinussatz $F_B = 208,5$ kN.

538 Wie kann ein *Balken auf drei Stützen* zu einem statisch bestimmten System ausgebildet werden?

Lösung:

Eine Kraft läßt sich nicht eindeutig nach drei parallelen Wirkungslinien zerlegen. Deshalb kann ein Balken auf drei Stützen nur mit den Hilfsmitteln der Statik nicht eindeutig berechnet werden. Man baut deshalb ein zusätzliches Gelenk ein, so daß nunmehr aus dem einen statisch unbestimmten System zwei miteinander zusammenhängende, jedoch jedes für sich lösbare, statisch bestimmte Systeme entstehen.

539 Bei einem *Wohnwagengespann* beträgt das Gewicht des Zugwagens 15,6 kN und das des Hängers 11,5 kN.

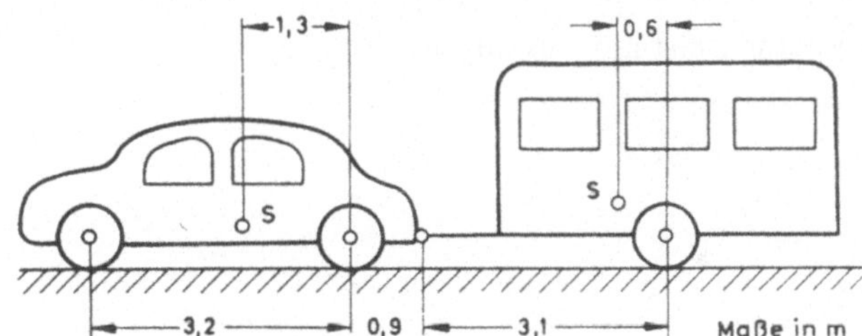

a) Welche Belastung tritt an der Kugelkupplung auf?

b) Welche Achslast tritt am Hänger auf?

c) Welche Vorderachslast tritt am Zugwagen auf?

d) Welche Hinterachslast tritt am Zugwagen auf?

540 Zur Verbesserung der Verteilung der Achslasten des *Wohnwagengespanns* der Aufgabe
539 wird an der Kupplung des Zugwagens eine Blattfeder eingebaut. Diese ist so an der
Kupplung befestigt, daß sie bei Kurvenfahrten durch ein Drehgelenk der seitlichen
Schwenkbewegung des Hängers folgen kann. In senkrechter Richtung wirkt die
Lagerung jedoch wie eine Einspannung, wobei die wirksame Federkraft durch eine
Kette auf die Deichsel des Hängers übertragen wird.

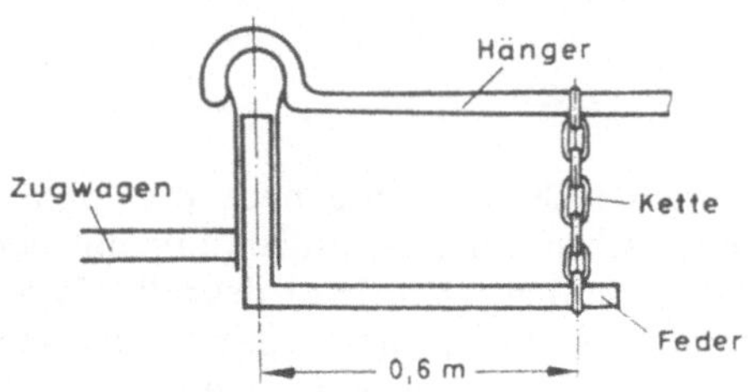

Gesucht sind:

a) die Belastung an der Kugelkupplung,

b) die Achslast am Hänger,

c) die Vorderachslast am Zugwagen,

d) die Hinterachslast am Zugwagen.

6. Schnittgrößen des Balkens

601 Welche statischen Größen können in *Balkenschnitten* auftreten?

Lösung:

In Schnittflächen des Balkens können Längskräfte, Querkräfte sowie Momente auftreten. Dabei sind Momente quer zur Balkenachse Biegemomente, Momente in Richtung der Balkenachse sind Torsionsmomente.

602 Erkläre die Bedeutung und die Notwendigkeit der Diskussion der *Schnittlasten* in Bauteilen.

Lösung:

Aus den Schnittgrößen errechnen sich die mechanischen Spannungen im Bauteil: Zugspannungen, Druckspannungen, Biegespannungen, Abscherspannungen, Torsionsspannungen. Die Schnittlast-Diagramme zeigen, an welchen Stellen des Bauteils eine Spannungsberechnung angezeigt ist, weil dort Größtwerte der Schnittgrößen vorliegen. Bei der Suche nach jener Stelle im Bauteil, an der die größte Werkstoffanstrengung vorliegt und die somit die Sicherheit gegen Versagen des Werkstoffs bestimmt, geben die Schnittgrößenverläufe die wesentlichen Hinweise.

603 Wie lautet die *Vorzeichenregel* für Schnittgrößen?

Lösung:

Es gibt verschiedene Möglichkeiten, die Vorzeichen der Schnittgrößen zu definieren. Die mathematisch richtige Definition berücksichtigt, daß es einen mathematischen Zusammenhang gibt zwischen der Biegemomentenfunktion und der Querkraftfunktion. Danach sind in durch kartesische Koordinaten gekennzeichneten Problemen Schnittgrößen dann positiv, wenn sie am positiven Schnittufer in Richtung der positiven Koordinatenachse gerichtet sind. Dabei ist jenes der beiden beim Schnitt entstehenden Ufer (Schnittflächen) das positive, aus dem die positive Balkenlängsachse austritt.

Beispiel:

Querkraft und Biegemoment an Stelle x des Balkens sind beim gewählten Koordinatensystem negativ, weil $F_q(x)$ nicht in z-Richtung gerichtet ist und $M_b(x)$ nicht in y-Richtung gerichtet ist, denn die y-Achse stößt beim rechtsdrehenden rechtwinkligen Koordinatensystem in die Ebene hinein, der M_y-Vektor kommt aus der Ebene heraus, weist also in $(-y)$-Richtung.

Bei Wahl anderer Koordinaten werden beide Schnittgrößen positiv:

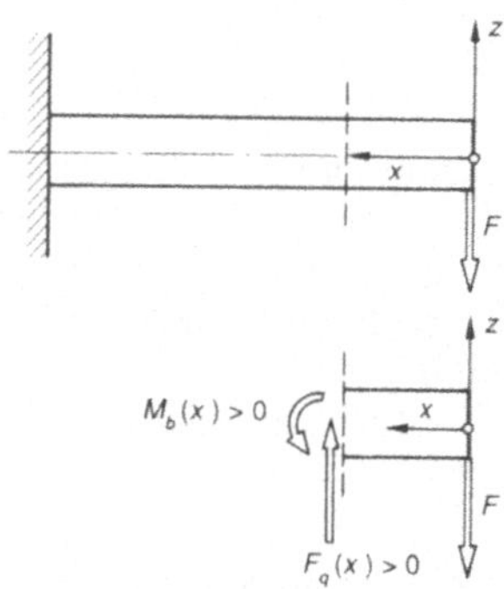

604 Wie lautet der mathematische Zusammenhang zwischen der Momentenfunktion $M_b(x)$ und der Querkraftfunktion $F_q(x)$?

Lösung:

Die Querkraftfunktion $F_q(x)$ ist gleich der Ableitung der Biegemomentenfunktion $M_b(x)$ nach der Koordinate der Balkenachse, also hier nach x. Der Zusammenhang ist vorzeichenrichtig, d.h.: positive Steigungen der $M_b(x)$-Funktion gehören zu positiven Schnittkräften $F_q(x)$, und umgekehrt gehören zu negativen Steigungen der $M_b(x)$-Funktion negative Schnittkräfte $F_q(x)$.

Beispiel:

Linker Bereich $a \geqslant x \geqslant 0$

$F_q(x)$ negativ, also Steigung der Funktion $M_b(x)$ negativ

Rechter Bereich $L \geqslant x \geqslant a$

$F_q(x)$ positiv, also Steigung der Funktion $M_b(x)$ positiv

Hinweis: positive Steigung im 1. Quadranten des M_b-x-Koordinatensystems: $\oplus$

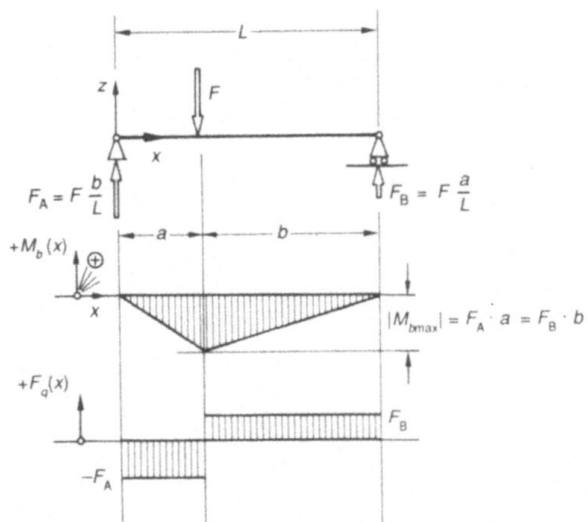

605 Ein schwerer Balken vom Gewicht 1,2 kN ist einseitig eingespannt und wird – wie skizziert – zusätzlich belastet durch die Kräfte $F_1 = 400\,\text{N}$ und $F_2 = 700\,\text{N}$. Es sind die Schnittlastverläufe darzustellen.

Hinweis: Es empfiehlt sich, beim einseitig eingespannten Balken den Ursprung des Koordinatensystems in das Balkenende zu legen.

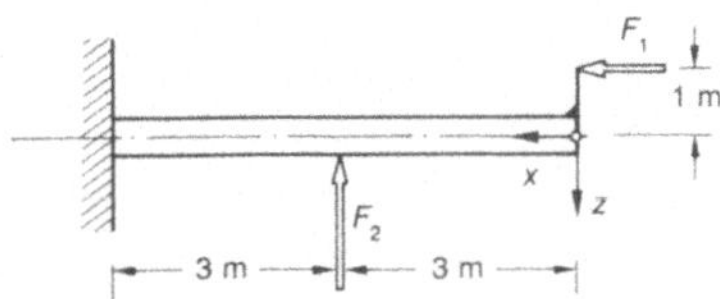

606 Für den 4,3 m langen Ausleger des Drehkrans der Aufgabe 415 sind die Schnittgrößenverläufe $M_b(x)$ und $F_q(x)$ darzustellen.

607 Ein 8 m langer Balken vom Gewicht 24 kN wird – wie skizziert – gestützt. Der Fußpunkt B der Stütze befindet sich unter dem Balkenschwerpunkt S; Stütze und Stab bilden einen rechten Winkel. Es sind die Schnittgrößenverläufe $M_b(x)$ und $F_q(x)$ für den Balken darzustellen.

Lösungshinweis:

Die am Balken angreifenden Kräfte in A, C und D sind vorab aus Gleichgewichtsüberlegungen zu ermitteln. Dabei findet man:

$$F_A = 0; \qquad F_C = 25{,}44\,\text{kN}; \qquad F_D = 26{,}67\,\text{kN} \ (\text{Druckstab}).$$

Bei B liegt die Stütze lose auf dem Fundament auf – es ist also keine feste Verbindung vorhanden!

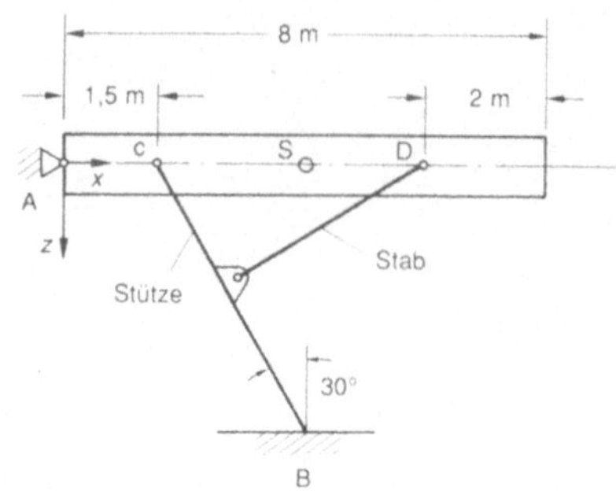

608   Für die 600 N schwere und 10 m lange
Stange sind die Schnittgrößenverläufe
$M_b(x)$ und $F_q(x)$ darzustellen.

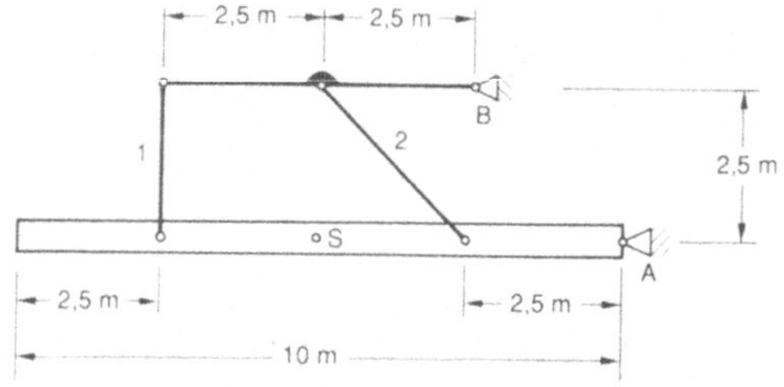

609   Die Aufbauten eines Schienenfahrzeugs stützen sich auf der Achse – wie skizziert – im
Abstand 1 m ab. Die Achse selbst ist 2 kN schwer, jedes Rad wiegt 1 kN; Schienendruck
je Rad 10 kN. Es sind die Schnittlastverläufe $M_b(x)$ und $F_q(x)$ darzustellen.

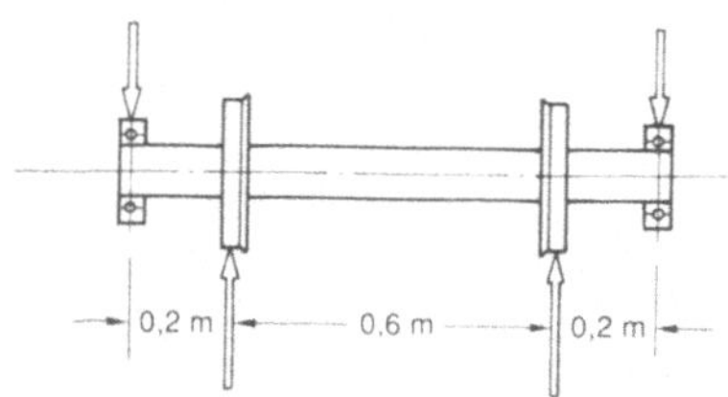

610   Es sind die Schnittgrößenverläufe $M_b(x)$ und $F_q(x)$ der 3 m langen und 2 kN schweren
Stange darzustellen.

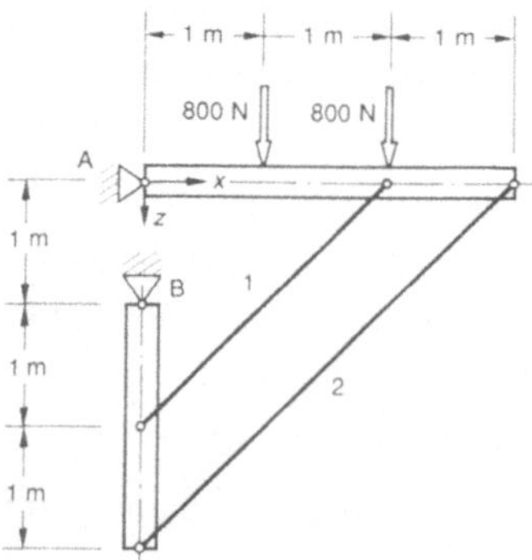

611 Stelle die Schnittgrößenfunktionen $M_b(x)$ und $F_q(x)$ auf und stelle den Verlauf der Funktionen für aufwärts gerichtete Reaktionskräfte in beiden Lagern dar.

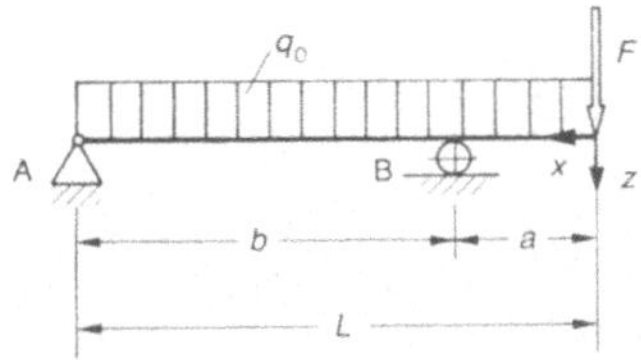

Lösung:

Beim Aufstellen der Funktionen in den beiden Bereichen stetigen Verlaufs der Funktionen werden zunächst am positiven Schnittufer positive Schnittgrößen angenommen und diese dann aus einer Gleichgewichtsbedingung für das Teilstück des Balkens mit der Länge x gewonnen:

Bereich I: $0 \leqslant x \leqslant a$

$$\Sigma M = 0$$

$$0 = -M_b(x) - F \cdot x - \frac{q_0}{2} x^2$$

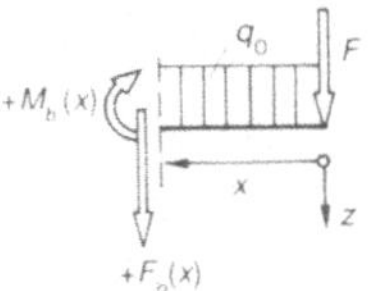

Daraus die $M_b(x)_\mathrm{I}$-Funktion für diesen Bereich I:

$$M_b(x)_\mathrm{I} = -F \cdot x - \frac{q_0}{2} x^2$$

Die Ableitung nach x liefert $F_q(x)_\mathrm{I}$:

$$F_q(x)_\mathrm{I} = -F - q_0 \cdot x$$

Bereich II: $a \leqslant x \leqslant L$

Statik:

$$\Sigma M_\mathrm{A} = 0$$

$$0 = -F \cdot L - \frac{q_0}{2} L^2 + F_\mathrm{B} \cdot b$$

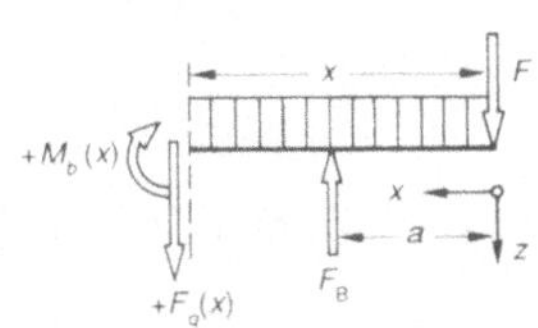

Daraus folgt $F_\mathrm{B} = \dfrac{F \cdot L}{b} + \dfrac{q_0 L^2}{2b}$

Momentensumme bezogen auf die Schnittstelle:

$$\Sigma M = 0$$

$$0 = -M_b(x) - F \cdot x - \frac{q_0}{2} x^2$$

Daraus die $M_b(x)$-Funktion für diesen Bereich II:

$$M_b(x)_{\mathrm{II}} = F_\mathrm{B} \cdot (x - a) - F \cdot x - \frac{q_0}{2}\, x^2$$

oder mit $F_\mathrm{B} = \dfrac{F \cdot L}{b} + \dfrac{q_0 L^2}{2b}$

$$M_b(x)_{\mathrm{II}} = \left(\frac{F \cdot L}{b} + \frac{q_0 L^2}{2b}\right) \cdot (x - a) - F \cdot x - \frac{q_0}{2}\, x^2$$

$F_q(x)_{\mathrm{II}}$ folgt aus der Ableitung nach x:

$$F_q(x)_{\mathrm{II}} = F_\mathrm{B} - F - q_0 \cdot x$$

Darstellung der Funktionen:

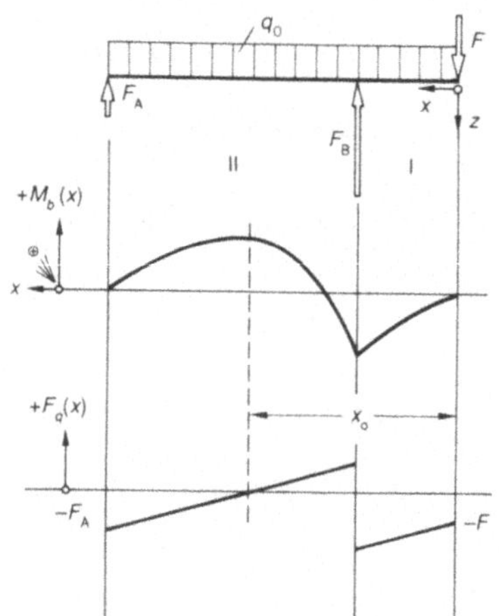

x_0 aus $F_{q\mathrm{II}}(x = x_0) = 0$

$$x_0 = \frac{F_\mathrm{B} - F}{q_0}$$

Moment an Stelle B:

$$M_\mathrm{B} = M_b(x = a)_\mathrm{I} = -F \cdot a - \frac{q_0}{2}\, a^2$$

$$M_b(x = x_0)_{\mathrm{II}} = F_\mathrm{B}(x_0 - a) - F \cdot x_0 - \frac{q_0}{2}\, x_0^2$$

612 Die Schnittgrößenfunktionen $M_b(x)$ und $F_q(x)$ sind für den Balken mit der Länge L in den Bereichen stetigen Funktionenverlaufs zu beschreiben und darzustellen.

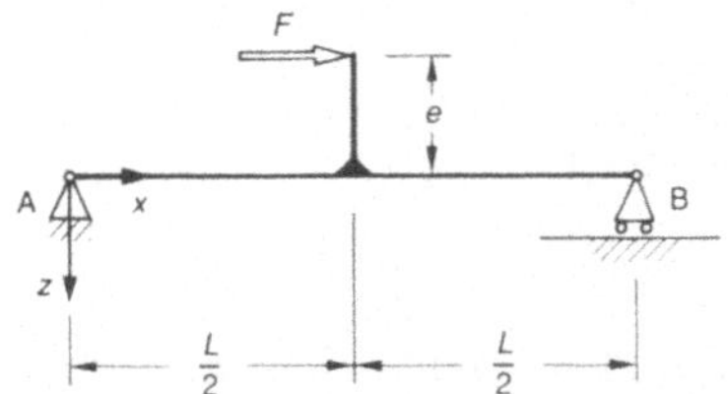

613 Ein Betonträger mit konstanter Biegesteifigkeit wird mit Kran transportiert. In welchem Abstand e von den Balkenenden des schweren Balkens mit der Länge L müssen die Transportanker angebracht sein, damit die Momentenbelastung des Balkens minimal wird?

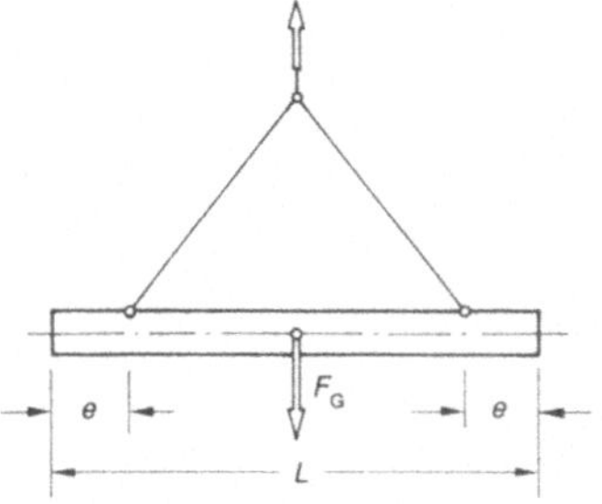

Lösungshinweis:

Die Momentenbelastung des Balkens ist dann minimal, wenn die größte Spannung in der Zugzone genau so groß ist wie die größte Spannung in der Druckzone.

614 Es sind die Schnittgrößenverläufe $M_b(x)$ und $F_q(x)$ für den 9 m langen Balken, der auf seiner gesamten Länge durch eine Streckenlast $q_0 = 2{,}5$ kN/m belastet ist, darzustellen.

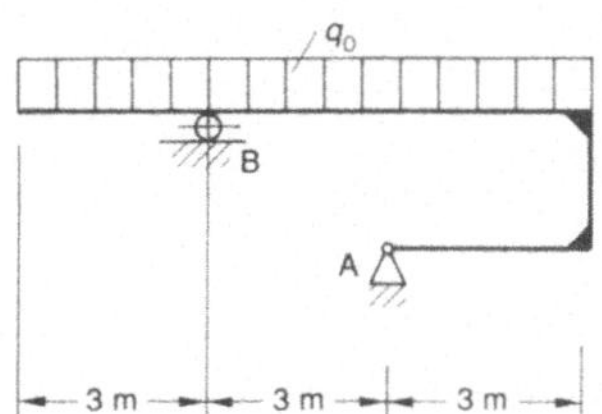

7. Schwerpunkt

Schwerpunkt von Linien

701 Wie werden die Koordinaten x_0 und y_0 des Schwerpunktes S eines gebrochenen Linienzuges $l_1 \, l_2$ berechnet?

Lösung:

Die „materiellen" Geraden l_1 und l_2 haben gleichmäßig verteilte Massen; daher liegen ihre Schwerpunkte S_1 und S_2 in ihren Mitten. Der Linienzug samt dem Achsenkreuz XOY werde in waagerechter Ebene liegend gedacht. Dann bilden die Gewichte F_1 und F_2 der Geraden, in S_1 und S_2 angreifend, zwei senkrechte Parallelkräfte, sind also in der Figur senkrecht zur Papierfläche gerichtet. Ihre Resultierende $(F_1 + F_2)$ muß in die Ebene der beiden Einzelkräfte fallen, d. h., der Angriffspunkt S der Resultierenden muß auf der Verbindungsgeraden $S_1 \, S_2$ liegen.

Nach dem Satz der statischen Momente (Aufg. 224) gilt für die Achse OY:

$$(F_1 + F_2)\, x_0 = F_1 \, x_1 + F_2 \, x_2$$

oder, da sich die Gewichtskräfte der Geraden wie ihre Längen verhalten,

$$(l_1 + l_2)\, x_0 = l_1 \, x_1 + l_2 \, x_2 \,.$$

Daraus ist x_0 zu berechnen.

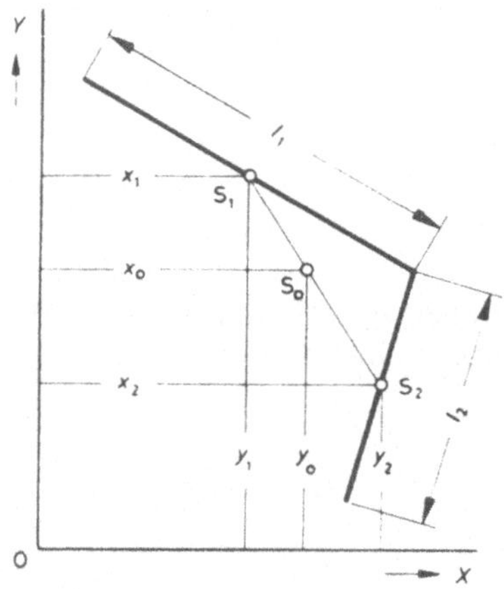

Ebenso für Achse OX: $(l_1 + l_2)\, y_0 = l_1 \, y_1 + l_2 \, y_2 \,.$

Daraus ist y_0 zu berechnen.

702   Das *Gerüst* eines *Drehkrans* ist aus Walzstahl gleichen Querschnitts nach Skizze zusammengesetzt. Die Schwerpunktskoordinaten x_0 und y_0 sind zu berechnen.

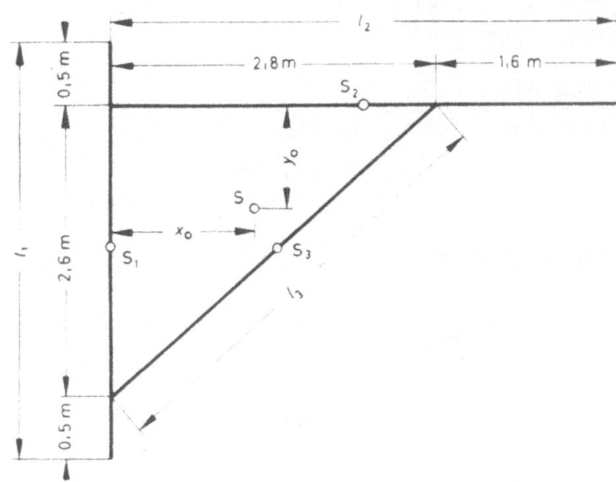

Lösung:

$$l_1 = 3{,}6\,\text{m} \qquad l_2 = 4{,}4\,\text{m} \qquad l_3 = 3{,}82\,\text{m}$$
$$x_1 = 0 \qquad x_2 = 2{,}2\,\text{m} \qquad x_3 = 1{,}4\,\text{m}$$
$$y_1 = 1{,}3\,\text{m} \qquad y_2 = 0 \qquad y_3 = 1{,}3\,\text{m}$$

Man findet $\quad x_0 = 1{,}27\,\text{m} \qquad y_0 = 0{,}815\,\text{m}.$

703   Wo liegt der Schwerpunkt S eines *Kreisbogens* AB?

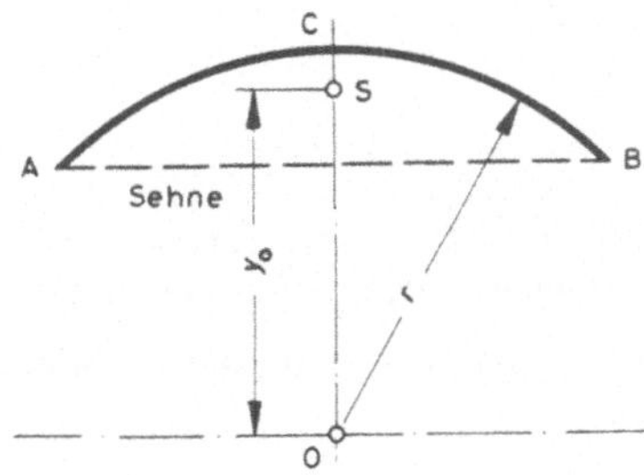

Lösung:

Der Schwerpunkt liegt auf der Mittellinie OC. Sein Abstand vom Kreismittelpunkt ist

$$y_0 = r \cdot \frac{\text{Sehne AB}}{\text{Bogen AB}}$$

704   Wo liegt der Schwerpunkt des *Halbkreisbogens*?

Lösung:

Die Formel voriger Aufgabe, auf den
Halbkreisbogen angewandt, ergibt

$$y_0 = r \cdot \frac{\text{Sehne AB}}{\text{Bogen AB}} = r \cdot \frac{2r}{r\pi} = \frac{2r}{\pi}$$

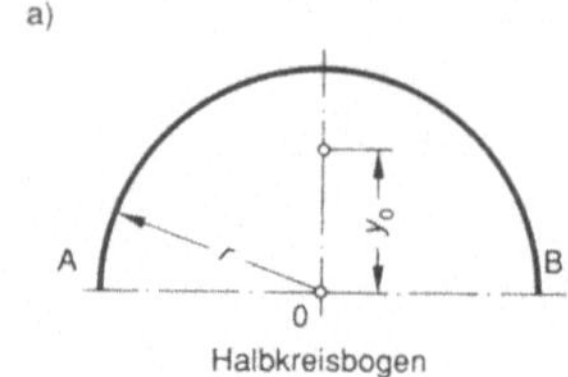

Lösung über Integration:

$$2 \cdot \int_{\varphi=0}^{\pi/2} r \cdot d\varphi \cdot y = r \cdot \pi \cdot y_0$$

mit $y = r \cdot \sin \varphi$

$$2 \cdot r^2 \cdot \int_{0}^{\pi/2} \sin \varphi \cdot d\varphi = r \cdot \pi \cdot y_0$$

$$y_0 = -\frac{2 \cdot r}{\pi} \cdot |\cos \varphi|_0^{\pi/2} = -\frac{2 \cdot r}{\pi} \cdot (0-1) = \frac{2 \cdot r}{\pi}$$

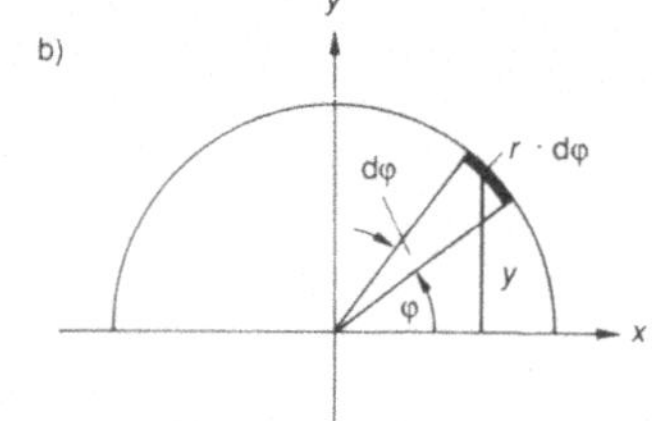

705   Ein *Rahmen* aus Walzstahl hat den
skizzierten Linienzug mit überall
gleichem Querschnitt.

Die Schwerpunktslage x_0 ist zu berechnen.

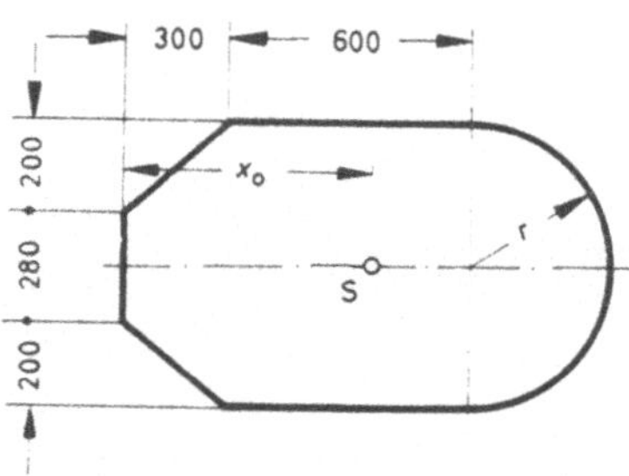

706   Aus einem Blech sollen Löcher von der skizzierten Form ausgestanzt werden. Die
Belastung des *Lochstempels* verteilt sich gleichmäßig über die Länge des Lochrandes.

In welchem Abstand x_0 liegt die resultierende Stempelkraft?

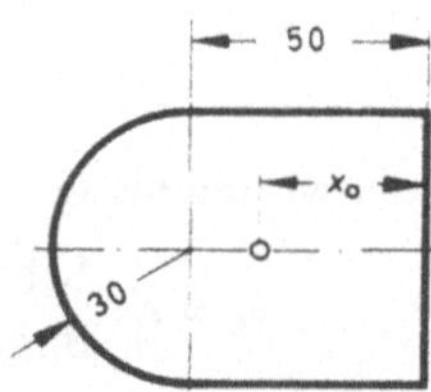

Schwerpunkt von Flächen

707 Für den gegebenen T-Querschnitt einer *Gußrippe* soll die Lage des Schwerpunkts *zeichnerisch* bestimmt werden.

Lösung:

Die Teilflächen $A_1 = 24\ \text{cm}^2$ und $A_2 = 33\ \text{cm}^2$ werden wie Kräfte behandelt, die in den Schwerpunkten S_1 und S_2 der Flächen angreifen. Die beiden Kräfte werden mittels Kraft- und Seileck zur Resultierenden vereinigt. Man mißt $x_0 = 63,5\ \text{mm}$. Dasselbe Ergebnis wird in Aufgabe 710 durch Rechnung gefunden.

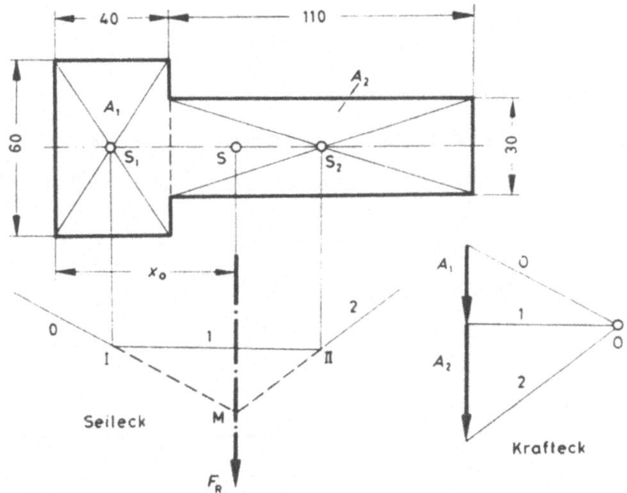

708 Für den skizzierten *Winkelstahl*-Querschnitt soll der Schwerpunktsabstand x_0 zeichnerisch mittels Kraft- und Seileck bestimmt werden.

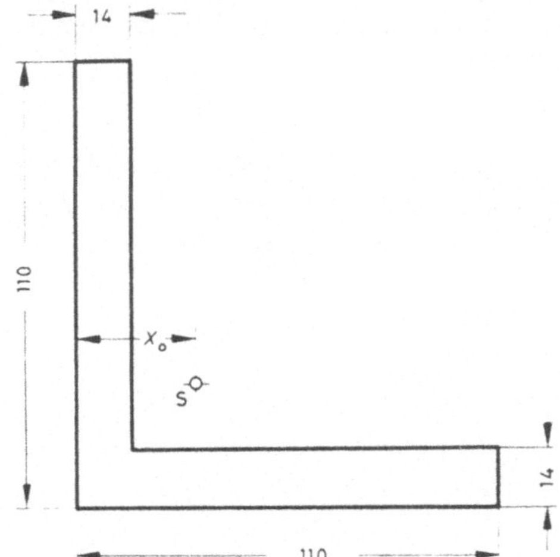

709 Die Schwerpunktslage x_0 des skizzierten *Schienen*-Querschnitts soll zeichnerisch ermittelt werden.

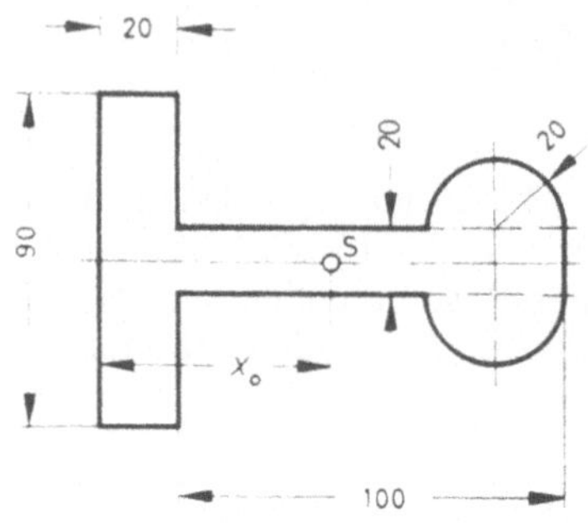

710 Die *Rippe* eines Gußkörpers hat den gegebenen T-Querschnitt.

Das Lagenmaß x_0 ihres Schwerpunkts S soll *rechnerisch* ermittelt werden.

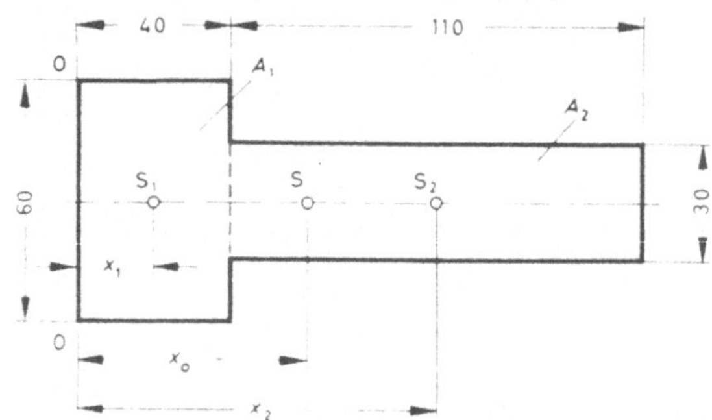

Lösung:

Der auf Flächen angewandte Satz der statischen Momente (Aufg. 224) lautet: Das statische Moment der Gesamtfläche ist gleich der Summe der statischen Momente der einzelnen Flächenteile.

Also für Achse O–O:

$$(A_1 + A_2)\,x_0 = A_1\,x_1 + A_2\,x_2$$
$$A_1 = 4\,\text{cm} \cdot 6\,\text{cm} = 24\,\text{cm}^2, \quad A_2 = 11\,\text{cm} \cdot 3\,\text{cm} = 33\,\text{cm}^2$$
$$(24\,\text{cm}^2 + 33\,\text{cm}^2)\,x_0 = 24\,\text{cm}^2 \cdot 2\,\text{cm} + 33\,\text{cm}^2 \cdot 9{,}5\,\text{cm}$$
$$x_0 = 6{,}35\,\text{cm}$$

711   Für den skizzierten *ungleichschenkligen Winkelstahl* $80 \times 120 \times 12$ sind die Koordinaten x_0 und y_0 des Schwerpunkts zu berechnen.

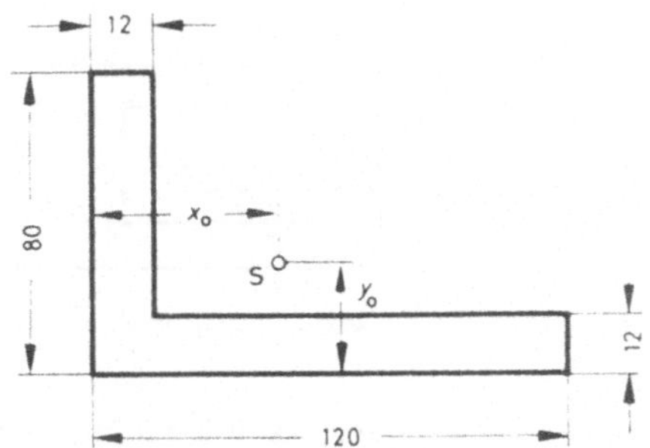

712   Gegeben ist der Querschnitt eines *Wulststahles.*

Gesucht ist die Schwerpunktslage y_0.

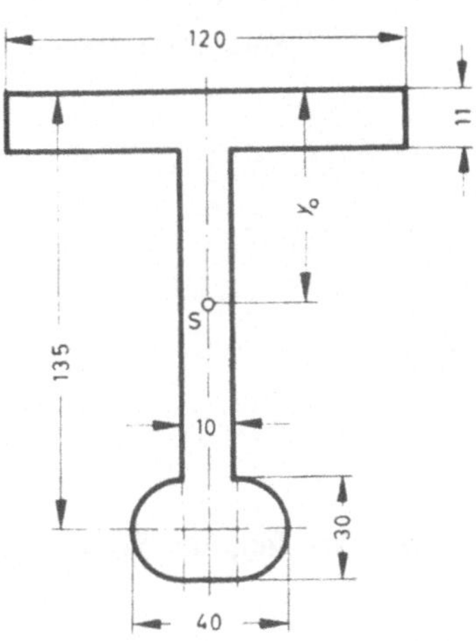

713   Ein *Maschinenrahmen* hat den skizzierten Querschnitt.

Gesucht ist die Schwerpunktslage x_0.

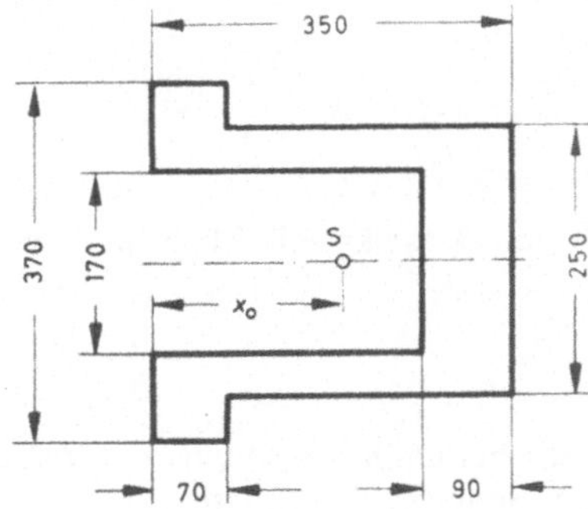

714 Das *Maschinengestell* einer Exzenterpresse hat rechteckigen Hohlquerschnitt von den gegebenen Abmessungen.

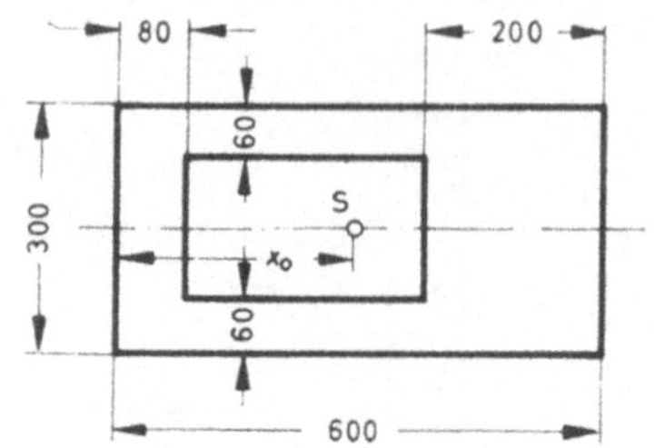

Das Lagenmaß x_0 des Schwerpunkts soll berechnet werden.

715 Für den skizzierten unsymmetrischen Querschnitt der *Rippe* eines Gußkörpers sollen die Schwerpunktskoordinaten x_0 und y_0 berechnet werden.

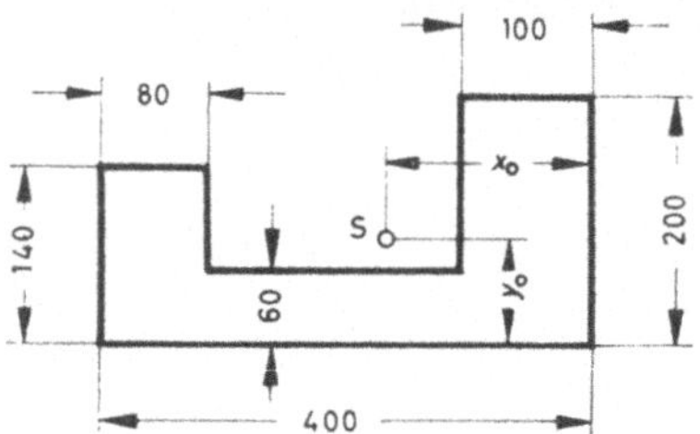

716 Wo liegt der Schwerpunkt der *Dreieckfläche*?

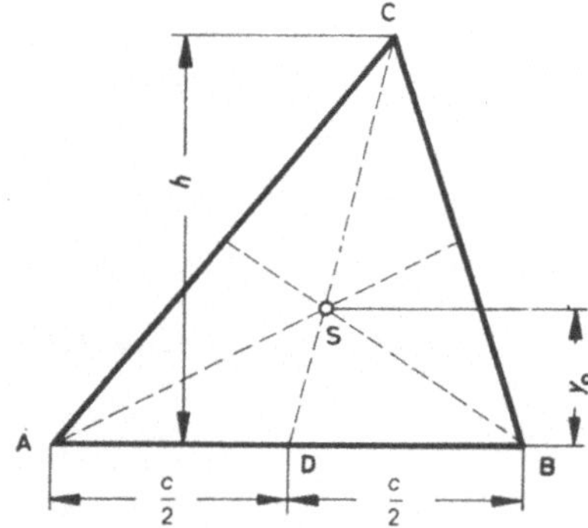

Lösung:

Der Schwerpunkt S des Dreiecks ABC liegt auf der Seitenhalbierenden CD in einem Drittel der Höhe

$$y_0 = \frac{h}{3}.$$

Da dies für jede der drei Seitenhalbierenden des Dreiecks gilt, so ist der Schwerpunkt der Schnittpunkt der drei Seitenhalbierenden.

717 Wo liegt der Schwerpunkt der *Trapezfläche*?

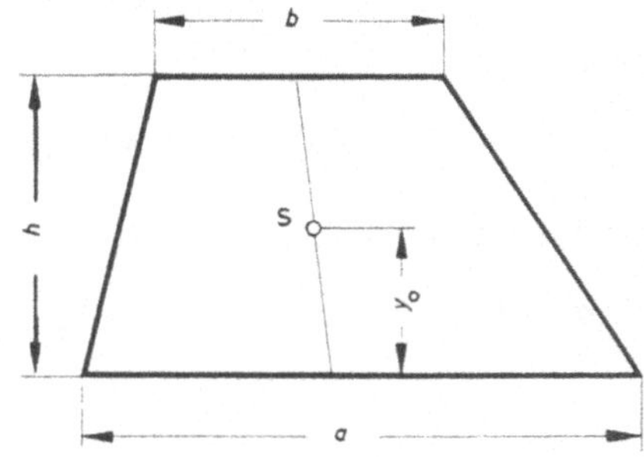

Lösung:

Der Schwerpunkt S liegt auf der Verbindungslinie der Mitten der beiden parallelen Seiten, und zwar im rechtwinkligen Abstand

$$y_0 = \frac{h}{3} \cdot \frac{a+2b}{a+b}$$

von der größeren der beiden parallelen Seiten des Trapezes.

718 Die *Stützmauer* einer Erdböschung hat den gegebenen Trapezquerschnitt.

Zu berechnen sind die Koordinaten x_0 und y_0 des Schwerpunkts S.

Lösung:

Nach der Trapezformel voriger Aufgabe ist

$$y_0 = \frac{h}{3} \cdot \frac{a+2b}{a+b} = \frac{3\,\mathrm{m}}{3} \cdot \frac{1{,}5\,\mathrm{m} + 2 \cdot 0{,}6\,\mathrm{m}}{1{,}5\,\mathrm{m} + 0{,}6\,\mathrm{m}} = 1{,}286\,\mathrm{m}.$$

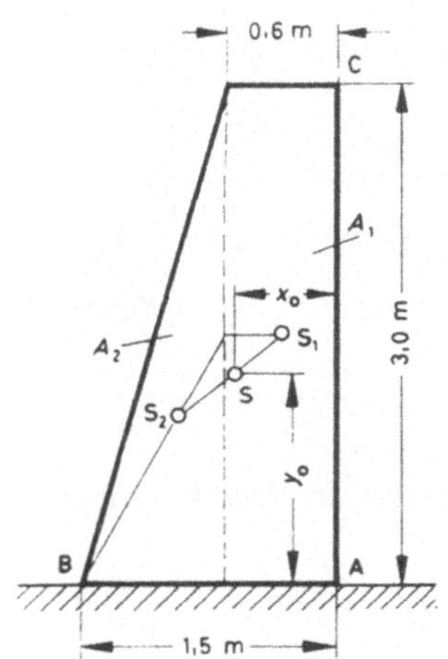

Zur Berechnung von x_0 muß das Trapez zerlegt werden in die Rechteckfläche

$$A_1 = 0,6 \text{ m} \cdot 3 \text{ m} = 1,8 \text{ m}^2$$

und die Dreieckfläche

$$A_2 = \frac{1}{2} \cdot 0,9 \text{ m} \cdot 3 \text{ m} = 1,35 \text{ m}^2.$$

Statische Momente für Achse AC (Aufgabe 710):

$$(1,8 \text{ m}^2 + 1,35 \text{ m}^2)\, x_0 = 1,8 \text{ m}^2 \cdot 0,3 \text{ m} + 1,35 \text{ m}^2 \cdot 0,9 \text{ m}$$

$$x_0 = 0,557 \text{ m}.$$

719 Für den T-Stahl von den gegebenen Querschnittsmaßen soll die Schwerpunktslage y_0 berechnet werden.

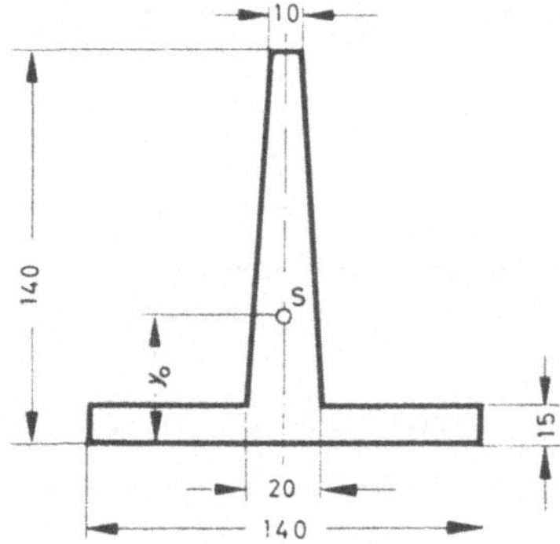

720 Ein *U-Stahl* hat die in der Skizze angegebenen Abmessungen.

In welcher Entfernung x_0 von der äußeren Stegkante liegt der Schwerpunkt?

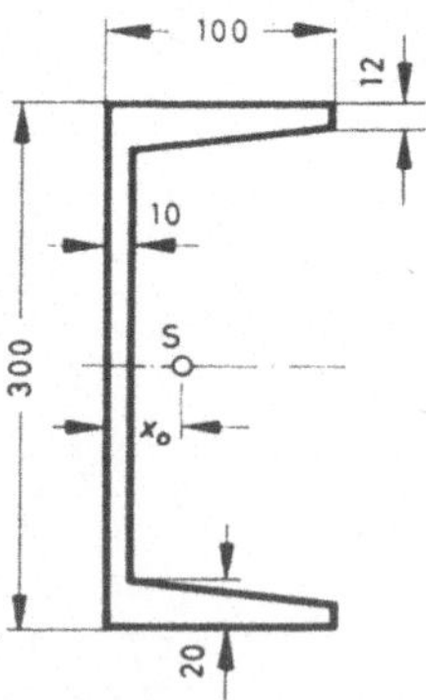

721 Wo liegt der Schwerpunkt der *Halbkreisfläche*?

Lösung:

$$y_0 = \frac{4}{3}\frac{r}{\pi}$$

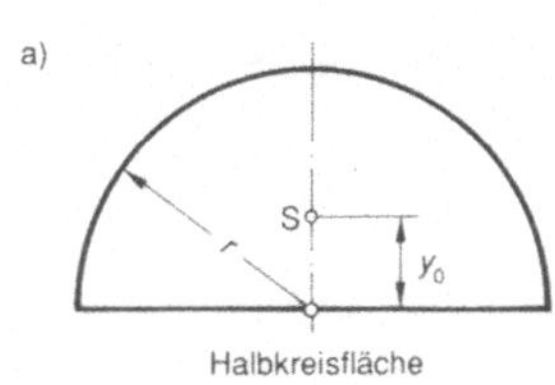

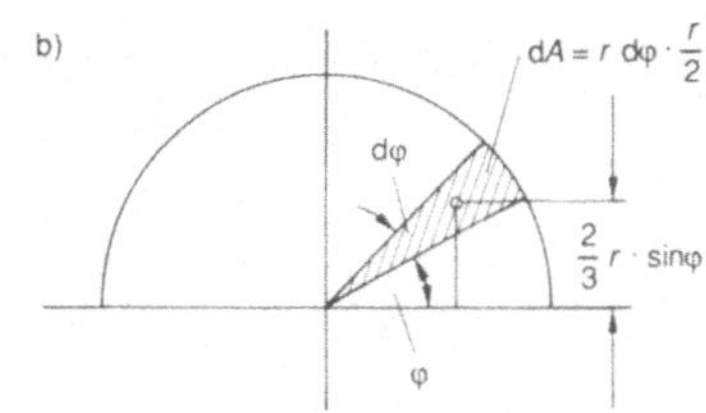

Lösung über Integration:

$$2 \cdot \int_{\varphi=0}^{\pi/2} dA \cdot \frac{2}{3} r \cdot \sin\varphi = y_0 \cdot \frac{r^2 \cdot \pi}{2}$$

mit $dA = \dfrac{r^2 \cdot d\varphi}{2}$

$$2 \cdot \int_0^{\pi/2} \frac{r^2 \, d\varphi}{2} \cdot \frac{2r}{3} \sin\varphi = y_0 \cdot \frac{r^2 \pi}{2}$$

$$y_0 = \frac{4r}{3\pi} \int_0^{\pi/2} \sin\varphi \cdot d\varphi$$

$$y_0 = \frac{-4r}{3\pi} \left| \cos\varphi \right|_0^{\pi/2} = \frac{-4r}{3\pi} (0-1) = \frac{4r}{3\pi}.$$

722 Die Schwerpunktslage x_0 des skizzierten *Brückenpfeiler*-Querschnitts ist zu berechnen.

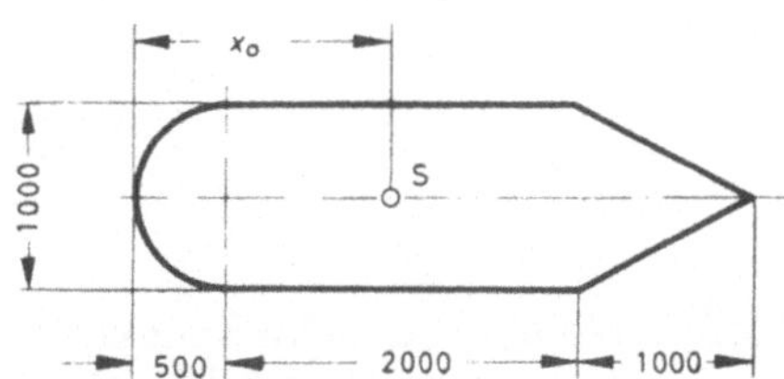

723 Wie lautet der Satz der statischen Momente, auf eine beliebige Fläche angewandt?

Lösung:

$$A \cdot y_0 = \Sigma \, dA \cdot y = \int dA \cdot y$$

somit

$$y_0 = \frac{\int dA \cdot y}{A}$$

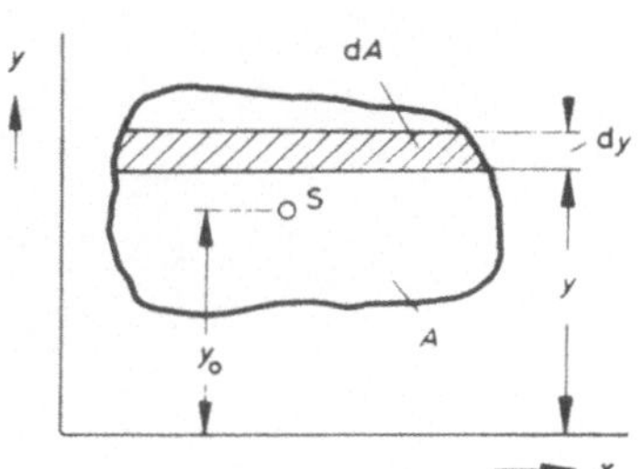

724   Wo liegt der Schwerpunkt der dargestellten Parabelfläche A in bezug auf die x-Achse?

Lösung:

Es ist $\quad y_0 = \dfrac{\int dA \cdot y}{\int dA} = \dfrac{\int 2x \cdot dy \cdot y}{\int 2x \cdot dy}$ (da $dA = 2x \cdot dy$).

Mit $y = x^2$ und $dy = 2x \cdot dx$ wird unter Einsetzung der Grenzen

$$y_0 = \frac{\int 2x \cdot 2x \cdot dx \cdot x^2}{\int 2x \cdot 2x \cdot dx} = \frac{4\int_0^4 x^4 \cdot dx}{4\int_0^4 x^2 \cdot dx}$$

Gelöst: $\qquad\qquad\qquad y_0 = \dfrac{x^5 \cdot 3}{5 \cdot x^3} = \dfrac{3}{5}\, x^2 = 9{,}6$

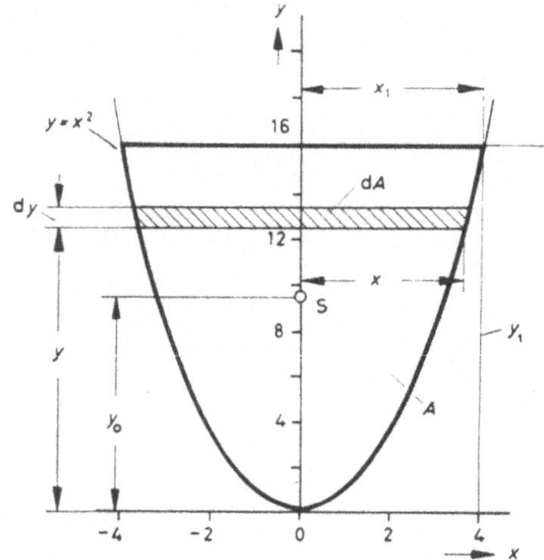

725   Wo liegt der Schwerpunkt der dargestellten Parabelfläche in bezug auf die x-Achse?

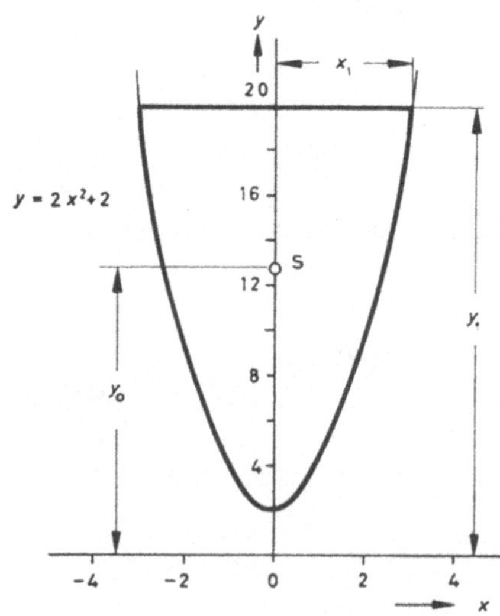

726 Ein Blechträger gemäß Skizze ist aus einem Stegblech aus Breitflachstahl 275×18 DIN 59200 und zwei Winkelstählen $L\,160 \times 80 \times 14$ DIN 1029 zusammengesetzt.

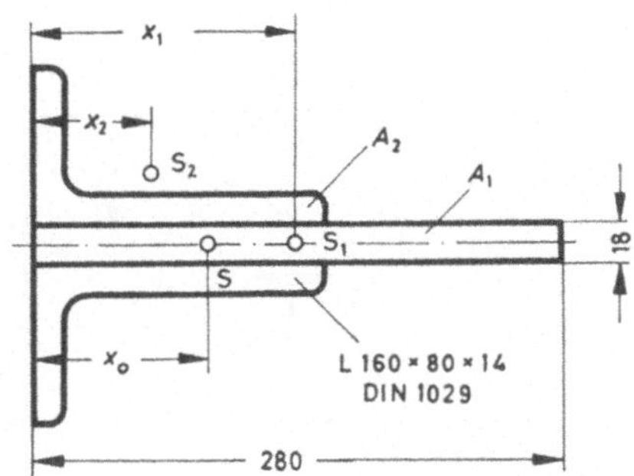

Gesucht ist der Schwerpunktsabstand x_0 des Querschnitts.

Lösung:

Steg:
$$A_1 = 27{,}5\,\text{cm} \cdot 1{,}8\,\text{cm} = 49{,}5\,\text{cm}^2$$
$$x_1 = 13{,}75\,\text{cm}$$

Für einen ungleichschenkligen Winkelstahl $L\,160 \times 80 \times 14$ DIN 1029 ist nach Normblatt
$$A_2 = 31{,}8\,\text{cm}^2$$
$$x_2 = 5{,}81\,\text{cm}$$
$$(49{,}5\,\text{cm}^2 + 2 \cdot 31{,}8\,\text{cm}^2) \cdot x_0 = 49{,}5\,\text{cm}^2 \cdot 13{,}75\,\text{cm} + 2 \cdot 31{,}8\,\text{cm}^2 \cdot 5{,}81\,\text{cm}$$
$$x_0 = 9{,}28\,\text{cm}$$

727 Ein Blechträger gemäß Skizze ist aus einem Stegblech aus Breitflachstahl 300×24 DIN 59200, einem Gurtblech aus Breitflachstahl 275×20 DIN 59200 und zwei gleichschenkligen Winkelstählen $L\,120 \times 15$ DIN 1028 zusammengenietet.

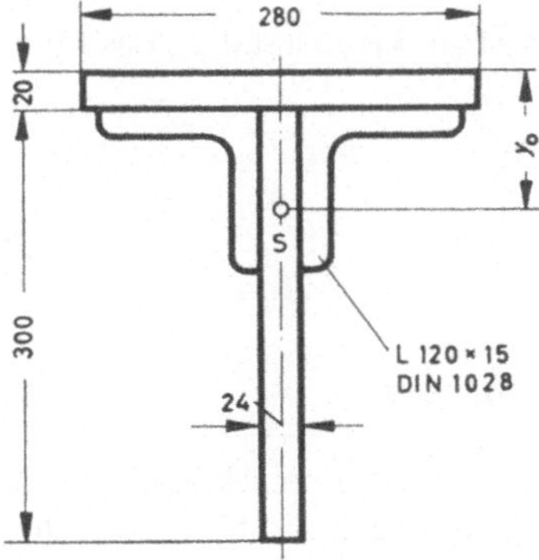

Gesucht ist der Schwerpunktsabstand y_0 des Querschnitts.

728 Ein Kranträger gemäß Skizze ist aus zwei Breitflachstählen 900 × 12 DIN 59200, einem Breitflachstahl 800 × 14 DIN 59200, sowie 6 gleichschenkligen Winkelstählen L 100 × 12 DIN 1028 zusammengesetzt.

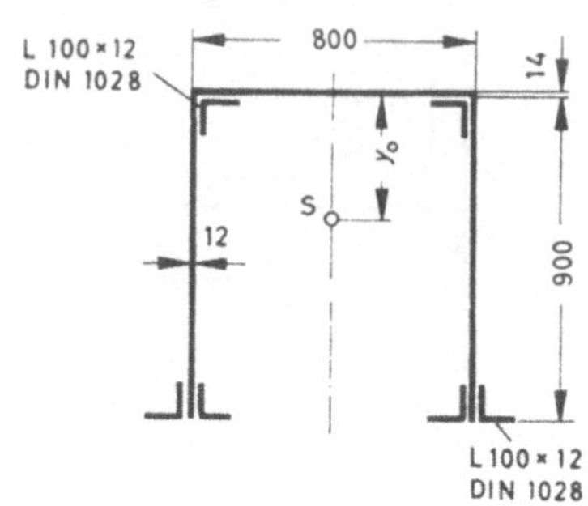

Gesucht ist der Schwerpunktsabstand y_0 des Querschnitts.

729 Ein Laufkranträger gemäß Skizze besteht aus einem Breitflachstahl 500 × 14 DIN 59200, zwei gleichschenkligen Winkelstählen L 90 × 13 DIN 1028, zwei gleichschenkligen Winkelstählen L 80 × 12 DIN 1028 und ist durch einen oben quer aufgenieteten U-Stahl U 260 DIN 1026 gegen seitliche Ausbiegung versteift.

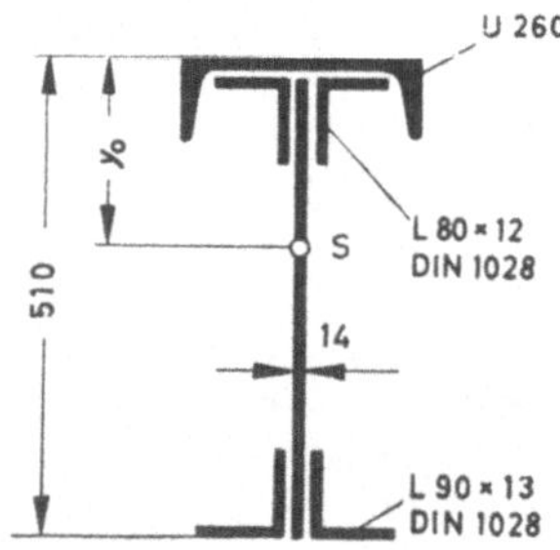

Gesucht ist der Schwerpunktsabstand y_0 des Querschnitts.

Schwerpunkt von Körpern

730 Ein *Schlammkübel* hat die Form eines Halbzylinders von 650 mm Radius und ist aus einem gewölbten Mantelblech und zwei ebenen, halbkreisförmigen Stirnwänden zusammengesetzt. Seine axiale Länge beträgt 900 mm. Das Blech wiegt 380 N je m². Der Kübel soll in seiner Schwerachse an zwei Zapfen S in einem fahrbaren Gestell aufgehängt werden, um leicht gekippt und entleert werden zu können.

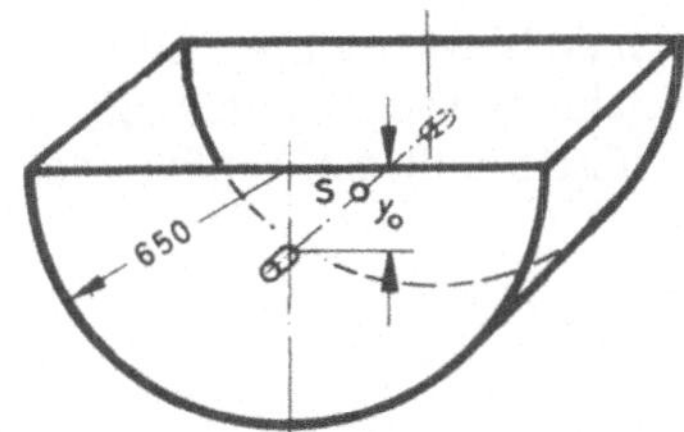

Zu berechnen sind:

a) das Gewicht des Mantelbleches;

b) sein Schwerpunktsabstand von der oberen waagerechten Achse (die Blechstärke werde beim Einsetzen der Maße vernachlässigt);

c) das Gewicht der beiden halbkreisförmigen Stirnwandbleche;

d) ihr Schwerpunktsabstand von der waagerechten Achse;

e) die Schwerpunktslage y_0 des leeren Kübels, d. h. das Lagenmaß für die Drehzapfen S.

731   Ein *Kohlewagen* für ein Kesselhaus hat die gegebenen Abmessungen und 650 mm lichte Breite.

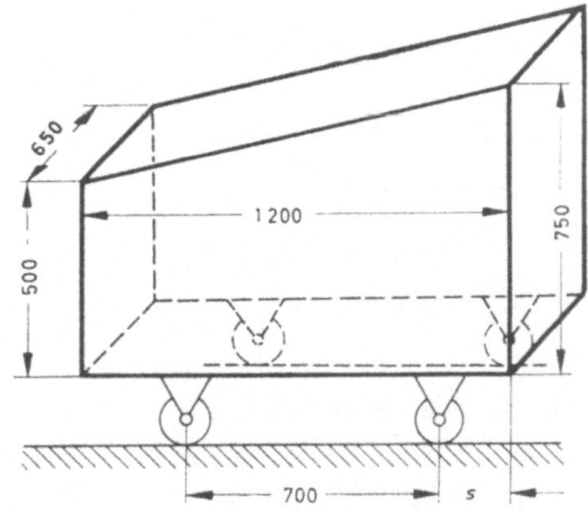

a) Wieviel kN Kohle faßt der gestrichen volle Wagen, wenn die Wichte der aufgeschütteten Kohle 9 kN/m³ beträgt?

b) In welchem waagerechten Abstand von der rechten Kastenwand liegt der Schwerpunkt der Kohlefüllung?

c) Wie groß muß das Maß *s* für die Anordnung der Achsen unter dem Wagen bemessen werden, wenn die Achsen 700 mm Abstand voneinander haben und beide gleich schwer belastet sein sollen? Der Schwerpunkt des leeren Wagens fällt mit dem der Kohlefüllung zusammen.

732   Der skizzierte *Bügel* einer Nietmaschine soll an einem Drehzapfen O so aufgehängt werden, daß er die gezeichnete waagerechte Lage einnimmt. In welchem Abstand x_0 von der Vorderkante des Bügels muß der Zapfen angeordnet werden?

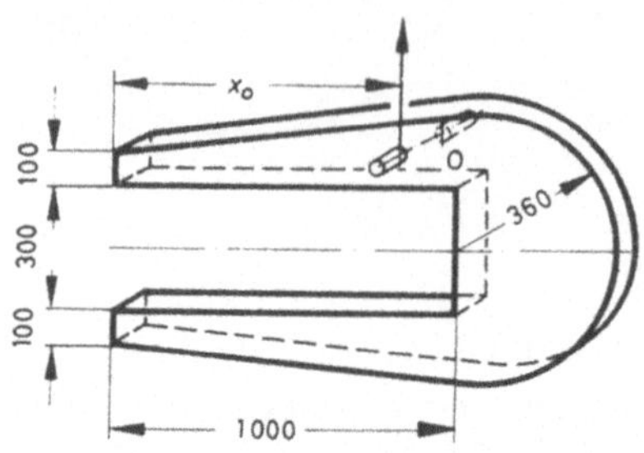

733   Der Wagen einer *Hängebahn* ist ein Prisma vom skizzierten Querschnitt. Die beiden seitlichen Tragzapfen S sollen in der Schwerachse des Fördergutes des gestrichen vollen Wagens liegen, damit er sich leicht kippen läßt. Die Maße x_0 und y_0 der Zapfenlage sind zu berechnen.

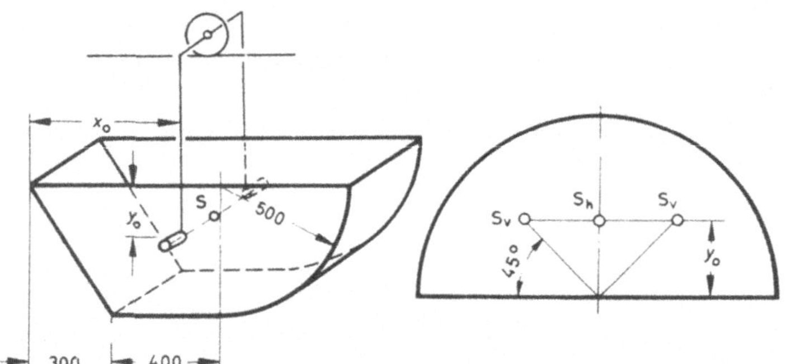

Lösungshinweis:

Der Schwerpunkt S_h einer Halbkreisfläche muß auf der Verbindungslinie der Teil-Schwerpunkte S_v der beiden Viertelkreisflächen liegen. Deshalb gilt für die Viertelkreis-fläche: $y_0 = \dfrac{4r}{3\pi}$, wie für die Halbkreisfläche in Aufg. 721.

GULDINsche Regel

734   a) Wie heißt die GULDINsche Regel für *Umdrehungsflächen*?

Lösung:

Wenn eine Kurve von der Länge L um eine in ihrer Ebene liegende Achse y kreist [Bild a)], so beschreibt sie eine *Umdrehungsfläche* (Rotationsfläche). Die *Oberfläche*

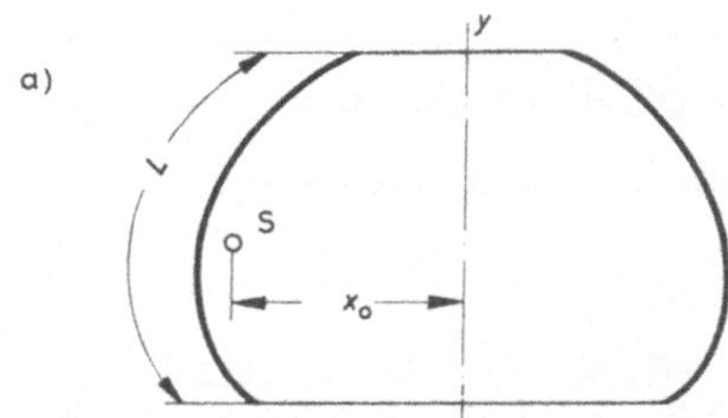

derselben ist gleich der Länge L der erzeugenden Kurve multipliziert mit dem Weg ihres Schwerpunktes S:

$$O = L \cdot 2\pi x_0$$

b) Wie heißt die GULDINsche Regel für *Umdrehungskörper*?

Wenn eine Fläche A um eine in ihrer Ebene liegende Achse y kreist [Bild b)], so beschreibt sie einen *Umdrehungskörper*. Der *Rauminhalt* desselben ist gleich der erzeugenden Querschnittsfläche A multipliziert mit dem Weg ihres Schwerpunktes S:

$$V = A \cdot 2\pi x_0.$$

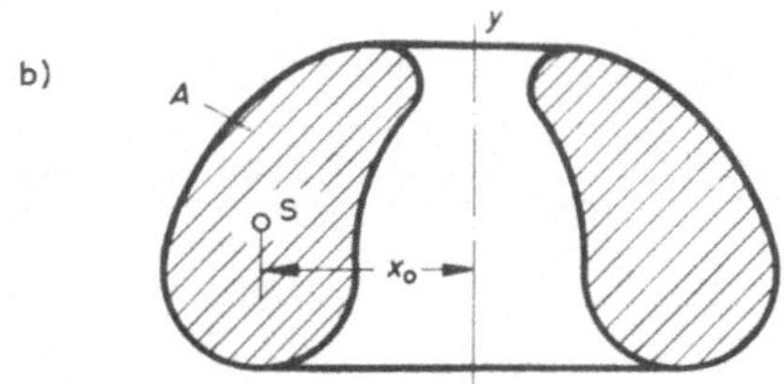

735 Die Schwerpunktslage des *Halbkreisbogens* soll mit der GULDINschen Regel bestimmt werden.

Lösung:

Der Halbkreisbogen von der Länge $L = \pi r$ beschreibt, um seine Durchmesser-Achse kreisend, eine Kugel von der Oberfläche $4\pi r^2$. Die GULDINsche Regel $O = L \cdot 2\pi x_0$ liefert also: $4\pi r^2 = \pi r \cdot \pi 2 x_0$.

Daraus $x_0 = \dfrac{2r}{\pi}$, wie in Aufg. 704.

736 Die Schwerpunktslage der *Halbkreisfläche* soll mit der GULDINschen Regel bestimmt werden.

Lösung: Siehe Aufg. 721.

737   Für den geraden *Kreiskegel* von der Höhe h und der Kegelseite L sind mit der GULDINschen Regel zu berechnen:

a) die Mantelfläche; b) der Rauminhalt.

738   Das GALLOWAY-Rohr eines Dampfkessels, innen von den Feuergasen, außen vom Wasser umspült, hat die skizzierte Form eines abgestumpften Kegels.

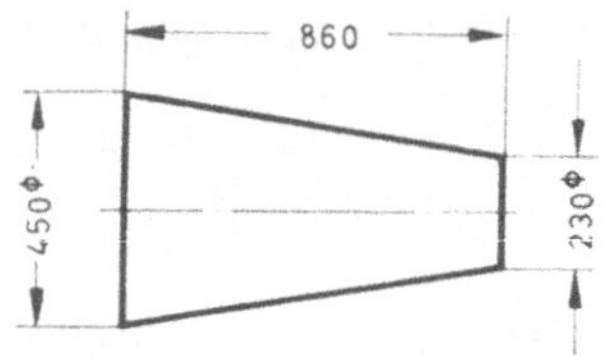

Wie groß ist die Heizfläche, d. h. die Mantelfläche des Rohres?

739   Für den skizzierten *Flansch* sind unter Benutzung der Formstahl-Tabelle zu berechnen:

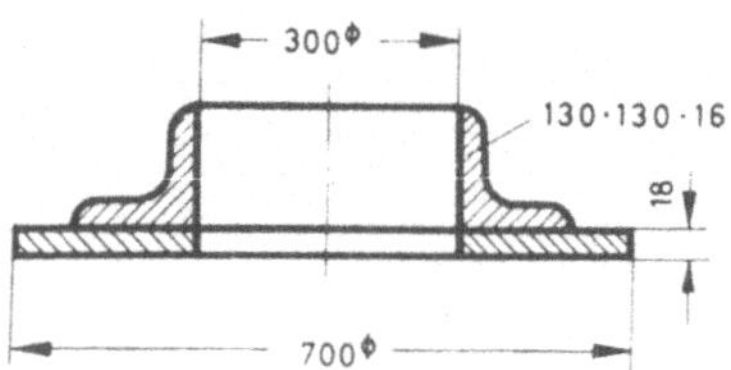

a) die erzeugende Querschnittsfläche des Drehkörpers;

b) der Abstand ihres Schwerpunkts von der Drehachse;

c) der Rauminhalt;

d) das Gewicht; die Dichte von Stahl ist 8,0 g/cm³.

740   Der Kranz eines *Riemenscheiben-Schwungrades* von 5200 mm Außendurchmesser hat die gegebenen Maße. Die Dichte von Grauguß ist 7,3 g/cm³.

Wie groß ist sein Gewicht?

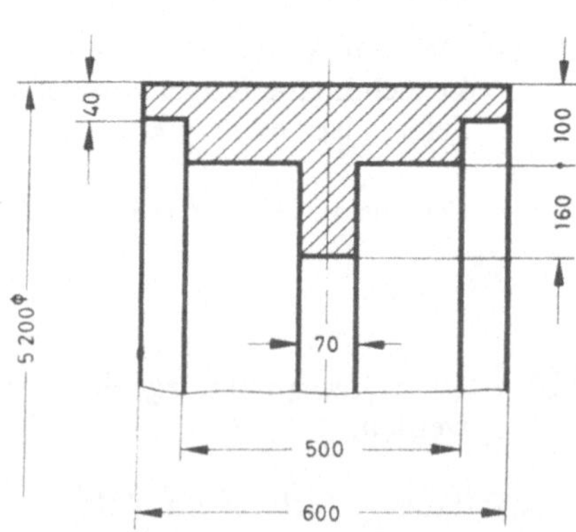

741 Ein *Wasserbehälter* von den gegebenen Maßen ist ringförmig um einen Fabrikschornstein gebaut.

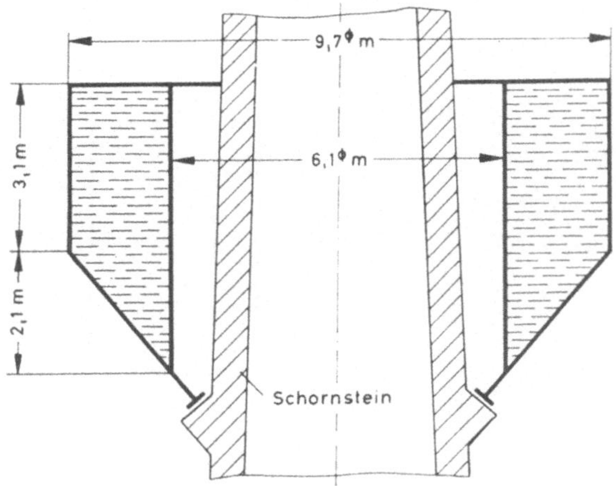

Wie groß ist sein Wasserinhalt?

742 Bei einem *Schwungrad* ist der Kranz mit der Nabe durch eine vollwandig gegossene Stegscheibe verbunden. Die Dichte von Stahlguß ist 8,0 g/cm³.

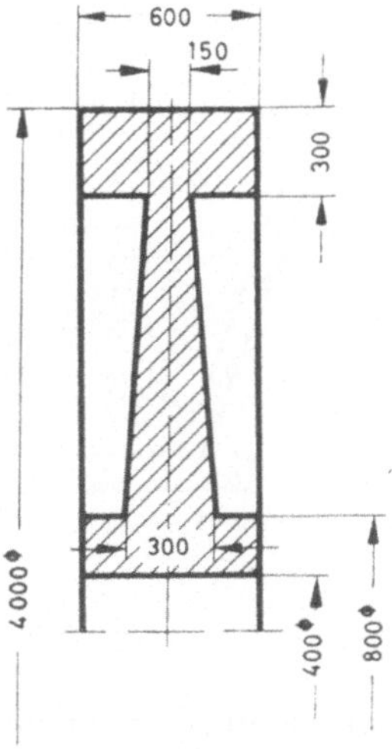

Wie groß ist das Gewicht des Schwungrades?

743 Eine *Riemenscheibe* von 1500 mm Außendurchmesser hat die gegebenen Kranz-
abmessungen. Der Querschnitt des Verstärkungswulstes unter dem Kranz wird annähernd als Halbkreisfläche gerechnet. Die Dichte von Grauguß ist 7,3 g/cm³.

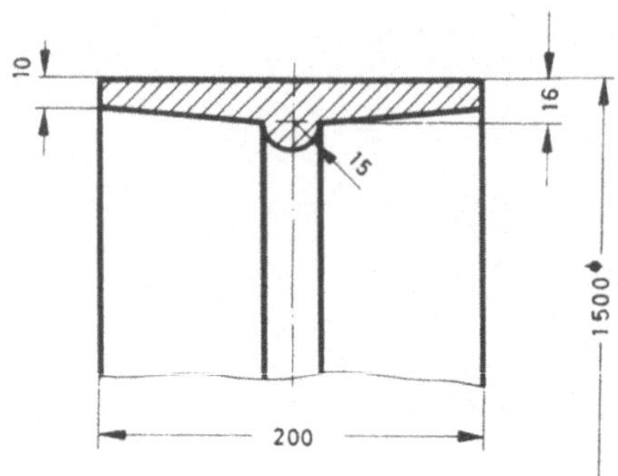

Gesucht ist ihr Gewicht.

744 Ein Asche-Ejektor hat einen *Fülltrichter* aus Grauguß von den gegebenen Maßen, in den
die Asche der Schiffskessel eingeschaufelt wird, um durch den Wasserstrom einer Pumpe
in See weggespült zu werden.

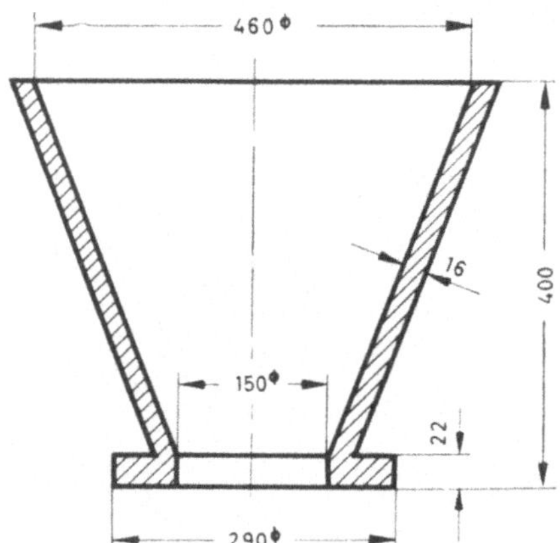

Zu berechnen sind:

a) Das Gewicht des hohlkegelförmigen Trichterstückes ($\varrho = 7,3$ g/cm³);

b) das Gewicht des hohlzylindrischen Flansches;

c) das Gesamtgewicht.

745 Das *Wellblech-Flammrohr* eines Dampfkessels hat die gegebenen Wellenmaße und
1200 mm mittleren Rohrdurchmesser.

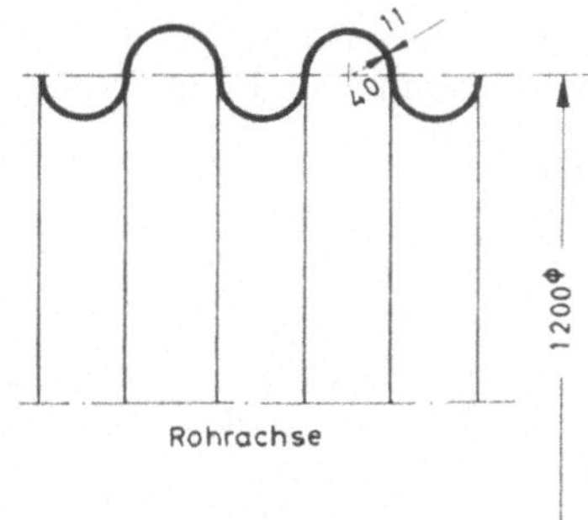

Wie groß ist für 9 m gesamte Rohrlänge das Gewicht des Rohres? Die Dichte von Flußstahl ist 8,0 g/cm³.

746   Ein kupfernes *Ausgleichsrohr* von der skizzierten Form ist in eine Rohrleitung eingebaut zum Ausgleich von Längenänderungen infolge Erwärmung. Der innere Rohrdurchmesser beträgt 200 mm, die Wanddicke 3 mm. Die Dichte von Kupfer ist 9,1 g/cm³.

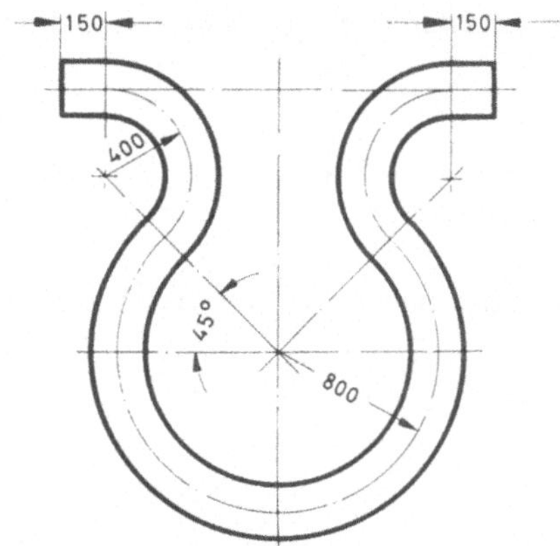

Zu berechnen ist das Gewicht des Rohres.

747   Ein *Krümmerrohr* hat die gegebenen Maße. Die Dichte von Grauguß ist 7,3 g/cm³.

Zu berechnen ist das Gesamtgewicht des Krümmers.

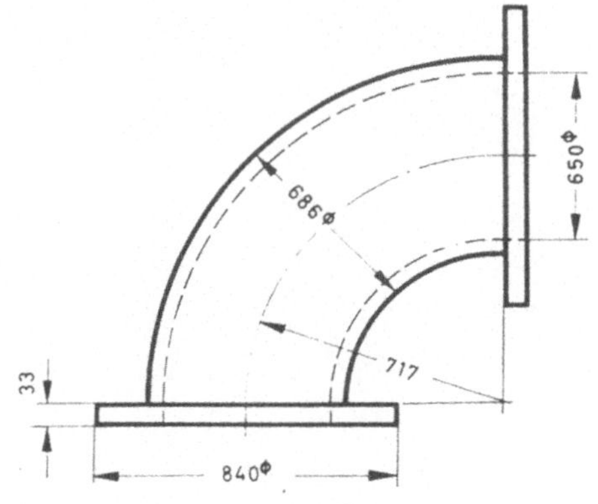

748 Der *Wasserbehälter* eines Wasserturms hat die gegebenen Maße. Der in der Mitte ausgesparte zylindrische Raum von 1,2 m Durchmesser dient zur Aufnahme einer Treppe.

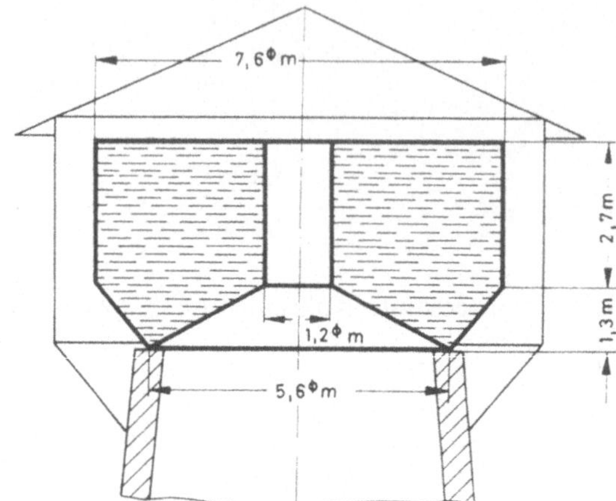

Unter Vernachlässigung der Blechdicken sollen mit der GULDINschen Regel berechnet werden:

a) der Wasserinhalt;

b) die Anzahl Quadratmeter Blech, die zur Herstellung des Behälters nötig sind. Die Überlappungen der Bleche an den Nietnähten sind durch 7% Zuschlag zu berücksichtigen;

c) das Eigengewicht des Behälters. 1 m² Blech wiegt 630 N.

8. Reibung

801 Was versteht man unter dem Begriff *Reibung*?

Lösung:

Unter Reibung ist jener Widerstand zu verstehen, der durch die Relativbewegung zweier Körper oder Medien entsteht. Flüssigkeitsreibung, Luftreibung, Gleitreibung, Rollreibung, Seilreibung. Um die Bewegung des Körpers einzuleiten oder aufrechtzuerhalten, muß der Bewegungswiderstand überwunden werden; Reibkräfte sind Bewegungswiderstände, sie sind gegen die (Relativ-)Bewegung gerichtet. Energetisch bedeutet Reibarbeit dann Verlustarbeit, wenn die Reibkraft entgegen der Bewegungsrichtung, also als Bewegungswiderstand, gerichtet ist. Jedoch bedeutet Reibarbeit dann einen Gewinn an mechanischer Energie, wenn Reibkraft und Bewegungsrichtung gleichgerichtet sind, so z. B. beim sog. Kavalierstart eines Fahrzeugs; dessen Räder drehen dann schneller, als es eine reine Abrollbewegung erforderlich macht.

802 Wie lautet das Reibungsgesetz von COULOMB?

Lösung:

COULOMB: Führen zwei Körper an ihrer gemeinsamen Berührungsstelle Relativbewegungen aus und berühren sie sich zudem unter Druck, so wird an beiden Körpern eine der Andrückkraft (Normalkraft) proportionale Reibkraft wirken. Die Größe dieser Reibkraft ist abhängig vom Werkstoff bzw. von der Werkstoffkombination, den Oberflächenrauhigkeiten und einigen Einflüssen von untergeordneter Bedeutung; diese Einflußfaktoren gehen in die Reibzahl μ ein, die der Proportionalitätsfaktor zwischen Reibkraft F_W und Normalkraft F_N ist

$$F_W = \mu \cdot F_N$$

803 Wo tritt die Reibungskraft (Reibungswiderstand) auf und wie ist sie gerichtet?

Lösung:

Die Reibkraft tritt auf an jenen Lagern des kinematisch unbestimmt gelagerten Körpers, an dem es zu Relativbewegungen kommen kann oder kommt. Die Reibkräfte sind als Bewegungswiderstände stets gegen die Relativbewegung gerichtet:

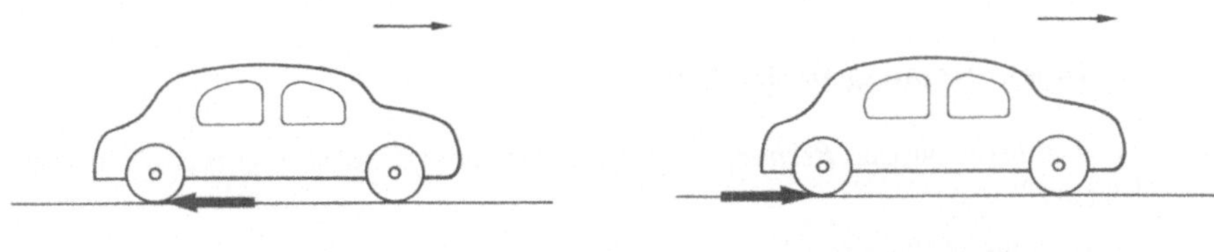

Fahrzeug bremst
mit blockierten
Hinterrädern.

Fahrzeug vollführt einen
sog. "Kavalierstart", d.h.
die Räder drehen schneller
als beim Rollen ohne Schlupf.

804   Wie ist die Reibungszahl μ definiert? Welche Maßeinheit hat sie? Durch welche Gegebenheiten wird sie beeinflußt?

Lösung:

Die Reibzahl μ ist gleich dem Verhältnis von Reibkraft zur Normalkraft. Man könnte sagen, sie ist diejenige Reibkraft, die bei einer Normalkraft $F_N = 1$ maximal auftreten kann. Als Verhältniszahl ist sie dimensionslos, hat also keine physikalische Einheit. Wesentliche Einflußgrößen sind Rauhigkeit der Oberflächen an der Reibstelle und Materialkombination der beteiligten Körper.

805   Erläutere den Unterschied zwischen Bewegungsreibung und Ruhereibung!

Lösung:

Ist der Bewegungswiderstand erst einmal überwunden und hat die Relativbewegung eingesetzt, so ist die Kraft, welche erforderlich ist, die Bewegung aufrecht zu erhalten, kleiner als jene, die aufzubringen war, um die Bewegung einzuleiten. Der Koeffizient der Gleitreibung (Relativbewegung ist vorhanden) ist kleiner als der Koeffizient der Haftreibung (noch keine Relativbewegung zwischen den Körpern).

806   Welcher Zusammenhang besteht zwischen der Reibungszahl μ und dem Reibungswinkel ϱ?

Lösung:

Mit der Reibzahl μ ist der Tangens des Reibwinkels ϱ gegeben. Der Reibwinkel ist bei graphischen Lösungen von Bedeutung, denn im Grenzfall zwischen Ruhe (keine Relativbewegung) und Bewegung zwischen den Körpern liegt die Gesamtkraft an der Reibstelle, also die Resultierende aus Normalkraft F_N und Bewegungswiderstand F_W (Reibkraft) auf dem Rand des Reibkegels. Wirkungslinien innerhalb des Reibkegels bedeuten, daß an der Reibstelle keine Relativbewegung zwischen den sich hier berührenden Körpern vorliegt. Kräfte innerhalb des Reibkegels können an der Reibstelle „realisiert" werden, Kräfte außerhalb des Reibkegels nicht.

Gleitende Reibung in der Ebene

807   a) Wie groß ist der *Reibungswiderstand* an einem auf waagerechter Ebene gleitenden Körper?

b) Welche Maßeinheit hat die *Reibungszahl μ*?

c) Erläutere die Reibungszahl μ durch ein Zahlenbeispiel!

d) Wovon hängt die Reibungszahl μ ab?

Lösung:

a) Der Reibungswiderstand F_W ist um so größer, je größer die Normalkraft F_N ist, mit dem die gleitenden Flächen gegeneinandergedrückt werden. Bei einem Schlitten auf waagerechter Ebene ist $F_N = F_G$. Man setzt F_W gleich einem bestimmten Bruchteil von F_N, nämlich

$$F_W = \mu \cdot F_N$$

Zum Fortbewegen des Schlittens, d. h. zum Überwinden des Reibungswiderstandes, muß eine waagerechte Zugkraft $F = F_W$ an ihm angreifen.

b) $\mu = \dfrac{F_W(\mathrm{N})}{F_N(\mathrm{N})}$ ist eine *unbenannte Zahl*, die *Reibungszahl*.

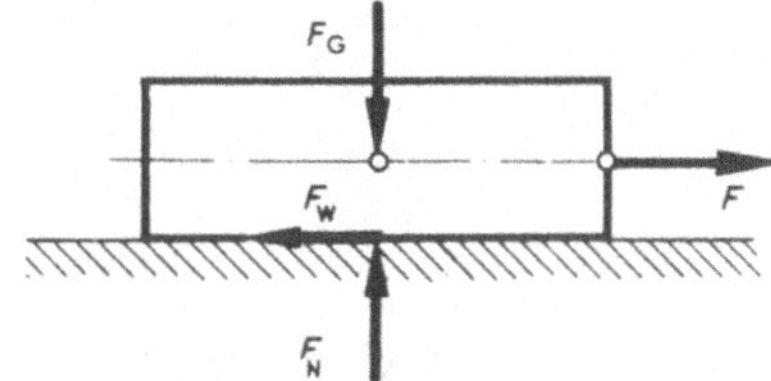

c) Braucht ein Schlitten vom Gewicht $F_G = 500$ N zur gleichförmigen Fortbewegung auf waagerechter Bahn eine Zugkraft von $F = 60$ N, so ist

$$\mu = \frac{F_W}{F_N} = \frac{F}{F_G} = \frac{60\ \mathrm{N}}{500\ \mathrm{N}} = 0{,}12.$$

Der Reibungswiderstand beträgt in diesem Falle 12 % der Normalkraft.

d) 1. Bei der *trockenen* Reibung fester Körper hängt die Reibungszahl μ von einer Reihe von Faktoren ab, insbesondere von den *Werkstoffen* der aufeinander reibenden Körper, vom *Oberflächenzustand*, von der *Gleitgeschwindigkeit*, vom *Flächendruck* und anderen Faktoren. μ ist somit eine *Erfahrungszahl*. Die Gesetze der trockenen Reibung lassen sich allgemein nicht übersehen, da die Vorgänge je nach den vorliegenden Verhältnissen grundlegend verschieden sein können.

2. Bei der *Flüssigkeitsreibung* hängt die Reibungszahl μ nur von den Eigenschaften des *Schmiermittels* sowie vom *Flächendruck* und der *Gleitgeschwindigkeit* ab. Die Eigenschaften des Schmiermittels ändern sich mit der Temperatur. Die Gesetze der Flüssigkeitsreibung sind bekannt.

808 Ein *Stauschütz* von 6000 N Eigengewicht wird durch das angestaute Wasser waagerecht mit 38 000 N gegen die senkrechten Führungen gepreßt.

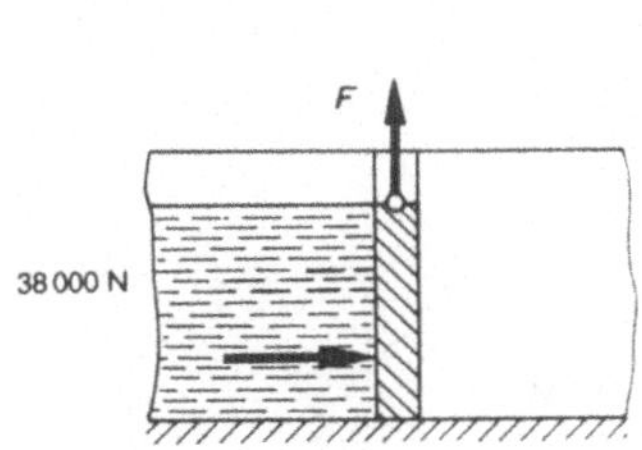

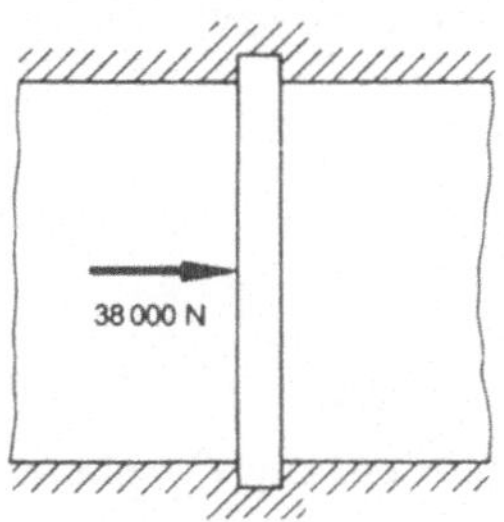

Wie groß sind:

a) die waagerechte Normalkraft an den Führungen;

b) der beim Aufziehen des Schützes an den Führungen auftretende senkrechte Reibungswiderstand bei einer Reibungszahl 0,4;

c) die erforderliche senkrechte Zugkraft zum Aufziehen des Schützes?

809 Die Führungsrinne des Tisches einer *Hobelmaschine* hat den skizzierten keilförmigen Querschnitt und ist mit 26 000 N senkrecht belastet.

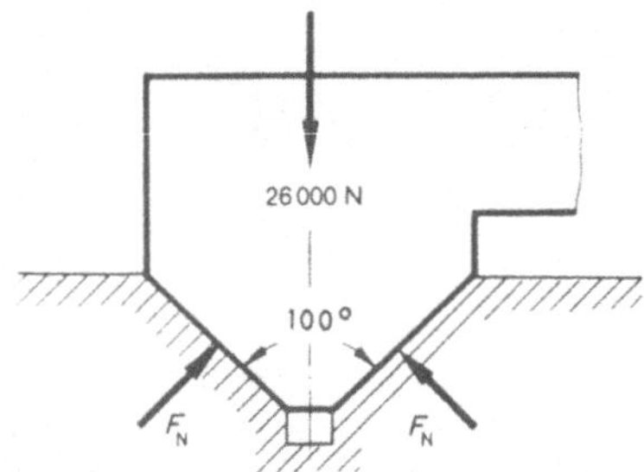

a) Welche Normalkraft F_N hat jede der beiden schrägen Gleitflächen aufzunehmen?

b) Wie groß ist der Gleitwiderstand, der beim Verschieben des Tisches in der Führung überwunden werden muß bei einer Reibungszahl 0,06?

c) Um wieviel Prozent würde dieser Gleitwiderstand kleiner sein, wenn statt der keilförmigen eine ebene, waagerechte Stützfläche ausgeführt wäre?

810 Ein *Schleifstein* von 1,4 m Durchmesser wird mit $n = 90 \text{ min}^{-1}$ angetrieben. Das zu schleifende Werkstück wird mit einer Kraft 150 N in radialer Richtung gegen den Stein angedrückt.

Wie groß sind:

a) der Reibungswiderstand zwischen Stein und Werkstück bei einer Reibungszahl 0,6;

b) die zum Überwinden der Reibung erforderliche Antriebsleistung?[1]

811 Der *Steuerungsschieber* einer Dampfmaschine mit 47,8 kW Leistung liegt mit einer Rechteckfläche 200 mm × 260 mm auf dem Schieberspiegel auf und ist mit 7 bar Dampfdruck belastet. Die an ihm angreifende Schieberstange bewegt ihn mit 90 mm Hub und $n = 120 \text{ min}^{-1}$ hin und her, so daß er auf dem Spiegel gleitet. Die Reibungszahl ist 0,1.

---

[1] Die Leistung P berechnet sich aus $P/\text{W} = \dfrac{F/\text{N} \cdot s/\text{m}}{t/\text{s}}$

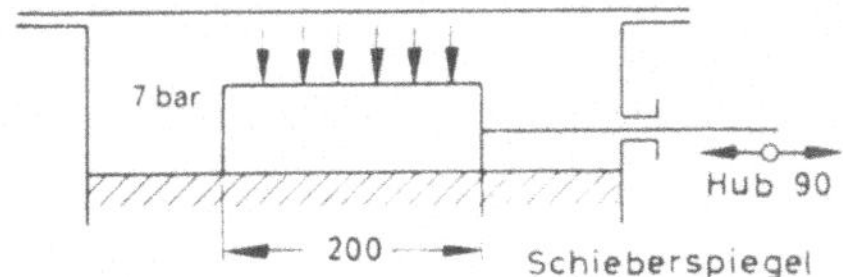

Gesucht sind:

a) die Normalkraft zwischen Schieber und Spiegel;

b) der Reibungswiderstand am Schieber, d.h. die erforderliche Antriebskraft der Schieberstange;

c) der Leistungsverlust infolge Reibung in kW [1]);

d) der Leistungsverlust infolge Reibung in Prozent der Maschinenleistung.

812 Bei einer *Großgasmaschine* von 1700 kW Nutzleistung und $n = 94\,\text{min}^{-1}$ wird das Gewicht des hin- und hergehenden Kolbens und der Kolbenstange (zusammen 6,1 kN) durch zwei Gleitschuhe auf waagerechten Gleitbahnen vor und hinter dem Zylinder getragen. Der Kolbenhub beträgt 1,5 m.

Wie groß sind:

a) der waagerechte Reibungswiderstand an den Gleitbahnen bei einer Reibungszahl 0,03;

b) der Leistungsverlust infolge Reibung an den Gleitbahnen in kW [1]);

c) der Leistungsverlust infolge Reibung an den Gleitbahnen in Prozent der Maschinenleistung?

813 Auf einer *Tischhobelmaschine* von 60 kN Tischgewicht sollen bis 200 kN schwere Werkstücke mit einer Schnittgeschwindigkeit von 0,25 m/s bearbeitet werden. Die Spandicke soll so groß sein, daß der in der Bewegungsrichtung des Tisches auftretende waagerechte Schneidwiderstand am Hobelstahl bis 28 kN beträgt.

Zu berechnen sind:

a) der Reibungswiderstand an den waagerechten, ebenen Tischführungen bei einer Reibungszahl 0,07;

b) die zum Fortbewegen des Tisches beim Schnitthub erforderliche waagerechte Triebkraft;

c) die Höchstleistung, für die der antreibende Motor zu bemessen ist (siehe Fußnote Seite 142).

---

[1]) Die Leistung P berechnet sich aus $P/\text{W} = \dfrac{F/\text{N} \cdot s/\text{m}}{t/\text{s}}$

814 Die skizzierte *Backenbremse* wird durch eine Kraft von 200 N am Handgriff des Hebels angezogen [Bild a)]. Die Reibungszahl für Bremsbacken und Scheibe ist 0,3.

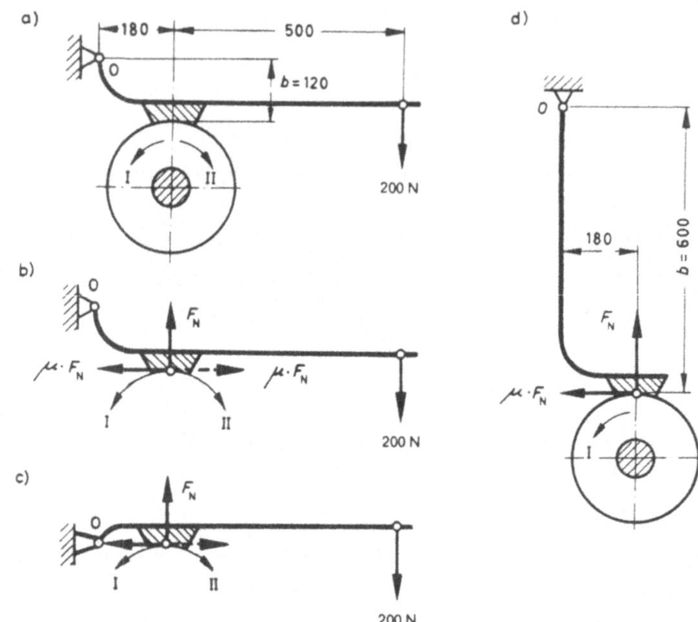

Welche bremsende Umfangskraft wird an der Scheibe ausgeübt:

a) bei Umlaufrichtung I;

b) bei Umlaufrichtung II?

c) Wie groß muß das Maß b für die Lage des Hebeldrehpunktes O gemacht werden, damit die Bremskraft für beide Umlaufrichtungen der Scheibe gleich groß wird? Wie groß wird dann die Bremskraft?

d) Welches Maß ist bei Umlaufrichtung I für b auszuführen, damit die Bremse „selbstsperrend" wirkt, d.h. ohne eine Kraft am Handgriff des Hebels sich selbst anzieht?

Lösung:

a) Bei Umlaufrichtung I der Scheibe wirkt die durch die Normalkraft F_N erzeugte Reibungskraft $\mu \cdot F_N$ am Bremsbacken nach links [Bild b)], hilft also mit einem rechtsdrehenden Moment den Hebel anziehen. Für Drehpunkt O gilt dann:

$$-200\ \text{N} \cdot 68\ \text{cm} + F_N \cdot 18\ \text{cm} - \mu \cdot F_N \cdot 12\ \text{cm} = 0; \qquad F_N = 944\ \text{N}$$

Bremskraft $\mu \cdot F_N = 0{,}3 \cdot 944\ \text{N} = 283\ \text{N}$

b) Bei Umlaufrichtung II der Scheibe wirkt $\mu \cdot F_N$ am Hebel nach rechts [Bild b)] lösend auf die Bremse:

$$-200\ \text{N} \cdot 68\ \text{cm} + F_N \cdot 18\ \text{cm} + \mu \cdot F_N \cdot 12\ \text{cm} = 0; \qquad F_N = 630\ \text{N}$$

Bremskraft $\mu \cdot F_N = 0{,}3 \cdot 630\ \text{N} = 189\ \text{N}$

c) Die Ungleichheit der Bremskräfte bei beiden Umlaufrichtungen wird durch die in beiden Fällen entgegengesetzt gerichtete Reibungskraft $\mu \cdot F_N$ verursacht. Der Einfluß dieser Kraft kann dadurch beseitigt werden, daß man den Hebeldrehpunkt O auf der Wirkungslinie von $\mu \cdot F_N$ anordnet, also $b = 0$ macht [Bild c)]. Dann erhält die Reibungskraft $\mu \cdot F_N$ kein Moment am Hebel und bleibt wirkungslos. Hierfür gilt

$$-200\,\text{N} \cdot 68\,\text{cm} + F_N \cdot 18\,\text{cm} = 0; \qquad F_N = 755\,\text{N}$$

Bremskraft $\mu \cdot F_N = 0{,}3 \cdot 755\,\text{N} = 227\,\text{N}$

d) Damit die Bremse ohne die Kraft 200 N sich selbst anzieht, muß sein:

$$+F_N \cdot 18\,\text{cm} - \mu \cdot F_N \cdot b = 0,$$

also

$$\mu \cdot b = 18\,\text{cm}; \qquad b = \frac{18\,\text{cm}}{0{,}3} = 60\,\text{cm} \quad \text{[Bild d)]}$$

Die Bremse wird dann durch die Reibungskraft $\mu \cdot F_N$ festgeklemmt, bildet ein „*Reibgesperre*" (Klemmrichtgesperre) und läßt nur Drehung der Scheibe in Umlaufrichtung II zu.

815 Eine *Doppel-Backenbremse* von den gegebenen Maßen [Bild a)] wird durch ein 160 N schweres Belastungsgewicht angezogen. Die Reibungszahl für Holz auf Eisen ist 0,3.

a) Welche Normalkräfte üben die Bremsbacken A und B bei der eingezeichneten Rechtsdrehung der Bremsscheibe auf diese aus?

b) Wie groß ist das Bremsmoment an der Scheibe?

c) Welche Mängel hat die gegebene Anordnung der Bremse, und wie können diese beseitigt werden?

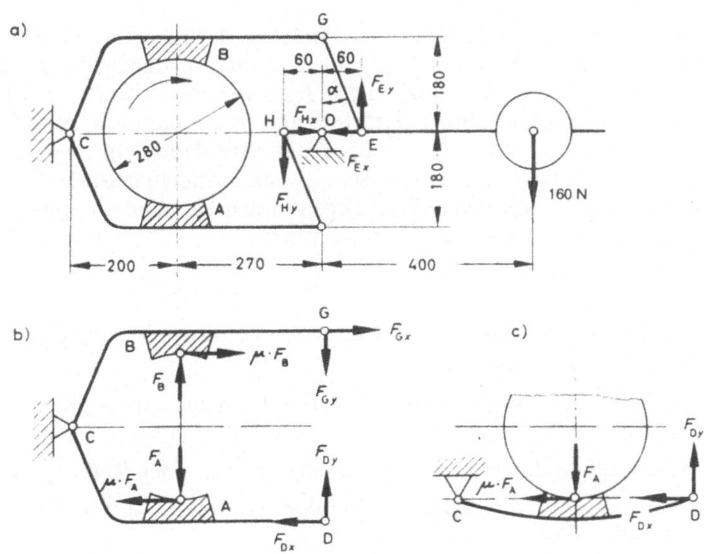

Lösung:

a) Die Zugkraft in der schrägen Stange EG kann an beiden Endpunkten wie in Aufgabe 435 in die senkrechte und waagerechte Komponente F_{Ey} und F_{Ex} zerlegt werden [Bild a)]. Ähnlich an der unteren Stange HD. Die in E und H angreifenden *waagerechten* Komponenten F_{Ex} und F_{Hx} gehen durch den Hebeldrehpunkt O hindurch, liefern also kein Moment an diesem Hebel. Folglich kommen nur die *senkrechten* Komponenten F_{Ey} und F_{Hy} in Betracht. Für Drehpunkt O gilt:

$$160\ \text{N} \cdot 40\ \text{cm} = F_{Ey} \cdot 6\ \text{cm} + F_{Hy} \cdot 6\ \text{cm} = 2 F_{Ey} \cdot 6\ \text{cm}$$

Daraus $F_{Ey} = 533{,}3\ \text{N} = F_{Dy} = F_{Gy}$ [Bild b)]

$$\tan \alpha = \frac{F_{Ex}}{F_{Ey}} = \frac{60\ \text{mm}}{180\ \text{mm}}; \qquad F_{Ex} = \frac{1}{3} F_{Ey} = 177{,}8\ \text{N} = F_{Gx} = F_{Dx}$$

Für den *unteren* Hebel CAD [Bild b)] gilt für Drehpunkt C:

$$-F_A \cdot 20\ \text{cm} - \mu \cdot F_A \cdot 14\ \text{cm} - F_{Dx} \cdot 18\ \text{cm} + F_{Dy} \cdot 47\ \text{cm} = 0$$

$$F_A \cdot 20\ \text{cm} + 0{,}3 \cdot F_A \cdot 14\ \text{cm} + 177{,}8\ \text{N} \cdot 18\ \text{cm} - 533{,}3\ \text{N} \cdot 47\ \text{cm} = 0$$

Daraus $F_A = 905\ \text{N}$

Ebenso für den *oberen* Hebel CBF [Bild b)] für Drehpunkt C:

$$+F_B \cdot 20\ \text{cm} - \mu \cdot F_B \cdot 14\ \text{cm} - F_{Gx} \cdot 18\ \text{cm} - F_{Gy} \cdot 47\ \text{cm} = 0$$

$$+F_B \cdot 20\ \text{cm} - 0{,}3 \cdot F_B \cdot 14\ \text{cm} - 177{,}8\ \text{N} \cdot 18\ \text{cm} - 533{,}3\ \text{N} \cdot 47\ \text{cm} = 0$$

Daraus $F_B = 1790\ \text{N}$

b) $M_d = \mu \cdot F_A \cdot 14\ \text{cm} + \mu \cdot F_B \cdot 14\ \text{cm} = 3800\ \text{Ncm} + 7520\ \text{Ncm} = 11\,320\ \text{Ncm}$

c) Ein Nachteil der Anordnung ist, daß die beiden Bremsbacken A und B ungleich belastet sind, nämlich $F_B = 1790\ \text{N}$ etwa doppelt so stark wie $F_A = 905\ \text{N}$. Der Backen B wird übermäßig, der Backen A nicht genügend beansprucht. Ferner bewirken die unausgeglichenen einseitigen Kräfte eine Belastung der Bremswelle und ihrer Lager.

Die Ursache der Ungleichheit der beiden Kräfte F_A und F_B liegt darin, daß auf der unteren Seite die Kräfte $\mu \cdot F_A$ und F_{Dx} lösend, dagegen auf der oberen Seite die entsprechenden Kräfte $\mu \cdot F_B$ und F_{Gx} anziehend auf die Bremse wirken. Den ungünstigen Einfluß dieser Kräfte kann man dadurch beseitigen, daß man ihre Hebelarme gleich Null macht, indem man ihre Kraftrichtungen durch den Hebeldrehpunkt hindurchgehen läßt. Zu diesem Zweck ordnet man die Hebel-Endpunkte C und D auf einer den Bremsscheibenkreis berührenden Geraden an: Bild c); dies ist z. B. bei den Bremsen in Aufg. 435 und 816 ausgeführt.

816 Die skizzierte *Doppel-Backenbremse* einer Kranwinde wird durch das 150 N schwere Belastungsgewicht angezogen.

a) Welche Anpreßkräfte werden von den Bremsbacken A und B auf die Bremsscheibe übertragen?

b) Wie groß ist das erzeugte Bremsmoment bei einer Reibungszahl 0,3?

c) Weshalb sind die Hebel-Endpunkte C und D auf einer den Scheibenumfang berührenden Geraden angeordnet?

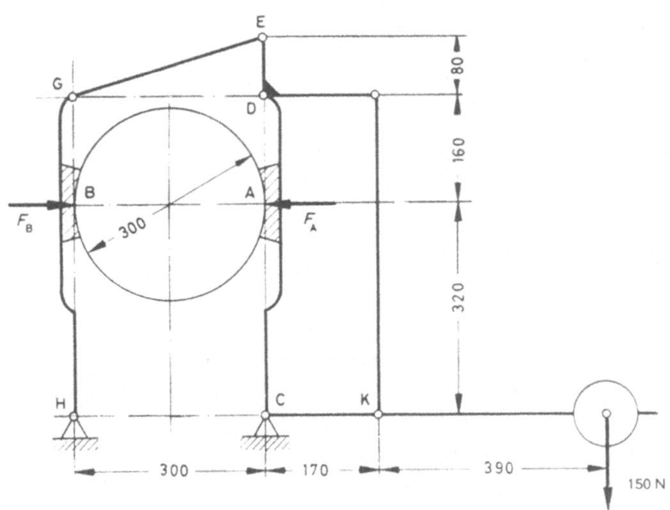

817   Welcher Unterschied besteht zwischen Reibung der Ruhe und Reibung der Bewegung?

Lösung:

Reibung der Ruhe, sog. *Haftreibung*, tritt auf bei Ruhe und muß beim Übergang aus dem Ruhezustand in die Bewegung überwunden werden. Die Reibungszahl der Ruhe μ_0 ist größer als die Reibungszahl μ der Bewegung. Die Zugkraft einer Lokomotive wird z. B. von den Treibrädern auf die Schienen durch Reibung der Ruhe übertragen. Sobald aber die Treibräder auf feuchten Schienen anfangen zu gleiten, tritt an Stelle der Haftreibung die geringere Reibung der Bewegung sog. Gleitreibung, und die von der Maschine ausgeübte Zugkraft nimmt ab.

818   Wieviel Prozent vom Gewicht eines in Fahrt befindlichen *Eisenbahnwagens* beträgt die Bremskraft,

a) wenn die Räder völlig blockiert werden, so daß sie auf den Schienen gleiten? Die Gleitreibungszahl ist 0,16;

b) wenn die Bremsen weniger fest angezogen werden, so daß die Räder gerade noch nicht anfangen, auf den Schienen zu gleiten? Die Haftreibungszahl zwischen Rad und Schiene ist 0,2.

c) Was folgt daraus bezüglich Wirkungsweise und Bedienung der Bremsen?

819   Eine *Güterzug-Lokomotive* übt mit ihren drei Achsen die senkrechten Kräfte 160, 137 und 156 kN auf die Schienen aus. Der Kolbendurchmesser ist 450 mm, der Kolbenhub 640 mm gleich Kurbelkreis-Durchmesser; der Dampfdruck 12 bar, der Raddurchmesser 1350 mm. Die Kolbenkraft wird durch die Schubstange auf die Kurbel der mittleren Treibachse übertragen, von dort durch Kuppelstangen auf die beiden äußeren Kuppelachsen.

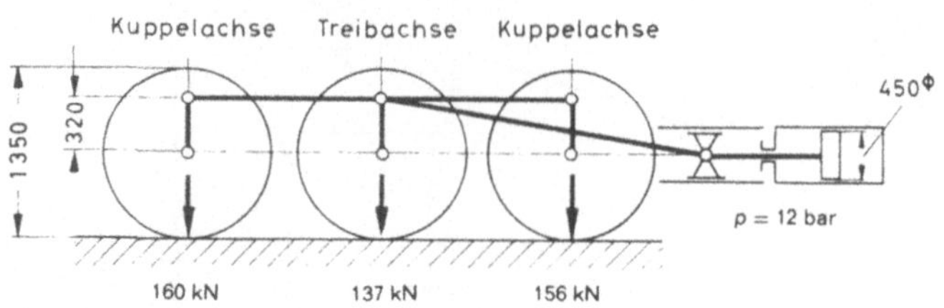

Gesucht sind

a) die Kolbenkraft;

b) die gesamte treibende Umfangskraft am Kurbelkreise, die bei der gezeichneten senkrechten Kurbelstellung von der Schubstange auf die Kurbelzapfen in waagerechter Richtung übertragen wird;

c) die gesamte Triebkraft der Reibung, die zwischen Rädern und Schienen auftritt;

d) die Mindestgröße der Reibungszahl, die erforderlich ist, damit die Räder auf den Schienen nicht gleiten.

820   Bei der abgebildeten *Reibungs-Kupplung* sind vier Reibbacken in kastenartigen Führungen der getriebenen inneren Scheibe radial verschiebbar angeordnet. Sie werden beim Einrücken der Kupplung nach außen gegen die hohlzylindrische Mantelfläche der umlaufenden, treibenden Scheibe gedrückt, so daß die Mitnahme der getriebenen Scheibe durch Reibung erfolgt.

a) Welche Umfangskraft F_U muß an den vier Reibbacken zusammen wirksam sein, wenn die Kupplung 5 kW mit $n = 150\ \mathrm{min}^{-1}$ übertragen soll? [1])

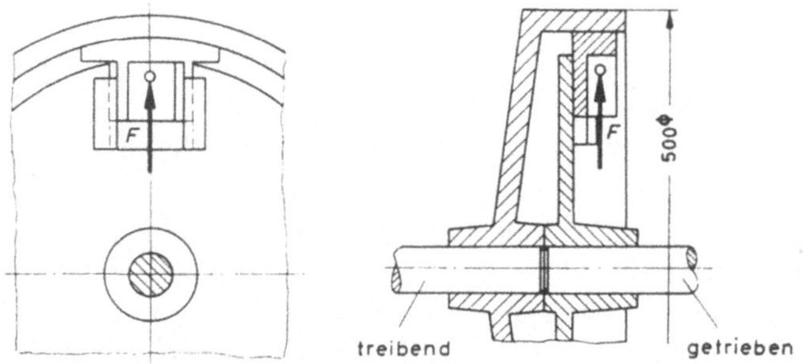

b) Mit welcher Normalkraft F_N muß jeder der Reibbacken gegen den Mantel der treibenden Scheibe angepreßt werden, wenn die Reibungszahl zu 0,12 anzunehmen ist?

---

[1]) Die Umfangskraft F_U berechnet sich aus der zugeschnittenen Größengleichung

$$F_U/\mathrm{N} = 9550 \cdot \frac{P/\mathrm{kW}}{n/\mathrm{min}^{-1} \cdot r_0/\mathrm{m}}$$

821　Eine *Scheiben-Kupplung* von 100 mm Wellendurchmesser soll 22 kW mit $n = 90\ \mathrm{min}^{-1}$ übertragen.

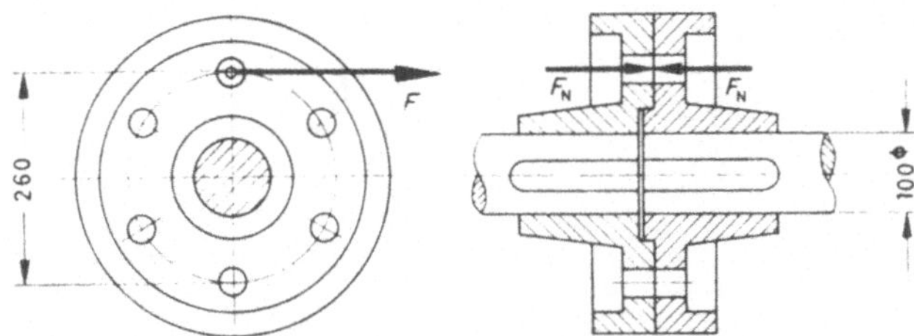

a) Wie groß ist die zu übertragende Umfangskraft F_U, bezogen auf den Schraubenlochkreis von 260 mm Durchmesser? [1])

b) Mit welcher Gesamt-Normalkraft F_N müssen die beiden Kupplungsscheiben durch die sechs Schrauben gegeneinandergepreßt werden, damit die Umfangskraft am Lochkreis durch Reibung übertragen wird, ohne daß die Schrauben durch Kräfte quer zu ihrer Achse beansprucht werden? Die Reibungszahl ist 0,15;

c) welche Anpreßkraft muß *eine* Schraube in ihrer Achsrichtung ausüben?

822　Eine *Riemenscheibe* von 900 mm Durchmesser überträgt 12,5 kW mit $n = 210\ \mathrm{min}^{-1}$ auf eine Welle von 70 mm Durchmesser. Die beiden Nabenhälften der zweiteiligen Scheibe sollen durch die Verbindungsschrauben so auf die Welle gedrückt werden, daß die Reibung genügt, um das Drehmoment zu übertragen, ohne daß ein Nutenkeil zwischen Nabe und Welle notwendig wird.

Zu berechnen ist die erforderliche Anpreßkraft, mit der jede Nabenhälfte durch Verbindungsschrauben auf die Welle gedrückt werden muß, unter der Annahme, daß die Reibungskraft am Wellenumfang in der Mitte der Wölbung jeder Nabenhälfte angreift. Die Reibungszahl ist 0,15. [1])

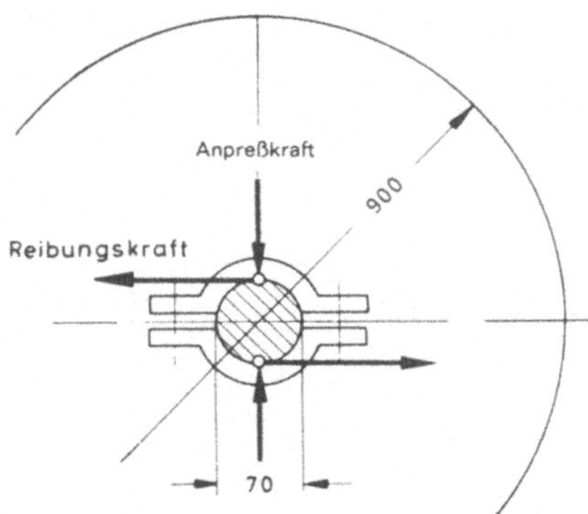

---

[1]) Die Umfangskraft F_U berechnet sich aus der zugeschnittenen Größengleichung

$$F_\mathrm{U}/\mathrm{N} = 9550 \cdot \frac{P/\mathrm{kW}}{n/\mathrm{min}^{-1} \cdot r_0/\mathrm{m}}$$

823 Eine *Stehleiter*, unter 45° auseinandergespreizt, ist oben mit einer Kraft F belastet.

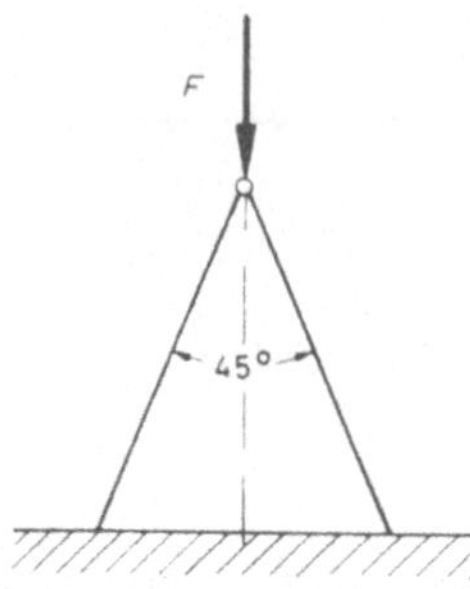

Wie groß muß die Reibungszahl für die Reibung zwischen Leiter und Fußboden mindestens sein, damit die Leiterhälften nicht auseinandergleiten? Das Gewicht der Leiter werde vernachlässigt.

824 Ein viereckiger Ring ist über eine Säule geschoben und an seinem vorstehenden Arm durch das Gewicht F_G belastet, so daß er sich in schräger Lage gegen die Säule anpreßt und durch Reibung getragen wird: sog. *Reibungsring* oder *Klemmring*.

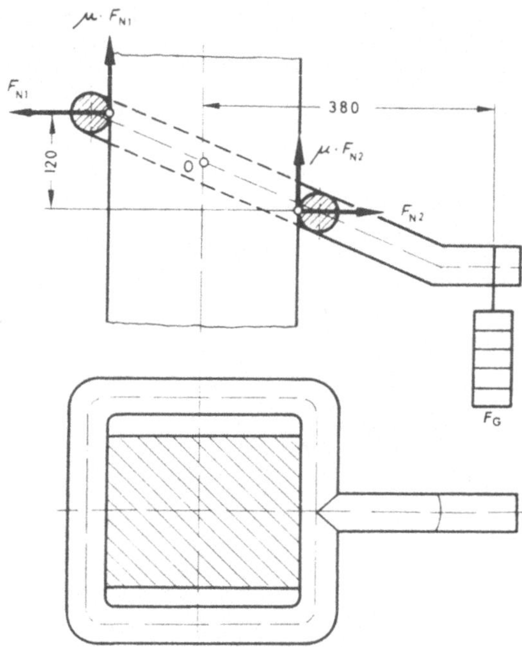

a) Wie groß muß die Reibungszahl zwischen Säule und Ring mindestens sein, damit der Ring nicht an der Säule herabgleitet, wenn die Last sich im Abstand $x = 38$ cm von der Säulenmitte befindet?

b) Wie groß ist die Sicherheit v des Festklemmens, wenn die Reibungszahl für Eisen auf Holz $\mu = 0{,}4$ ist?

c) Welchen Einfluß hat das Maß x auf die Sicherheit der Klemmwirkung?

d) Welchen Einfluß hat die Größe der Last F_G auf den Sicherheitsgrad?

Lösung:

a) Die Säule übt auf den Ring Normalkräfte F_{N1} und F_{N2} aus. Dadurch werden die senkrechten Reibungskräfte $\mu \cdot F_{N1}$ und $\mu \cdot F_{N2}$ erzeugt, welche den Ring tragen. Die Gleichgewichtsbedingungen heißen:

1. Waagerechte Kräfte $\quad F_{N2} - F_{N1} = 0; \quad F_{N1} = F_{N2}$

folglich auch $\quad \mu \cdot F_{N1} = \mu \cdot F_{N2} = \mu \cdot F_N$

2. Senkrechte Kräfte $\quad 2 \cdot \mu \cdot F_N - F_G = 0; \quad F_G = 2 \cdot \mu \cdot F_N$

3. Statische Momente z. B. für den in Säulenmitte liegenden Drehpunkt O:

$$-F_G \cdot 38\,\text{cm} + F_{N1} \cdot 6\,\text{cm} + F_{N2} \cdot 6\,\text{cm} = 0$$

$$F_G \cdot 38\,\text{cm} = 2 \cdot F_N \cdot 6\,\text{cm}; \quad F_G = F_N \cdot \frac{12}{38}$$

F_G aus 2. eingesetzt: $\quad 2 \cdot \mu \cdot F_N = F_N \cdot \dfrac{12}{38}; \quad \mu = \dfrac{12}{76}; \quad \mu \geq 0{,}158$

b) $\dfrac{0{,}4}{0{,}158} = 2{,}5\text{fache Sicherheit}$

c) Je größer x ist, um so größer sind die Normalkräfte F_N und die Reibungskräfte $\mu \cdot F_N$, d. h. um so sicherer ist das Festklemmen. Der Mindestwert von x, bei der die Reibung noch gerade genügt, ergibt sich aus der Gleichung der statischen Momente:

$$F_G \cdot x - 2 \cdot F_N \cdot 6\,\text{cm} = 0$$

Oder $\quad F_G = 2 \cdot \mu \cdot F_N$ eingesetzt: $\quad 2 \cdot \mu \cdot F_N \cdot x = F_N \cdot 12\,\text{cm}$

Daraus $\quad x = \dfrac{12\,\text{cm}}{2 \cdot \mu} = \dfrac{12\,\text{cm}}{2 \cdot 0{,}4} = 15\,\text{cm}$

d) Die Größe der Last F_G ist ohne Einfluß, da die Normalkräfte und Reibungskräfte verhältnisgleich mit F_G wachsen.

825 Zum Ersteigen von Telegrafenmasten benutzt man *Steigeisen* von der skizzierten Form. Ihre Fußplatten werden mit Riemen unter die Stiefel geschnallt, der hakenförmige Bügel auf den Mast aufgeschoben und in der Schräglage festgeklemmt. Durch geschicktes Übereinandersetzen der Steigeisen des rechten und des linken Fußes kann man den Mast erklettern.

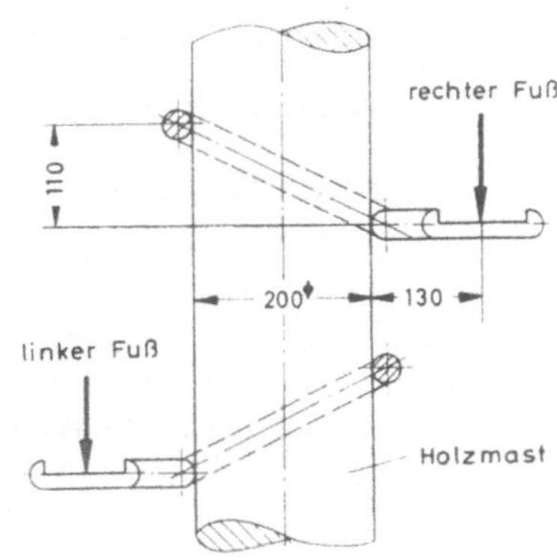

a) Wie groß muß bei den gegebenen Maßen die Reibungszahl zwischen Bügel und Mast mindestens sein, damit der Bügel nicht abgleitet?

b) Wie groß ist die Sicherheit v der Klemmwirkung, wenn die Reibungszahl der mit vorstehenden Spitzen versehenen Bügel auf Holz 0,7 beträgt?

826 Die skizzierte *Greifzange* ist mit einer Kette am Kran aufgehängt und soll unten in ihrem Maul einen Eisenblock von der Gewichtskraft F_G durch Reibung tragen.

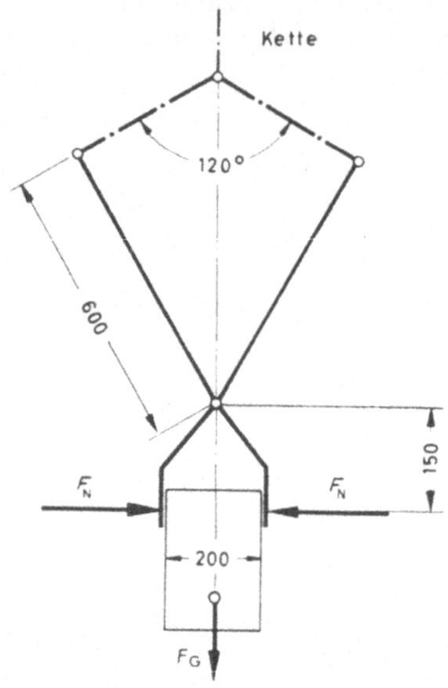

a) Welche Spannkräfte treten in den schräggespreizten Ketten auf, die an den oberen Enden der Zangenarme angreifen?

b) Mit welcher Normalkraft F_N faßt das Zangenmaul den Block von beiden Seiten?

c) Wie groß muß die Reibungszahl für Block und Zangenmaul mindestens sein, damit der Block durch Reibung festgehalten wird?

Lösung:

a) Das Kräfteparallelogramm (wie in Aufg. 140) ergibt die Kettenkraft $F_K = F_G$.

b) An jedem der beiden Zangenhebel greifen vier Kräfte an, nämlich oben die Schrägkraft der Kettenspreize $F_K = F_G$, in der Mitte die Gelenkkraft, unten die waagerechte Normalkraft F_N und die senkrechte Reibungskraft $\mu \cdot F_N = \dfrac{F_G}{2}$.

Statische Momente für den Gelenkpunkt (die Gelenkkraft hat keinen Hebelarm):

$$-F_K \cdot 60\,\text{cm} + F_N \cdot 15\,\text{cm} - \mu \cdot F_N \cdot 10\,\text{cm} = 0$$

$$-F_G \cdot 60\,\text{cm} + F_N \cdot 15\,\text{cm} - \frac{F_G}{2} \cdot 10\,\text{cm} = 0; \quad \text{daraus } F_N = 4{,}33\,F_G$$

c) Gleichung der senkrechten Kräfte am Block:

$$2 \cdot \mu \cdot F_N = F_G; \quad \mu = \frac{F_G}{2 \cdot F_N} = \frac{F_G}{2 \cdot 4{,}33\,F_G} = 0{,}116$$

827   Eine *Greifzange* zum Heben von Schmelztiegeln ist aus Gelenkstangen zusammengesetzt.

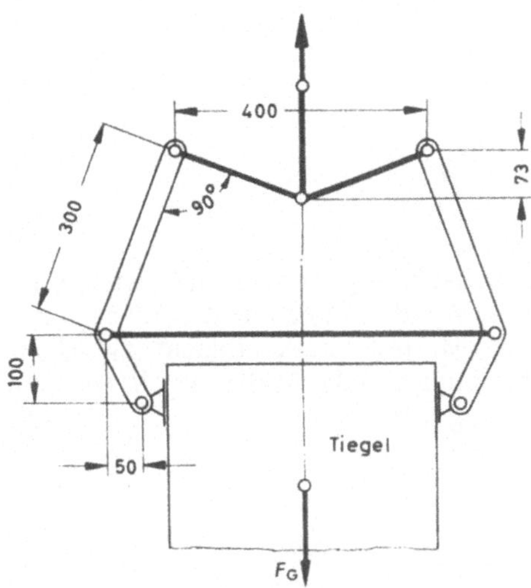

a) Welche *Druckkraft F* tritt beim Heben eines Tiegels von der Gewichtskraft F_G in den
beiden oberen schräggespreizten Stangen auf?

b) Welche Normalkraft F_N üben die Greifklauen des Zangenmauls von beiden Seiten
auf den Tiegel aus, während sie ihn durch Reibung festhalten?

c) Welchen Mindestwert muß dabei die Reibungszahl zwischen Tiegel und Greifklauen
haben?

d) Wie groß ist der Sicherheitsgrad des Festhaltens, wenn die Reibungszahl 0,4 beträgt?

828   Zwei schwere, gleich lange Stangen sind gelenkig miteinander verbunden und stützen
sich auf rauher Unterlage – wie skizziert – ab. Wie groß muß der Haftreibungskoeffizient
sein, damit in der skizzierten Stellung Gleichgewicht herrscht?

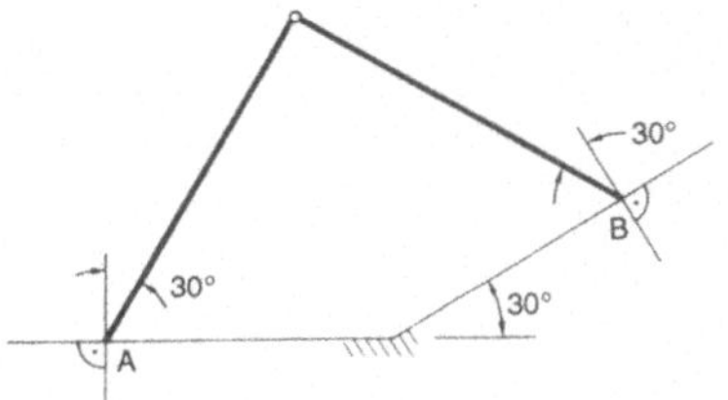

Hinweis:

Graphische Lösung mit Hilfe des Superpositionsverfahrens (als Dreigelenkbogen
behandeln)!

829   Eine schwere Scheibe stützt sich auf einem lotrecht stehenden Stab ab und ruht am
anderen Ende – wie skizziert – auf dem kreisrunden Fundament. Welcher Haftreibungskoeffizient garantiert in der skizzierten Stellung Gleichgewicht?

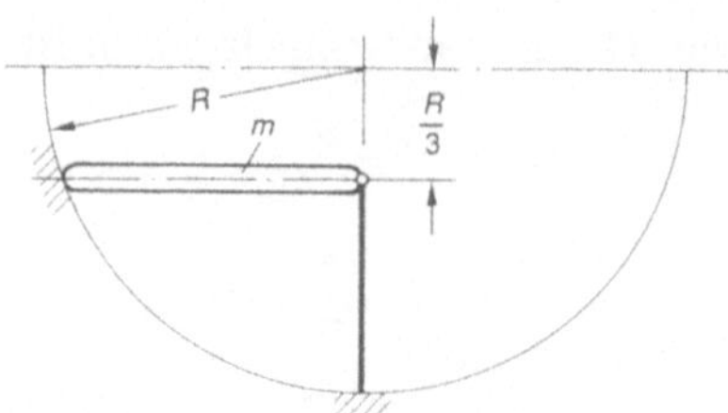

830   Eine Stange von vernachlässigbar kleinem Gewicht ruht – wie skizziert – in horizontaler Lage auf einem kreisrunden Fundament und wird durch eine außermittig angreifende Kraft F belastet. Haftreibungskoeffizient zwischen Stange und Fundament ist $\mu_0 = 0{,}364$. Zu bestimmen ist das Maß e, welches nicht unterschritten werden darf, ohne daß es zur Bewegung kommt.

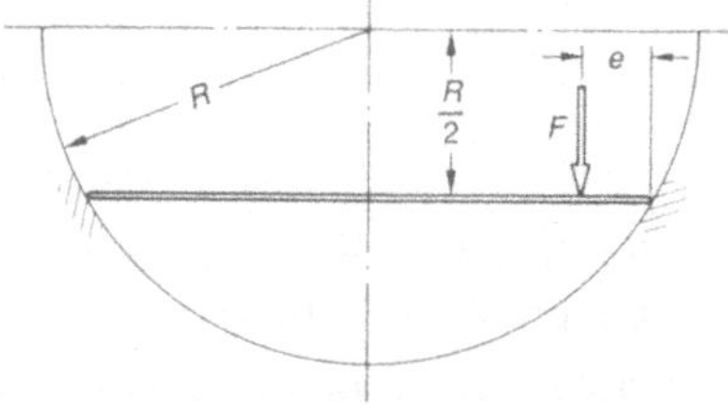

831   Es ist die Formel abzuleiten für das Maß e, bei dem bei gegebener Reibzahl und bekannten Maßen d und b der Grenzfall zwischen Bewegung und Ruhe vorliegt.

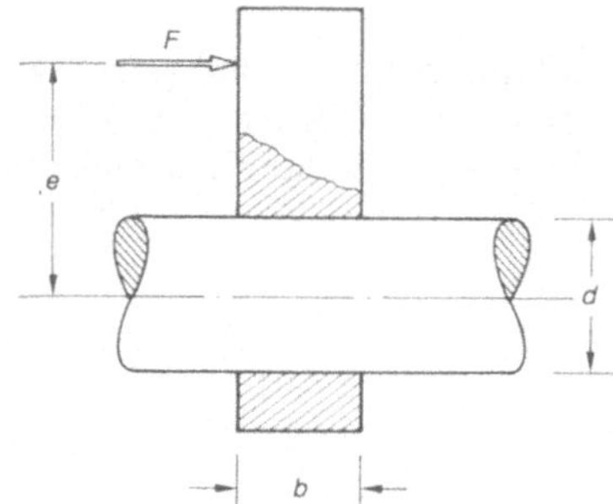

832   Bewegungsproblem im Schwerefeld

a) Kann die Kraft F die schwere, quadratische Scheibe aufwärts schieben, und wie groß muß F dann sein? Die Haftreibungszahl zwischen den Führungswandungen und der schweren Scheibe beträgt $\mu_0 = 0{,}8$;

b) wie groß ist F dann?

c) Wie groß darf der Haftreibungskoeffizient im Grenzfall sein, wenn F wie skizziert angreift?

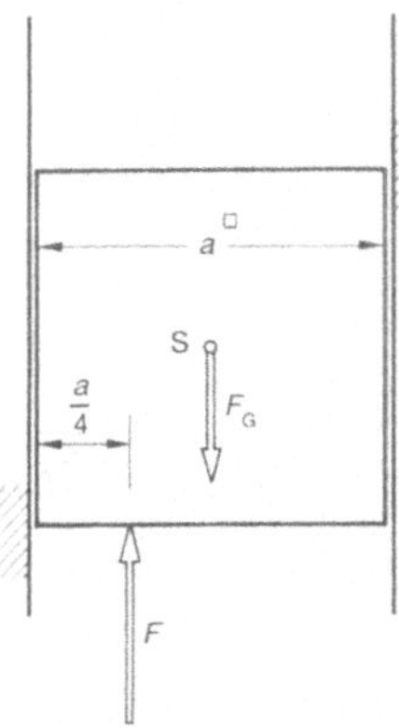

Lösung:

a) Konstruiert man mit $\mu_0 = 0,8$ das gemeinsame Feld beider Reibkegel, so stellt man fest, daß die Resultierende aus F_G und F am gemeinsamen Feld der Reibkegel vorbeigeht. F wurde zuvor mit Hilfe des *Culmannschen* Vierkräfteverfahrens bestimmt.

b) $F = \dfrac{F_G}{0,6} = 1,\overline{6} \cdot F_G$

c) $\mu_{\text{Grenz}} = \dfrac{4}{3} = 1,\overline{3}$

833 Der Haftreibungskoeffizient zwischen der in Führungsbahnen in horizontaler Ebene verschiebbaren Scheibe beträgt 0,6. Unter welchem Winkel α darf eine mittig – wie skizziert – angreifende Zugkraft F angreifen, damit eine Verschiebung noch möglich ist? Es ist sowohl die allgemeine Lösung zu finden als auch die zu den gegebenen Daten gehörige Lösung.

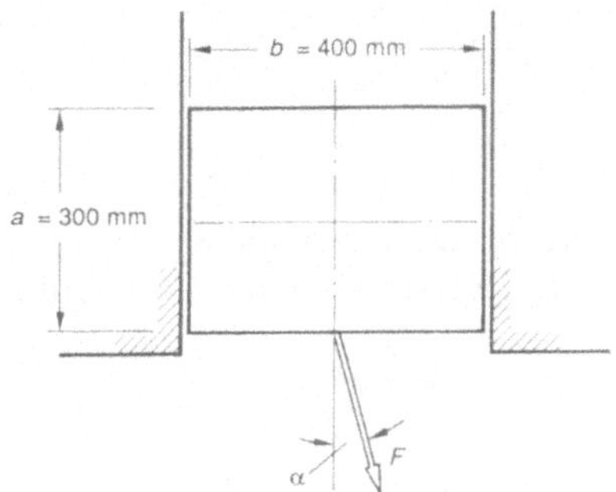

834 Zwei gleich lange und gleich schwere Scheiben sind durch ein reibungsfreies Gelenk verbunden und werden – wie skizziert – durch das Fundament abgestützt. Der Haftreibungskoeffizient zwischen dem Fundament und den Scheiben beträgt 0,3. Es ist zu untersuchen, ob die skizzierte Stellung eine Ruhelage ist oder ob Bewegung einsetzt.

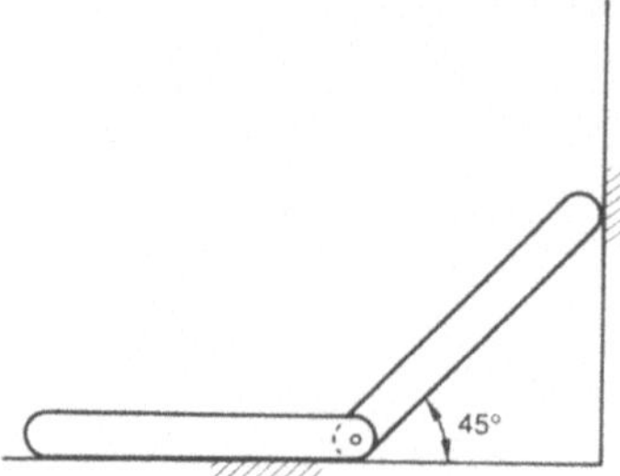

Lösungshinweis:

Ausgehend von der Überlegung, es setzt Bewegung ein, behandelt man das Gleichgewicht des „Grenzfalls" der geneigten Scheibe und ermittelt die im scheibenverbindenen Gelenk wirksame Kraft. Die Gegenkraft im Gelenk wirkt auf die liegende Scheibe. Die vektorielle Addition der Gelenkkraft und der Gewichtskraft führt an der liegenden Scheibe zu einer Resultierenden, die, wenn das System in Ruhe ist, innerhalb des Reibkegels liegt, der durch die Haftreibungszahl definiert ist. Im vorliegenden Fall ist die Resultierende 11,5° gegen die Normale geneigt, der Reibwinkel beträgt jedoch 16,7°; also ist die skizzierte Lage des Systems eine Gleichgewichtslage.

835   Eine schwere Stange der Länge L wird durch die Kraft F daran gehindert zu rutschen. Wie groß muß F sein, damit gerade keine Rutschbewegung abwärts eintritt? Der Haftreibungskoeffizient μ_0 ist bekannt. Gesucht ist die allgemeine Lösung des Problems.

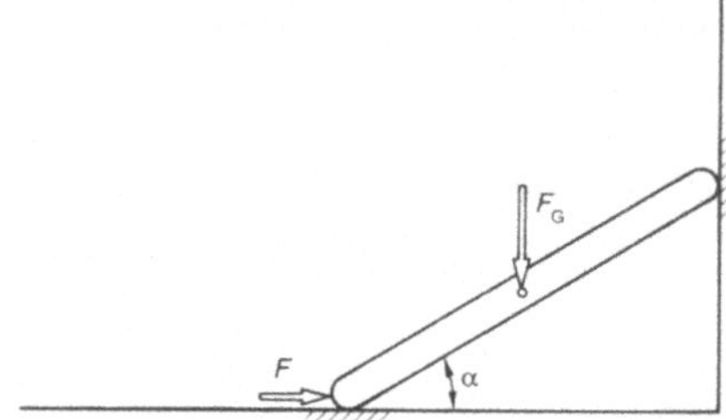

Lösungshinweis:

Mit Hilfe der drei Gleichgewichtsbedingungen der Statik $\Sigma F_x = 0$, $\Sigma F_y = 0$ und $\Sigma M = 0$ ergibt sich ein Gleichungssystem, dessen Lösung das Ergebnis liefert

$$F = F_G \cdot \left(\frac{1 + \mu_0^2}{2\,(\tan\alpha + \mu_0)} - \mu_0 \right).$$

836   Unter welchem Winkel α zur Horizontalen darf die schwere Stange der Aufgabe 835 bei gegebenem Haftreibungskoeffizienten liegen, ohne daß es einer stützenden Kraft F bedarf, um gerade noch Gleichgewicht zu gewährleisten?

Lösungshinweis:

Es liegt dann die Wirkungslinie der Gewichtskraft gerade am rechten Rand des gemeinsamen Reibkegelfeldes. Aus der Lösung der Aufgabe 835 folgt mit $F = 0$ das Ergebnis

$$\alpha = \arctan \frac{1 - \mu_0^2}{2\mu_0} \, .$$

837 Eine quadratische Scheibe ist seitlich geführt und so in horizontaler Ebene durch die exzentrisch angreifende Kraft F verschiebbar. Die Reibzahl zwischen Scheibe und Führungen ist bekannt. Wie groß darf das Exzentrizitätsmaß e höchstens werden, damit die Verschiebebewegung möglich bleibt?

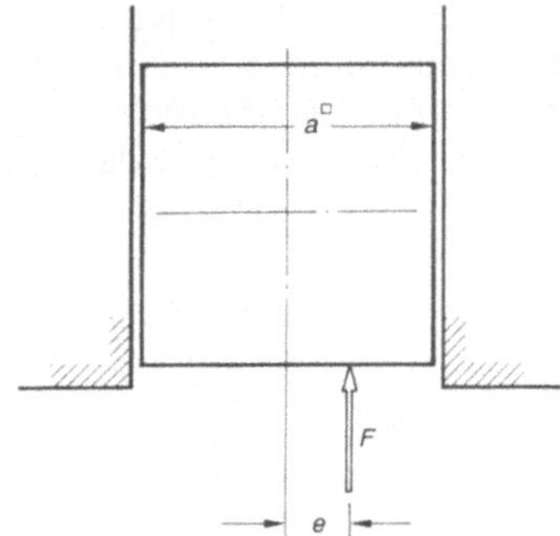

Lösungshinweis:

Die Wirkungslinie von F tangiert im Grenzfall zwischen Ruhe und Bewegung den linken Rand des gemeinsamen Reibkegels. Damit ergibt sich das Maß e aus der Geometrie zu

$$e = \frac{a}{\tan \varrho} - \frac{a}{2} = a \cdot \left(\frac{1}{\mu} - \frac{1}{2} \right) .$$

Sonderfälle sind

1. $\mu = 1$ $(\varrho = 45°)$

Hieraus folgt $e = 0,5 \cdot a$, d. h. jede exzentrische Kraft F im Bereich $0 \leqslant e \leqslant 0,5 \cdot a$ läßt die Bewegung der Scheibe zu.

2. $\mu = 2$ $(\varrho = 63,435°)$

Hieraus folgt $e = 0$, d. h. jede exzentrische Kraft F führt zur Blockade, Schiebebewegung der Scheibe ist nicht mehr möglich.

838 Zwei translatorisch bewegliche Massen sind – wie skizziert – über ein Seil und eine lose sowie feste Rolle (beide reibungsfrei gelagert) verbunden. Wie groß muß der Haftreibungskoeffizient sein, damit gerade keine Bewegung einsetzt?

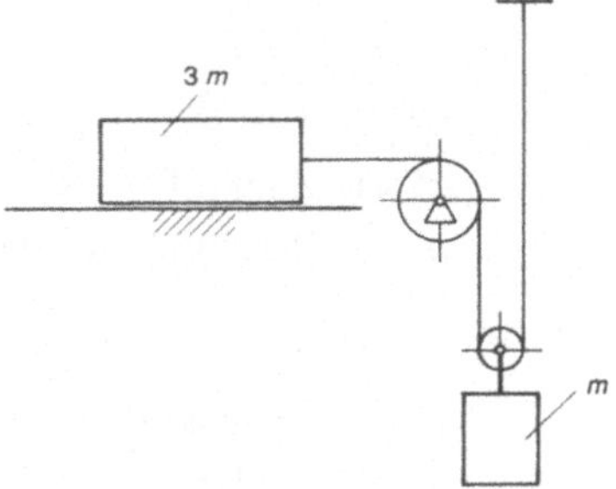

839 Eine schwere Stange ist kinematisch unbestimmt gelagert und rutscht bei zu kleinem Reibungskoeffizienten. Wie groß muß die Reibzahl μ_0 sein, damit gerade keine Bewegung entsteht?

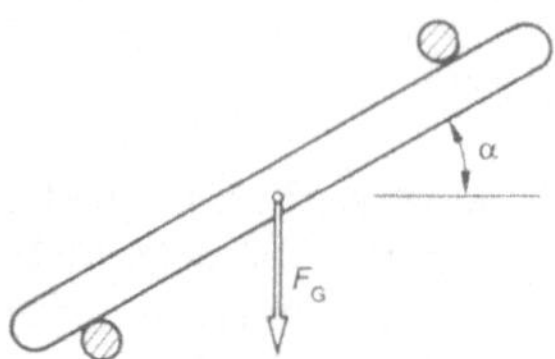

Lösung:

Die Forderung für das Gleichgewicht lautet: die Wirkungslinie der Gewichtskraft der Stange muß durch das gemeinsame Schnittfeld der beiden Reibkegel verlaufen. Dies wird immer dann der Fall sein, wenn der rechte Rand des Reibkegels am unteren Lager die Wirkungslinie der Gewichtskraft schneidet.

Daraus folgt:

$$\mu_0 = \tan\alpha = \frac{a}{3a} = \frac{1}{3} = 0,\overline{3}$$

Gleitende Reibung auf geneigter Bahn

840 Bei einem *Schrägaufzug* vom Neigungswinkel $\alpha = 35°$ soll ein 9 kN schwerer Förderkübel durch ein an seiner Tragrolle angreifendes, parallel zur Fahrschiene gerichtetes Seil gleichförmig aufwärts gezogen werden.

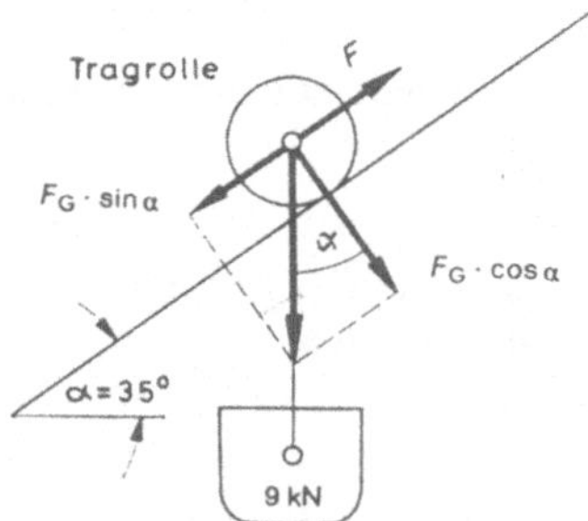

Gesucht wird:

a) die Zugkraft F im Seil bei Vernachlässigung der Reibung;

b) die Belastung der Fahrschiene.

Lösung:

Die Gewichtskraft $F_G = 9$ kN zerlegt sich an der Tragrolle in die beiden Komponenten $F_G \cdot \sin\alpha$ und $F_G \cdot \cos\alpha$.

a) Die Komponente $F_G \cdot \sin\alpha$ muß vom Zugseil aufgenommen werden.

Also $\qquad F = F_G \cdot \sin\alpha = 9\,\text{kN} \cdot \sin 35° = 9\,\text{kN} \cdot 0{,}5736 = 5{,}16\,\text{kN}.$

b) Die Komponente $F_G \cdot \cos\alpha$ wirkt als Normalkraft auf die Fahrschiene. Die Belastung der Fahrschiene ist also

$$9\,\text{kN} \cdot \cos 35° = 9\,\text{kN} \cdot 0{,}8192 = 7{,}37\,\text{kN}$$

841 Ein Körper mit der Gewichtskraft F_G befindet sich auf einer unter $\alpha°$ *geneigten Ebene*.

a) Welche Kraft F muß parallel zur geneigten Ebene an dem Körper angreifen, um ihn in gleichförmiger Gleitbewegung *aufwärts* zu ziehen,

b) um ihn *abwärts* gleiten zu lassen?

c) Wie groß muß der Neigungswinkel der Ebene sein, damit der Körper, sich selbst überlassen, abwärts gleitet?

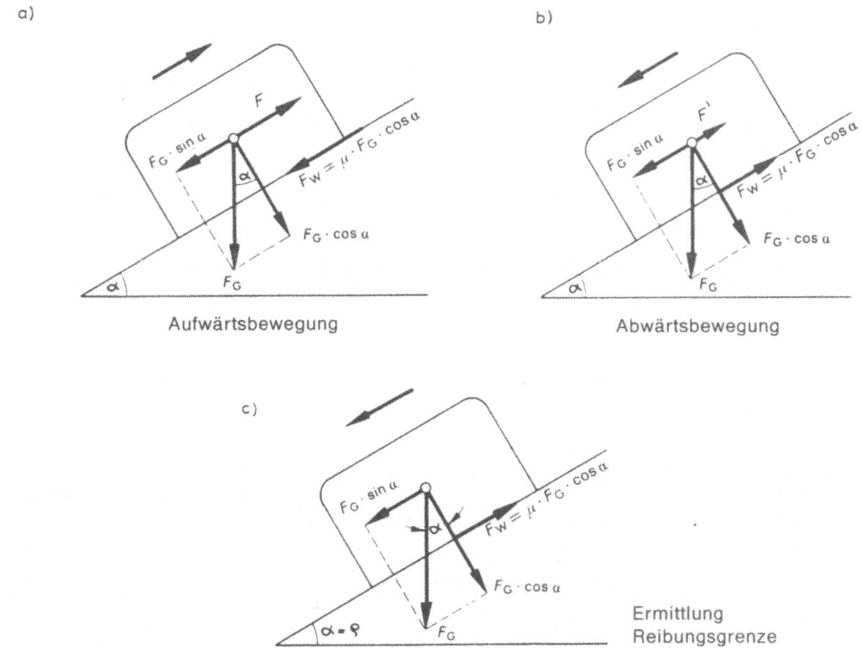

Lösung:

a) In der Bewegungsrichtung parallel zur geneigten Ebene müssen sich die Kräfte das Gleichgewicht halten, d. h. einander aufheben. Die außer F vorhandene Kraft F_G übt in dieser Schrägrichtung die Komponente $F_G \cdot \sin\alpha$ aus [Bild a)]. Ihre andere Komponente $F_G \cdot \cos\alpha$ wirkt als Normalkraft auf die geneigte Ebene und erzeugt den Reibungswiderstand $F_W = \mu \cdot F_G \cdot \cos\alpha$ entgegengesetzt der Bewegungsrichtung, also schräg nach unten.

Für gleichförmige *Aufwärts*bewegung gilt:

$$F = F_G \cdot \sin\alpha + F_W = F_G \cdot \sin\alpha + \mu \cdot F_G \cdot \cos\alpha.$$

b) Soll der Körper *abwärts* gleiten [Bild b)], so muß eine Kraft F' hemmend an ihm angreifen, um beschleunigte Abwärtsbewegung zu verhindern. Der Reibungswiderstand $F_W = \mu \cdot G \cdot \cos\alpha$ wirkt dabei der Bewegung entgegen schräg nach oben.

$$F' = F_G \cdot \sin\alpha - F_W = F_G \cdot \sin\alpha - \mu \cdot F_G \cdot \cos\alpha.$$

c) Der Körper gleitet von selbst abwärts, wenn $F' = 0$ wird, also $F' = F_G \cdot \sin\alpha - \mu \cdot F_G \cdot \cos\alpha = 0$ [Bild c)] oder $F_G \cdot \sin\alpha = \mu \cdot F_G \cdot \cos\alpha$. Die abwärts treibende Kraft $F_G \cdot \sin\alpha$ überwindet dann gerade den entgegenwirkenden Reibungswiderstand $\mu \cdot F_G \cdot \cos\alpha$. Die Gleichung ergibt $\sin\alpha = \mu \cdot \cos\alpha$, also

$$\mu = \frac{\sin\alpha}{\cos\alpha} = \tan\alpha$$

Man pflegt den Neigungswinkel der Ebene, bei dem der Körper gerade von selbst abwärts gleitet, als „*Reibungswinkel*" ϱ zu bezeichnen. $\mu = \tan\varrho$.

Die Größe der Reibungszahl μ kann hiernach durch *Versuch* ermittelt werden: Man stellt den Neigungswinkel ϱ der Ebene so ein, daß der Körper abwärts gleitet und findet $\mu = \tan\varrho$.

842   Bei einer *Montage* soll ein Werkstück von der Gewichtskraft $F_G = 18\ \text{kN}$ auf einer Balkenbahn von der Steigung 1:2 mit einem parallel zur geneigten Ebene angeordneten Flaschenzug gleitend aufwärts gezogen werden. Die Reibungszahl ist 0,2.

a) Welche Tragfähigkeit muß der Flaschenzug haben?

b) Welche Kraft muß er ausüben, um die Last gleichförmig abwärts gleiten zu lassen?

843   Ein Werkstück von der Gewichtskraft $F_G = 1,4\ \text{kN}$ gleitet beim Verladen auf einer unter 17° geneigten *Rutsche* gerade abwärts.

a) Wie groß ist die Reibungszahl?

b) Welche Kraft muß bei 22° Neigung parallel zur Schrägrichtung der Rutsche an dem Werkstück angreifen, um es aufwärts zu ziehen und

c) um es abwärts gleiten zu lassen?

d) Zwischen welchen Grenzwerten darf die Schrägkraft veränderlich sein, ohne daß eine Bewegung der Last eintritt?

844   Ein Schiff von der Gewichtskraft $F_G = 92\ \text{kN}$ ruht beim *Stapellauf* auf einer Ablaufbahn vom Gefälle 1:17.

Wie groß ist die Reibungszahl der mit Seife geschmierten geneigten Bahn, wenn das Schiff gerade abwärts gleitet?

845   Welche *waagerechte* Kraft muß an einem auf geneigter Ebene befindlichen Körper von der Gewichtskraft F_G angreifen, um ihn aufwärts oder abwärts zu ziehen?

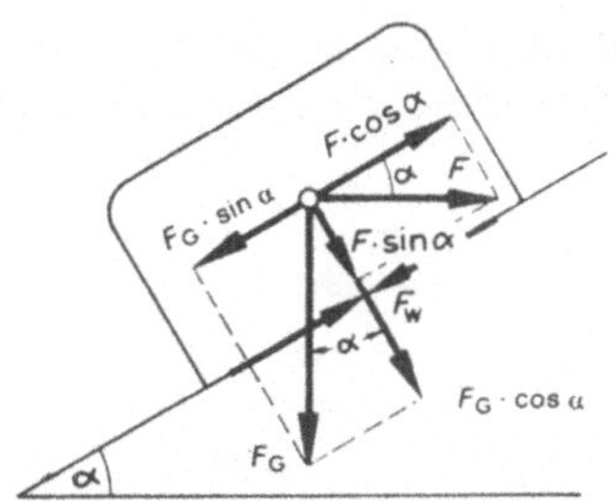

Lösung:

Die waagerechte Kraft F liefert in der Schrägrichtung der Bewegung die Komponente $F \cdot \cos \alpha$ und normal zur geneigten Ebene die Komponente $F \cdot \sin \alpha$. Entsprechend Aufgabe 844 gilt

für Aufwärtsbewegung	$F \cdot \cos \alpha = F_G \cdot \sin \alpha + F_W,$
für Abwärtsbewegung	$F \cdot \cos \alpha = F_G \cdot \sin \alpha - F_W,$
Nun ist	$F_W = \mu \cdot F_N = \mu \cdot (F_G \cdot \cos \alpha + F \cdot \sin \alpha).$
Eingesetzt:	$F \cdot \cos \alpha = F_G \cdot \sin \alpha \pm \mu \cdot (F_G \cdot \cos \alpha + F \cdot \sin \alpha),$

$$F \cdot \cos \alpha \mp \mu \cdot F \cdot \sin \alpha = F_G \cdot \sin \alpha \pm \mu \cdot F_G \cdot \cos \alpha,$$

$$F \cdot (\cos \alpha \mp \mu \cdot \sin \alpha) = F_G \cdot \sin \alpha \pm \mu \cdot \cos \alpha),$$

$$F = F_G \frac{\sin \alpha \pm \mu \cdot \cos \alpha}{\cos \alpha \mp \mu \cdot \sin \alpha}.$$

Dividiert man Zähler und Nenner des Bruches durch $\cos \alpha$ und setzt $\mu = \tan \varrho$ (Aufg. 844), so wird

$$F = F_G \frac{\dfrac{\sin \alpha}{\cos \alpha} \pm \tan \varrho \dfrac{\cos \alpha}{\cos \alpha}}{\dfrac{\cos \alpha}{\cos \alpha} \mp \tan \varrho \dfrac{\sin \alpha}{\cos \alpha}} = F_G \frac{\tan \alpha \pm \tan \varrho}{1 \mp \tan \alpha \tan \varrho}.$$

$$F = F_G \cdot \tan (\alpha \pm \varrho)$$

846 Auf einer Ebene von 30° Neigung gegen die Waagerechte ruht eine Last von 3 kN. Zwischen welchen Grenzwerten darf eine an ihr angreifende waagerechte Kraft veränderlich sein. wenn keine gleitende Bewegung der Last aufwärts oder abwärts erfolgen soll? Die Reibungszahl ist 0,18. Abbildung wie in voriger Aufgabe.

Lösung:

$$\tan \varrho = \mu = 0{,}18; \quad \varrho = 10{,}2°$$

Aufwärtsbewegung erfolgt, wenn

$$F = F_G \cdot \tan (\alpha + \varrho) = 3 \text{ kN} \cdot \tan (30° + 10{,}2°) = 3 \text{ kN} \cdot \tan 40{,}2° = 2{,}54 \text{ kN};$$

Abwärtsbewegung, wenn $F = 3 \text{ kN} \cdot \tan (30° - 10{,}2°) = 1{,}08 \text{ kN}.$

F darf also zwischen 2,54 kN und 1,08 kN schwanken, ohne daß Bewegung der Last eintritt.

847   Der Tisch einer *Hobelmaschine* stützt sich mit seiner lotrechten Gewichtskraft von 12 kN auf die skizzierte keilförmige Führungsrinne. Die Reibungszahl ist 0,07.

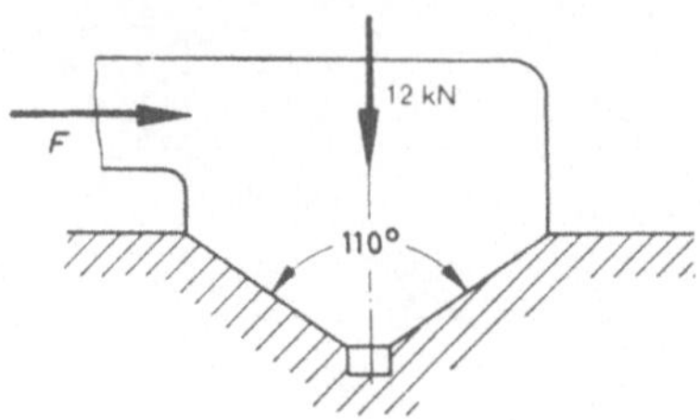

Welche höchstzulässige waagerechte Kraft *F* darf auf den Tisch ausgeübt werden, **etwa** durch den am aufgespannten Werkstück angreifenden Hobelstahl, ohne daß der Tisch seitlich aus der Führung herausgehoben wird?

848   Eine schwere Kreisscheibe stützt sich auf rauher, geneigter Bahn ab und ist zudem über einen horizontalen Stab vernachlässigbar kleinen Gewichts mit der Bahn verbunden.

a) Wie groß muß der Haftreibungskoeffizient sein, damit die Scheibe in der skizzierten Stellung im Gleichgewicht ist?

b) Wie groß ist die Stabkraft bei einem Scheibengewicht von 600 N?

c) Ändert sich die Größe der Stabkraft, wenn der Haftreibungskoeffizient vergrößert wird?

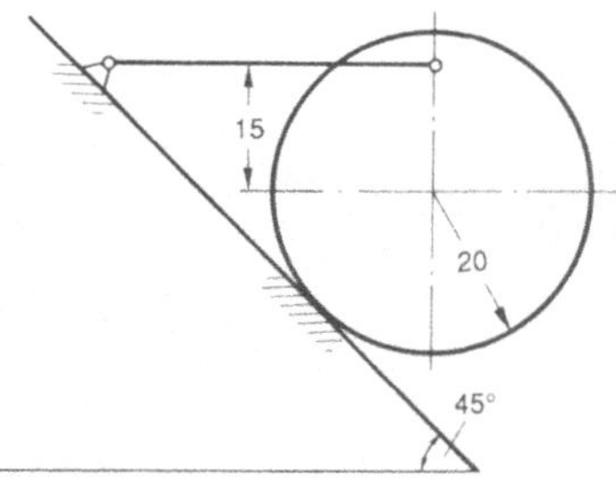

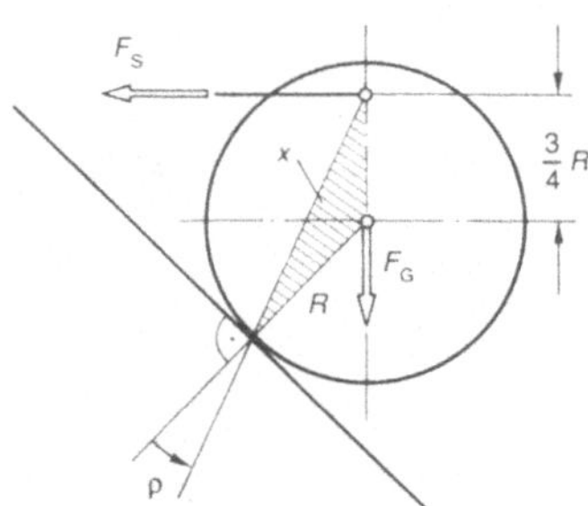

Lösung:

a) $\tan \varrho = \mu_0$

Seite x über Cosinussatz:

$$x^2 = (\tfrac{3}{4}R)^2 + R^2 - 2\,(\tfrac{3}{4}R)\,R \cdot \cos(135°)$$
$$x = 1{,}62 \cdot R$$

Sinussatz:

$$\frac{\sin \varrho}{\sin 135°} = \frac{\tfrac{3}{4}R}{1{,}62 \cdot R} \;\rightarrow\; \varrho = 19{,}11°$$
$$\tan \varrho = \mu_0 = 0{,}3465$$

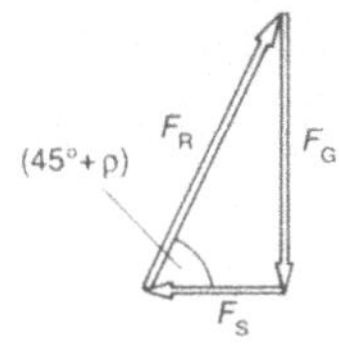

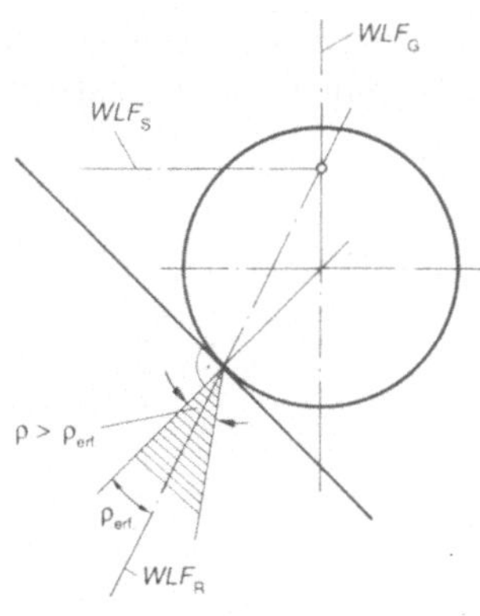

b) $F_S = \dfrac{F_G}{\tan(45° + \varrho)} = 291,2 \text{ N}$

c) Solange der Reibungskoeffizient größer als 0,3465 ist, der Reibwinkel also über 19,11° beträgt, liegt die Wirkungslinie der Kraft in der Reibstelle innerhalb des Reibkegels. Das bedeutet Ruhe; der zentrale Punkt I aller Wirkungslinien ist durch WLF_S und WLF_G festgelegt. Erst bei $\varrho < 19,11°$ liegt WLF_R außerhalb des Reibkegels; eine solche Kraft kann bei $\mu_0 < 0,3465$ an dieser Reibstelle nicht aufgebracht werden, und es kommt zur Bewegung. Für $\mu_0 \geqslant 0,3465$ ergeben sich identische Kraftecke; die Größe der Kräfte hängt dann nicht von μ_0 ab!

849 Eine schwere Kreisscheibe stützt sich auf einer um A drehbaren Unterlage ab und ist mit dieser zudem über einen Stab von vernachlässigbar kleinem Gewicht verbunden. Stab und Unterlage bilden einen Winkel von 30°. Der Haftreibungskoeffizient zwischen Scheibe und Unterlage ist 0,577. Bis zu welchem Neigungswinkel α darf die Unterlage geneigt werden, ohne daß Bewegung eintritt?

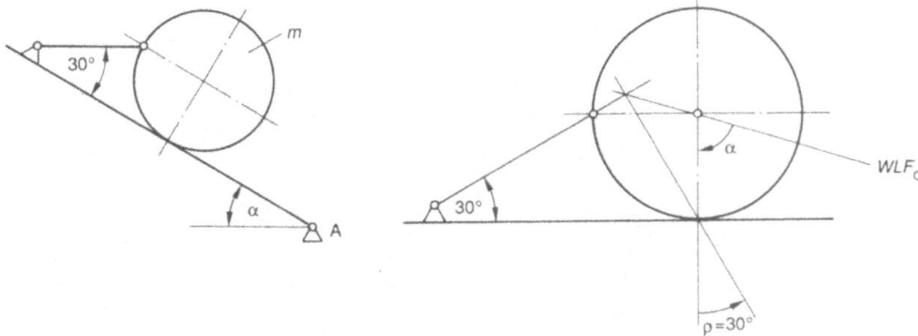

Hinweis: Graphische Lösung empfohlen.

Lösung:

$$\alpha = 75°$$

850 Eine schwere Kreisscheibe ist von einem Faden umwickelt, an dessen freiem Ende ein Gewicht von doppeltem Scheibengewicht hängt, so daß es auf rauher Bahn zum Hinaufrollen kommt. Die Bahn ist durch wachsende Steigung gekennzeichnet. Wie groß muß der Reibkoeffizient zwischen Scheibe und Bahn sein, damit bis zum Stillstand der Scheibe kein Rutschen auftritt?

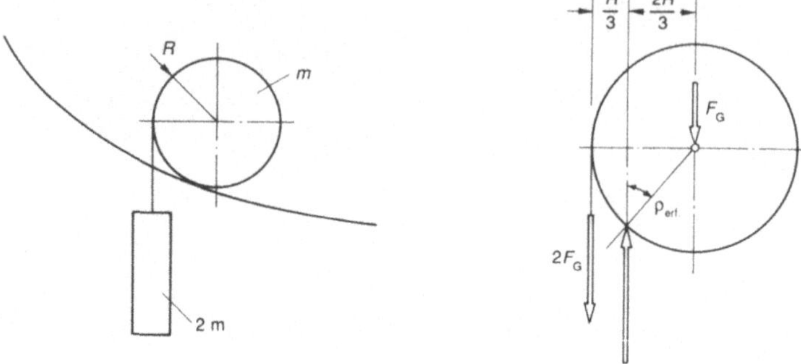

Lösung:

$$\sin \varrho_{\text{erf.}} = \frac{\frac{2}{3} R}{R} = \frac{2}{3}$$

$$\mu_{\text{erf.}} = \tan \varrho_{\text{erf.}}$$

$$\mu_{\text{erf.}} = \frac{\sin \varrho_{\text{erf.}}}{\sqrt{1 - \sin^2 \varrho_{\text{erf.}}}} = \frac{2}{\sqrt{5}} = 0{,}894$$

851 Wie kann der Haftreibungskoeffizient experimentell an einer schiefen Ebene ermittelt werden?

Lösung:

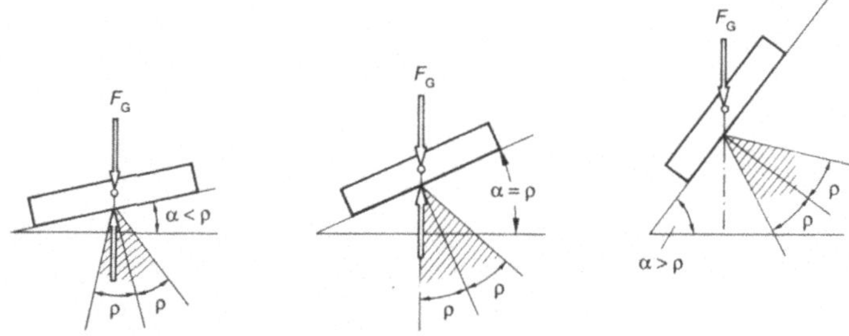

Man fertigt einen kleinen Klotz (Werkstoff und Oberfläche entsprechend den realen Gegebenheiten) sowie ein Gegenstück aus dem zu kombinierenden Werkstoff (Oberflächenbeschaffenheit wie im vorliegenden Realfall) und läßt die Körper wie auf einer schiefen Ebene abgleiten; d. h. man neigt den unteren Körper sukzessive und stellt fest, bei welchem Neigungswinkel α_0 Rutschen des anderen Körpers einsetzt. Der so experimentell ermittelte Neigungswinkel ist identisch mit dem Reibungswinkel der Haftreibung. Es gilt also:

$$\tan \alpha_0 = \mu_0$$

Ist $\alpha < \alpha_0$, so liegt Ruhe vor; die von der „Bahn" auf den aufliegenden Körper wirkende Kraft (Gegenkraft zur Gewichtskraft F_G) liegt innerhalb des Reibkegels; die in Bewegungsrichtung gerichtete Komponente dieser Kraft – also die Reibkraft – ist kleiner als $\mu_0 \cdot F_N$; m. a. W.: die an dieser Reibstelle aufgrund der vorliegenden Rauhigkeiten mögliche Reibkraft ist noch nicht voll „geweckt".

Ist $\alpha > \alpha_0$, so müßte im Gleichgewichtsfall die Gegenkraft zum Gewicht außerhalb des Reibkegels liegen; dies aber würde eine Reibkomponente bedeuten, die größer als $\mu_0 \cdot F_N$ ist; die maximal erreichbare Reibkraft aber beträgt $\mu_0 \cdot F_N$. Es kommt wegen Ungleichgewichts zur Bewegung.

Ist $\alpha = \alpha_0$, so liegt der Grenzfall vor, für den nicht gesagt werden kann, ob schon Bewegung oder ob noch Ruhezustand vorliegt. Die Gegenkraft zur Gewichtskraft liegt auf dem Rand des Reibkegels.

852 Kann beim Abwärtsgleiten eines schweren Körpers auf schiefer Ebene eine gleichförmige Bewegung entstehen?

Lösung:

Nein, die Bewegung beim Hinabgleiten auf schiefer Ebene ist stets gleichförmig beschleunigt. Bei Rutschbeginn sinkt die Reibzahl von μ_0 (Haftreibungszahl) auf den kleineren Wert μ (Gleitreibungszahl). Dann ist die Hangabtriebskomponente der Gewichtskraft $F_G \cdot \sin\alpha$ größer als der Bewegungswiderstand $F_G \cdot \cos\alpha \cdot \mu$, und dies bedeutet wegen der resultierenden, abwärtsgerichteten Kraft

$$F_G \cdot (\sin\alpha - \mu \cdot \cos\alpha)$$

eine gleichförmig beschleunigte Bewegung wie bei allen Körpern, auf die eine zeitlich unveränderliche resultierende Kraft einwirkt. Entweder ruht der Körper ($\alpha < \arctan\mu_0$) oder er bewegt sich gleichförmig beschleunigt, also mit linear ansteigender Geschwindigkeit ($\alpha > \arctan\mu_0$).

Reibung an der Schraube

853 Eine *flachgängige Schraube* ist in ihrer Achsrichtung mit einer Gewichtskraft F_G belastet und wird durch eine am mittleren Gewindekreis vom Halbmesser r angreifende Umfangskraft F in dem festliegenden Muttergewinde gedreht. Dadurch soll die Last F_G gehoben werden.

a) Inwiefern liegt der in Aufgabe 841 behandelte Fall der Bewegung eines Körpers auf geneigter Ebene vor?

b) Welche Kraft F ist zum Heben bzw. Senken der Last G erforderlich?

c) Wie groß ist der Wirkungsgrad η der Schraube?

d) Welche Werte für F und η ergeben sich für reibungslosen Betrieb?

e) Was versteht man unter Selbsthemmung oder Selbstsperrung einer Schraube?

f) Unter welcher Bedingung ist eine Schraube selbsthemmend?

g) Welchen Vorteil und welchen Nachteil hat Selbsthemmung bei einer Schraube?

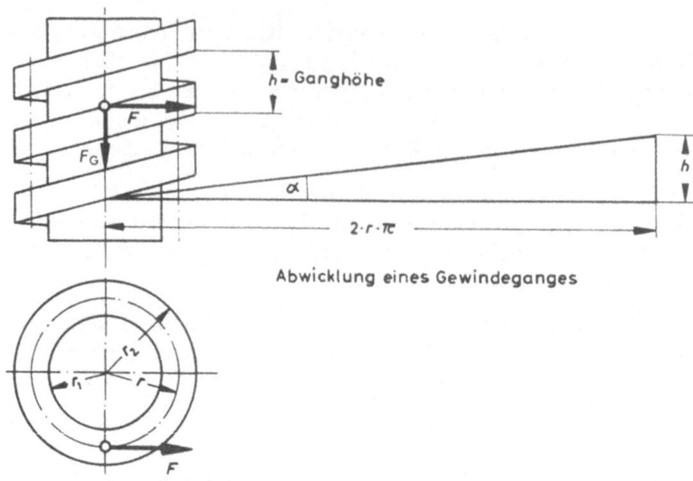

Lösung:

a) Die Schraube kann aufgefaßt werden als eine um einen Zylinder herumgewundene geneigte Ebene. Ein Schraubengang hat auf dem mittleren Gewindekreis vom Halbmesser $r = \dfrac{r_1 + r_2}{2}$ den Umfang $2\pi r$ und steigt um die Ganghöhe h. Er liefert abgewickelt ein Dreieck mit dem Steigungswinkel α, und zwar ist $\tan\alpha = \dfrac{h}{2\pi r}$. Bei der Drehung der Spindel werden ihre schrägen Gewindegänge, auf dem festliegenden, ansteigenden Muttergewinde gleitend, aufwärts bewegt, und ihre Last F_G wie auf einer geneigten Ebene emporgezogen. Dabei wirkt die drehende Umfangskraft F in einer zur Schraubenachse senkrechten Ebene, ist also waagerecht gerichtet. Demnach liegt der in Aufg. 841 dargestellte Belastungsfall vor.

b) Für gleichförmige Auf- bzw. Abwärtsbewegung der Last gilt nach Aufg. 841:
$$F = F_G \cdot \tan(\alpha \pm \varrho).$$

c) Wirkungsgrad $\eta = \dfrac{\text{Nutzarbeit}}{\text{aufgewandte Arbeit}}$. Bei einer Umdrehung der Schraube wird die Last F_G um die Ganghöhe h gehoben, also die Nutzarbeit $F_G \cdot h$ verrichtet. Dabei wendet die Kraft F, den Weg $2\pi r$ zurücklegend, die Arbeit $F \cdot 2\pi r$ auf.

$$\eta = \frac{F_G \cdot h}{F \cdot 2\pi r} = \frac{F_G \cdot h}{F_G \cdot \tan(\alpha + \varrho) \cdot 2\pi r} \quad \text{oder.} \quad \frac{h}{2\pi r} = \tan\alpha \text{ eingesetzt:}$$

$$\eta = \frac{\tan\alpha}{\tan(\alpha + \varrho)} \quad \text{Wirkungsgrad der Schraube}$$

d) Bei *reibungsfreiem* Betrieb wäre $\mu = \tan\varrho = 0$; $\varrho = 0$. $F_0 = F_G \cdot \tan(\alpha + 0) = F_G \cdot \tan\alpha$. Dasselbe ergibt sich aus der Arbeitsgleichung. Ohne Reibung wäre nämlich $\eta = 1$, d.h. aufgewandte Arbeit = Nutzarbeit oder $F_0 \cdot 2\pi r = F_G \cdot h$;

$$F_0 = F_G \frac{h}{2\pi r} = F_G \cdot \tan\alpha$$

e) *Selbsthemmung* ist die Eigenschaft der Schraube, daß sie sich unter der Belastung nicht von selbst rückwärts dreht, daß also die Gewindegänge der Schraubenspindel unter dem Einfluß der Last F_G nicht in Drehbewegung auf dem geneigten Muttergewinde abwärts gleiten.

f) Eine Last F_G auf geneigter Ebene gleitet nicht von selbst abwärts, wenn der Neigungswinkel α der Ebene gleich oder kleiner als der Reibungswinkel ϱ ist (Aufg. 841). Die Bedingung der Selbsthemmung für eine flachgängige Schraube heißt also: $\alpha \leqq \varrho$. Steilgängige Schrauben mit großem α sind nicht selbsthemmend.

g) Vorteil der Selbsthemmung ist, daß die Schraube sich selbst gegen Rückwärtsdrehung sichert. Dies ist eine wertvolle Eigenschaft z. B. bei Schraubenwinden, die zum Heben von Lasten dienen, weil dann Bremsen und Sperrwerke entbehrlich sind. Demgegenüber steht der Nachteil eines schlechten Wirkungsgrades beim Heben. Es ist nämlich

$$\eta = \frac{\tan \alpha}{\tan (\alpha + \varrho)} = \frac{\tan \alpha}{\tan (\alpha + \alpha)} = \frac{\tan \alpha}{\tan 2\alpha}.$$

Bei den kleinen Steigungswinkeln α der Schraube ist $\tan 2\alpha \approx 2 \tan \alpha$, also $\eta = \frac{1}{2} = 0,5$. Bei selbsthemmenden Schrauben ist $\eta \leqq 0,5$, d. h., mindestens die Hälfte der aufgewandten Arbeit geht durch Reibung verloren.

854 Die Spindel der skizzierten *Schraubenwinde* für eine Gewichtskraft von 60 kN hat Flachgewinde von 70 mm äußerem Durchmesser, 56 mm Kerndurchmesser und 12,7 mm Ganghöhe.

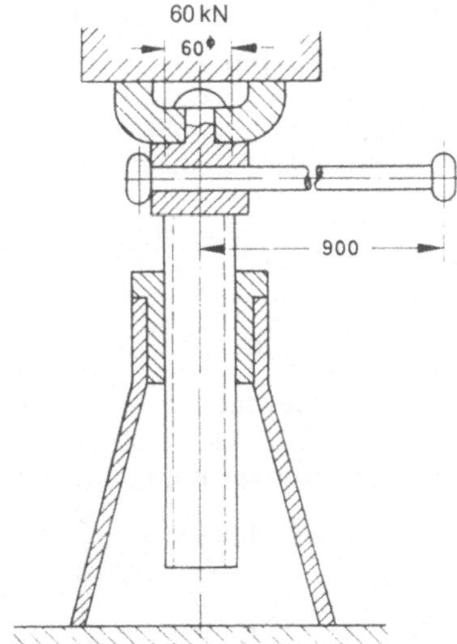

a) Welche Kraft muß zum Heben der Last am Ende des 900 mm langen Antriebshebels angreifen bei reibungslosem Betrieb?

b) Dasselbe bei Berücksichtigung der Schraubenreibung durch eine Reibungszahl 0,1?

c) Dasselbe unter zusätzlicher Berücksichtigung der Reibung an der ringförmigen Auflagefläche der Stützklaue, wenn diese Reibung auf einem mittleren Kreis von 60 mm Durchmesser wirksam ist? Reibungszahl 0,1;

d) wie groß ist in den genannten drei Fällen der Wirkungsgrad der Winde?

e) Ist die Winde selbsthemmend?

f) Welche Kraft muß zum Senken der Last am Hebel wirken unter Berücksichtigung aller Reibung?

Lösung:

a)
$$F_0 = F_G \cdot \tan\alpha \quad \text{(Aufg. 845)}$$

$$2r = \frac{d_1 + d_2}{2} = \frac{56\ \text{mm} + 70\ \text{mm}}{2} = 63\ \text{mm},$$

$$\tan\alpha = \frac{h}{2\pi r} = \frac{12,7\ \text{mm}}{63\,\pi\ \text{mm}} = 0,06416; \quad \alpha = 3,67°$$

$$F_0 = 60\ \text{kN} \cdot 0,0642 = 3,85\ \text{kN}$$

$$F_0 \cdot \frac{6,3\ \text{cm}}{2} = F_{K0} \cdot 90\ \text{cm}; \quad F_{K0} = \frac{3,85\ \text{kN} \cdot 3,15\ \text{cm}}{90\ \text{cm}} = 0,13475\ \text{kN}$$

b)
$$F = F_G \cdot \tan(\alpha + \varrho). \quad \mu = \tan\varrho = 0,1; \quad \varrho = 5,71°$$

$$\alpha + \varrho = 3,67° + 5,71° = 9,38°$$

$$F = 60\ \text{kN} \cdot \tan 9,38° = 60\ \text{kN} \cdot 0,1652 = 9,91\ \text{kN}$$

$$F \cdot \frac{6,3\ \text{cm}}{2} = F_K \cdot 90\ \text{cm}; \quad F_K = \frac{9,92\ \text{kN} \cdot 3,15\ \text{cm}}{90\ \text{cm}} = 0,347\ \text{kN}$$

c) Reibungsmoment $0,1 \cdot 60\ \text{kN} \cdot 3\ \text{cm} = F_K' \cdot 90\ \text{cm}$; $F_K' = 200\ \text{N}$
Zusammen $F_K + F_K' = 347\ \text{N} + 200\ \text{N} = 547\ \text{N}$

d) In Fall a) ohne Reibung $\eta = 100\%$.

$$\text{In Fall b) } \eta_{\text{Schraube}} = \frac{\tan\alpha}{\tan(\alpha + \varrho)} = \frac{0,0641}{0,1652} = 0,388$$

$$\text{In Fall c) } \eta = \frac{\text{Nutzarbeit}}{\text{Aufgewandte Arbeit}} \text{ für eine Umdrehung}$$

$$= \frac{60\ \text{kN} \cdot 1,27\ \text{cm}}{0,547\ \text{kN} \cdot (\pi\,180)\ \text{cm}} = 0,2463$$

e) Der Steigungswinkel des Gewindes $\alpha = 3,67°$ ist kleiner als der Reibungswinkel $\varrho = 5,71°$. Folglich ist die Schraube nach Aufg. 845 selbsthemmend. Dasselbe folgt nach Aufg. 845 daraus, daß der Gesamtwirkungsgrad kleiner als 0,5 ist, nämlich $\eta = 0,2463$.

f) $F = F_G \cdot \tan(\alpha - \varrho) = 60\ \text{kN} \cdot \tan(3,67° - 5,71°) = 60\ \text{kN} \cdot \tan(-2,04°)$
$$= -60\ \text{kN} \cdot \tan 2,04° = -60\ \text{kN} \cdot 0,0356 = -2,137\ \text{kN}$$

Das negative Vorzeichen deutet an, daß die Kraft 2,137 kN rückwärts drehen muß.

$$F \cdot \frac{6,3\ \text{cm}}{2} = F_K \cdot 90\ \text{cm}; \quad F_K = \frac{2,15\ \text{kN} \cdot 3,15\ \text{cm}}{90\ \text{cm}} = 0,075\ \text{kN}$$

Zusammen $F_K + F_K' = 75\ \text{N} + 200\ \text{N} = 275\ \text{N}$.

855 Die Schraubenspindel einer *Mutternpresse* hat dreigängiges Flachgewinde von 170 mm äußerem Durchmesser, 138 mm Kerndurchmesser, 96 mm Ganghöhe und übt die Preßkraft an einem Stützzapfen von 132 mm Durchmesser aus. Der Antrieb erfolgt durch eine Scheibe von 1900 mm Durchmesser.

Welche Preßkraft erzeugt eine am Scheibenumfang wirkende Kraft von 2 kN:

a) bei reibungslosem Betrieb;

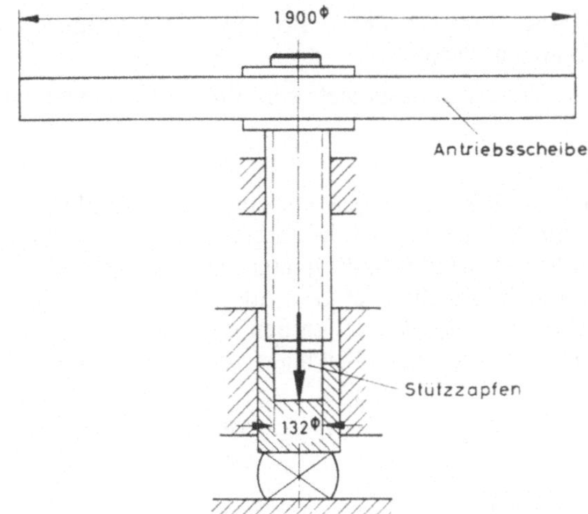

b) bei Berücksichtigung der Schraubenreibung durch eine Reibungszahl 0,08;

c) bei Berücksichtigung der Schrauben- und Stützzapfenreibung? Letztere werde an einem Hebelarm von $^2/_3$ Stützzapfenradius wirksam angenommen. Die Reibungszahl ist 0,08.

d) Wie groß ist der Wirkungsgrad der Schraube allein?

e) Wie groß ist der Gesamtwirkungsgrad?

856 Bei einer *Zerreißmaschine* wird die Zugkraft von 400 kN erzeugt durch eine flachgängige, gegen Drehung gesicherte Schraubenspindel von 96 mm Außendurchmesser, 80 mm Kerndurchmesser, 12,7 mm Ganghöhe. Das Muttergewinde liegt in der Nabe eines Schneckenrades von 480 mm Teilkreisdurchmesser.

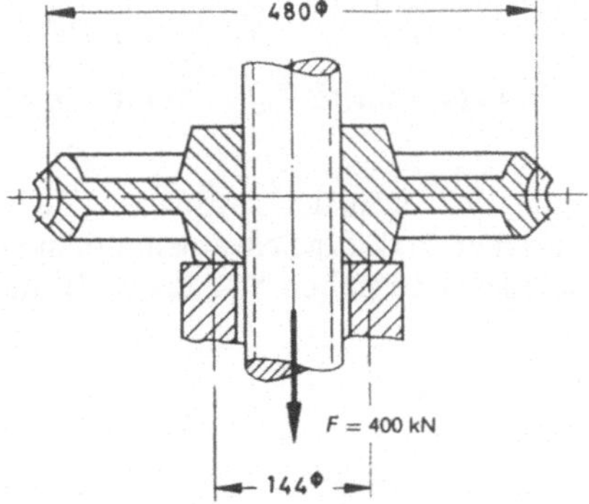

a) Welche Umfangskraft muß am Teilkreis wirken zur Erzeugung der Schraubenkraft 400 kN unter Berücksichtigung der Reibung an der Schraube und an der aufliegenden unteren Stirnfläche der Radnabe? Die Reibung an letzterer werde auf einem mittleren Kreis von 144 mm Durchmesser wirksam angenommen. Die Reibungszahl ist 0,08.

b) Wie groß ist der Gesamtwirkungsgrad?

857 a) Wie sind die Formeln der Schraube mit Flachgewinde für die *Schraube mit Spitzgewinde* abzuändern?

b) Für welche Verwendungsgebiete sind die beiden Gewindearten besonders geeignet?

Lösung:

a) Bei der Schraube mit Flachgewinde sind die Normalkräfte F_{Nf} an den Gewindegängen parallel zur Achse der Last F_G entgegengerichtet [Bild a)], also $F_{Nf} = F_G$. Bei der Schraube mit Spitzgewinde [Bild b)] dagegen wirken die Normalkräfte F_{Ns} senkrecht zu den tragenden Schrägflächen der Gewindegänge, also unter einem Winkel β geneigt zur Achse, wobei β der halbe Winkel an den Gewindespitzen ist. Die lotrechte Seitenkraft $F_{Ns} \cdot \cos\beta$ muß der Last das Gleichgewicht halten; folglich $F_{Ns} \cdot \cos\beta = F_G$ oder

$$F_{Ns} = \frac{F_G}{\cos\beta} = \frac{F_{Nf}}{\cos\beta}.$$

Da $\cos\beta < 1$, wird $F_{Ns} > F_{Nf}$, d.h., die Normalkräfte an den Gewindegängen sind bei der Schraube mit Spitzgewinde größer als bei der Schraube mit Flachgewinde. Folglich ist auch der Reibungswiderstand $\mu \cdot F_{Ns}$ größer als $\mu \cdot F_{Nf}$, nämlich

$$\mu \cdot F_{Ns} = \mu \cdot \frac{F_{Nf}}{\cos\beta} = \frac{\mu}{\cos\beta} F_{Nf}.$$

Statt $\mu = \tan\varrho$ ist bei der Schraube mit Spitzgewinde einzusetzen $\dfrac{\mu}{\cos\beta} = \tan\varrho'$, d.h., die größere Reibung ist durch Einführung eines größeren Reibungswinkels ϱ' zu berücksichtigen.

Beim metrischen Gewindesystem ist der Winkel an den Gewindespitzen [Bild b)] $2\beta = 60°$; $\cos\beta = \cos 30° = 0,866$.

$$\tan\varrho' = \frac{\mu'}{\cos\beta} = \frac{\tan\varrho}{0,866} = 1,155 \cdot \tan\varrho.$$

Dann gelten für die Schraube mit Spitzgewinde die Grundgleichungen

$$F = F_G \cdot \tan(\alpha + \varrho') \quad \text{und} \quad \eta = \frac{\tan\alpha}{\tan(\alpha + \varrho')}.$$

b) Das Flachgewinde ist wegen der geringeren Reibungsverluste besonders als *Bewegungs-Getriebe* geeignet, z. B. für Schraubspindeln von Winden, Pressen, Supporten von Werkzeugmaschinen (Aufgaben 845 bis 847); diese Schrauben sollen mit mög-

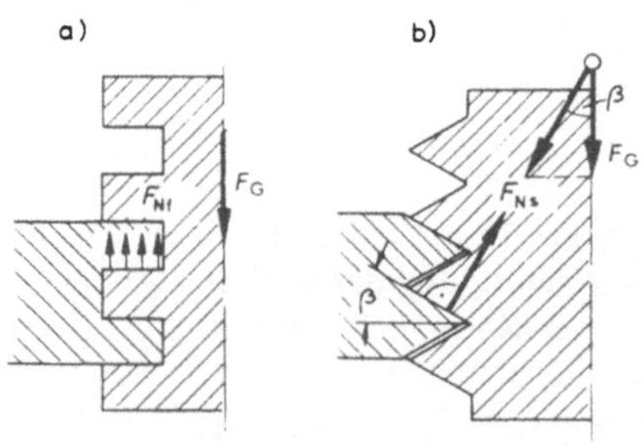

lichst wenig Verlust Arbeit übertragen. Das Spitzgewinde dagegen wird hauptsächlich bei *Befestigungs-Schrauben* angewandt, welche, einmal angezogen, durch die größere Reibung gegen selbsttätiges Lösen besser gesichert sind.

858 Die Mutter einer Schraube mit Spitzgewinde M 68 soll mit einem Schlüssel von 700 mm Hebellänge so angezogen werden, daß eine axiale Schraubenkraft von 30 kN entsteht.

a) Welche Kraft müßte am Schlüsselende angreifen, wenn keine Reibung vorhanden wäre?

b) Welche Kraft müßte am Schlüsselende angreifen, wenn die Reibung im Gewinde berücksichtigt wird mit einer Reibungszahl von 0,15?

c) Welche Kraft müßte am Schlüsselende angreifen, wenn zusätzlich noch die Reibung an der ringförmigen Auflagefläche der Mutter berücksichtigt wird? Der Außendurchmesser der Auflagefläche werde gleich der Schlüsselweite der Mutter angenommen.

d) Wie groß ist der Wirkungsgrad der Schraube allein?

e) Wie groß ist der Gesamtwirkungsgrad unter Mitberücksichtigung der Reibung an der Auflagefläche der Mutter?

f) Ist die Schraube selbsthemmend?

Lösung:

a)
$$F_0 = F_G \cdot \tan \alpha$$

Der äußere Gewindedurchmesser entspricht dem Nennmaß, der Kerndurchmesser wird aus DIN 13 Bl. 1 entnommen mit 60,206 mm. Also mittlerer Gewindedurchmesser

$$2r = \frac{68 \text{ mm} + 60,206 \text{ mm}}{2} = 64,103 \text{ mm}$$

Die Steigung h wird ebenfalls DIN 13 Bl. 1 entnommen mit 6 mm.

$$\tan \alpha = \frac{h}{2r \cdot \pi} = \frac{6}{64,103 \cdot \pi} = 0,02979 \qquad \alpha = 1,7065°$$

$$F_0 = 30 \text{ kN} \cdot 0,02979 = 0,8938 \text{ kN}$$

$$F_H \cdot 70 \text{ cm} = F_0 \cdot r$$

$$F_H = \frac{0,8938 \text{ kN} \cdot 3,205 \text{ cm}}{70 \text{ cm}} = 0,0409 \text{ kN}$$

b)
$$F = F_G \cdot \tan (\alpha + \varrho') \qquad\qquad \tan \varrho = \mu = 0,15$$
$$F = 30 \text{ kN} \cdot \tan (1,7065° + 9,815°) \qquad \tan \varrho' = 1,155 \cdot 0,15 = 0,173$$
$$F = 30 \text{ kN} \cdot \tan (11,52°) \qquad\qquad \varrho' = 9,815°$$
$$F = 30 \text{ kN} \cdot 0,2038$$
$$F = 6,115 \text{ kN}$$

$$F_H = \frac{6,115 \text{ kN} \cdot 3,205 \text{ cm}}{70 \text{ cm}} = 0,28 \text{ kN}$$

c) $\quad F_{\mathrm{H}}'' = 0,28\ \mathrm{kN} + \mu \cdot F_{\mathrm{G}} \cdot \dfrac{4,2\ \mathrm{cm}}{70\ \mathrm{cm}}$ Schlüsselweite $= 100$ mm

Gewindedurchmesser $= 68$ mm

$F_{\mathrm{H}}'' = 0,28\ \mathrm{kN} + 0,15 \cdot 30\ \mathrm{kN} \cdot \dfrac{4,2\ \mathrm{cm}}{70\ \mathrm{cm}}$ Reibradius $= \dfrac{100 + 68}{2 \cdot 2} = 42$ mm

$F_{\mathrm{H}}'' = 0,28\ \mathrm{kN} + 0,27\ \mathrm{kN}$

$F_{\mathrm{H}}'' = 0,55\ \mathrm{kN}$

d) $\quad \eta_{\mathrm{Schraube}} = \dfrac{\tan\alpha}{\tan(\alpha + \varrho')} = \dfrac{0,02979}{0,2038} = 0,1461 = 14,61\,\%.$

e) $\quad \eta_{\mathrm{Gesamt}} = \dfrac{\mathrm{Nutzarbeit}}{\mathrm{Aufgewandte\ Arbeit}} = \dfrac{F_{\mathrm{G}} \cdot h}{F_{\mathrm{H}}'' \cdot \pi \cdot d}$

$\eta_{\mathrm{Gesamt}} = \dfrac{30\ \mathrm{kN} \cdot 6\ \mathrm{mm}}{0,55\ \mathrm{kN} \cdot \pi \cdot 1400\ \mathrm{mm}} = 0,0744 = 7,44\,\%.$

f) Da $\eta = 0,0744$ erheblich kleiner als 0,5 ist, so ist die Schraube (siehe Aufg. 853) mit Sicherheit selbsthemmend, also gegen selbsttätiges Lösen gesichert.

859 Der Deckel eines *Dampfzylinders*, auf einer Kreisfläche von 560 mm Durchmesser mit 9 bar Dampfdruck belastet, ist mit 16 Schrauben M 36 verschlossen. Die Schrauben sollen nicht nur die Dampfbelastung des Deckels aufnehmen, sondern zur Herstellung der Flanschdichtung noch eine um 80 % überschüssige Anpreßkraft ausüben.

a) Wieviel Axialkraft muß eine Schraube liefern?

b) Welche Kraft muß zum Anziehen der Schrauben am Ende des 450 mm langen Schraubenschlüssels ausgeübt werden? Die Reibung im Gewinde und an der ringförmigen Auflagefläche der Mutter werde durch eine Reibungszahl 0,15 berücksichtigt; der mittlere Durchmesser der ringförmigen Auflagefläche beträgt 45 mm.

c) Wie groß ist der Schraubenwirkungsgrad mit Rücksicht auf Reibung im Gewinde?

d) Wie groß ist der Gesamtwirkungsgrad unter Mitberücksichtigung der Reibung an der Auflagefläche der Mutter?

Tragzapfenreibung

860 Ein *Tragzapfen* ist mit einer Kraft F belastet und dreht sich im Lager mit der Umfangsgeschwindigkeit v.

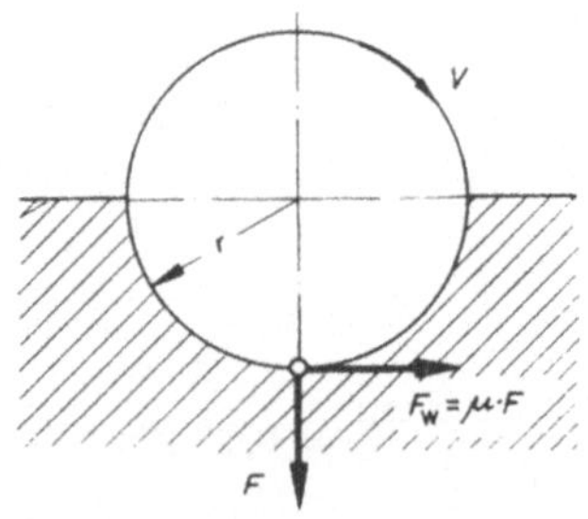

Wie groß sind:

a) der Reibungswiderstand F_W am Zapfenumfang;

b) das der Drehung widerstehende Reibungsmoment M_W;

c) die zur Überwindung der Zapfenreibung aufzuwendende Leistung P_W?

Lösung:

a) Reibungswiderstand $F_W = \mu \cdot F$, wobei $\mu =$ Zapfenreibungszahl.

b) Reibungsmoment $M_W = F_W \cdot \mu \cdot F \cdot r$

c) Zapfenreibungsleistung $P_W = F_W \cdot v$

$$\text{Zahlenwertgleichung: } P/\mathrm{kW} = \frac{\mu \cdot F/\mathrm{N} \cdot r/\mathrm{m} \cdot n/\mathrm{min}^{-1}}{9550}$$

861 Die Welle einer *Dampfturbine* mit 4400 kW Leistung ist durch das Gewicht der Laufräder mit 47 kN belastet, $n = 1500\ \mathrm{min}^{-1}$. Die Schmierung der beiden Traglager von 180 mm Durchmesser erfolgt durch Drucköl, das durch eine Pumpe unter die Zapfen gepreßt wird. Der Leistungsverlust infolge Lagerreibung beträgt 0,4 % der Turbinenleistung.

Wie groß sind:

a) die Verlustleistung in kW;

b) der gesamte Reibungswiderstand am Umfang der Zapfen;

c) die Zapfenreibungszahl?

862 Bei einem *Reibräder*-Getriebe wird die kleine Scheibe von 250 mm Durchmesser mit $n = 150\ \mathrm{min}^{-1}$ angetrieben und überträgt eine Leistung von 1,33 kW auf die große Scheibe von 670 mm Durchmesser. Die Wellendurchmesser sind 40 und 60 mm.

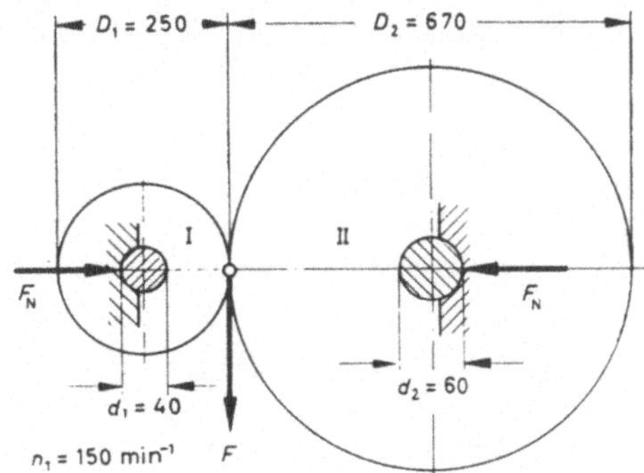

Gesucht sind:

a) die durch Reibung zwischen den Rädern übertragene Umfangskraft F (siehe Fußnote zu Aufgabe 820);

b) die Normalkraft F_N, mit der die Scheiben gegeneinandergedrückt werden müssen, damit kein Gleiten eintritt. Die Reibungszahl der Ruhe ist 0,15;

c) die Drehzahl in min^{-1} der großen Scheibe;

d) der Reibungswiderstand in den Lagern beider Wellen infolge der Anpreßkraft. Die Zapfenreibungszahl ist 0,08;

e) der Leistungsverlust infolge Lagerreibung beider Wellen zusammen in kW;

f) der Leistungsverlust infolge Lagerreibung beider Wellen zusammen in Prozent der übertragenen Leistung.

863 Die Welle eines elektrischen *Generators* ist durch die Gewichtskraft der Ankertrommel nach Skizze belastet und wird durch eine Dampfmaschine mit 660 kW Leistung und 105 min^{-1} angetrieben. Die Zapfenreibungszahl ist 0,03.

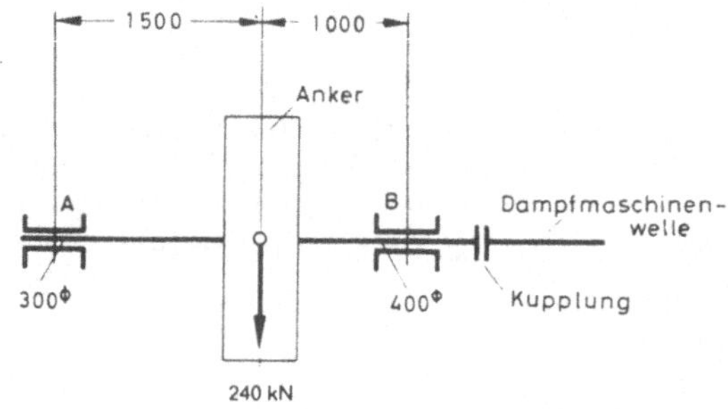

Zu berechnen sind:

a) der Reibungswiderstand in den Lagern der Wellenzapfen A und B infolge des Ankergewichts;

b) der Leistungsverlust infolge Reibung in beiden Lagern in kW;

c) der Leistungsverlust infolge Reibung in beiden Lagern in % der Antriebsleistung.

864 Die Spindel einer *Planscheiben-Drehmaschine* ist belastet durch die Eigengewichtskraft 23 kN, Planscheibe mit Zahnkranz zum Antrieb 70 kN und abzudrehendes Schwungrad 200 kN.

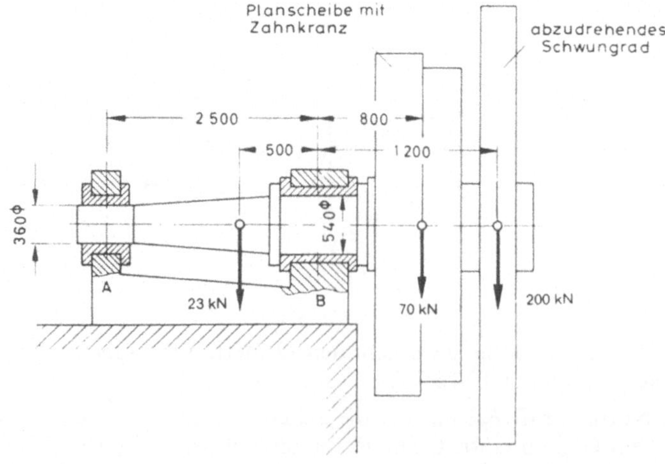

Wie groß sind:

a) die Belastungen der Lagerzapfen A und B;

b) die Reibungswiderstände in den beiden Lagern? Die Zapfenreibungszahl ist 0,06;

c) die erforderliche Antriebsleistung der Drehmaschinenspindel bei $n = 9\ \mathrm{min}^{-1}$ und Leerlauf, d. h. wenn der Drehstahl nicht arbeitet?

865 Wie mißt man die Leistung einer Kraftmaschine mittels *Backen-Bremsdynamometers* (PRONYscher Bremszaum)?

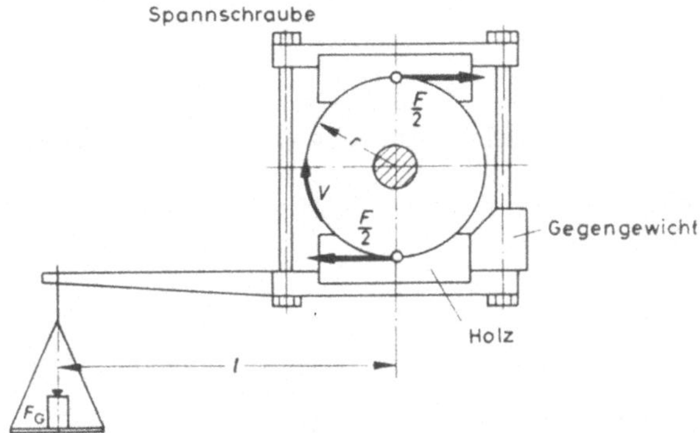

Lösung:

Auf die Maschinenwelle wird eine Bremsscheibe aufgesetzt. Die beiden Bremsbacken des Zaumes werden durch entsprechendes Anziehen der Spannschrauben so gegen die Scheibe gepreßt, daß die Maschinenleistung bei der gewünschten Drehzahl durch die Reibung gerade aufgezehrt wird. Die abgebremste Leistung ist dann:

$$P_\mathrm{W} = F_\mathrm{W} \cdot v, \quad \text{wobei} \quad F_\mathrm{W} = 2 \cdot \frac{F_\mathrm{W}}{2}$$

die Reibungskraft an den beiden Bremsbacken und v die Umfangsgeschwindigkeit der Scheibe bedeuten. Wird Radius r in m und die Drehzahl in min^{-1} eingesetzt, ergibt sich:

$$P = \frac{F \cdot 2r\pi n}{60} = F \cdot r \cdot \frac{2\pi n}{60} \quad \text{in W.}$$

$$P/\mathrm{W} = F/\mathrm{N} \cdot r/\mathrm{m} \cdot n/\mathrm{min}^{-1} \cdot \frac{\pi}{30}$$

Das ausgeübte Bremsmoment $F \cdot r$, welches den Zaum in der Drehrichtung mitzunehmen sucht, wird an der Waagschale des Hebels gemessen. Man setzt hier nämlich so viele Gewichte F_G auf, bis der Waagebalken zwischen seinen Anschlägen frei spielt. Die statische Momentengleichung für den Hebel in bezug auf die Maschinenachse heißt dann:

$$F \cdot r - F_\mathrm{G} \cdot l = 0.$$

Daraus das Bremsmoment $F \cdot r = F_\mathrm{G} \cdot l$.

Eingesetzt:

$$P = F_G \cdot l \frac{2\pi n}{60} = \frac{2\pi l}{60} \cdot F_G \cdot n = C \cdot F_G \cdot n$$

$$C = \frac{2\pi l}{60} = 0{,}1047 \cdot l \quad \text{in} \quad \frac{W}{N \cdot \min} \quad \text{heißt } \text{,,}\textit{Bremskonstante}\text{``.}$$

Hierbei muß l in Metern eingesetzt werden (zugeschnittene Größengleichung).

Durch die Gewichte auf der Waagschale wird die Belastung der Maschine nicht beeinflußt. Die Regelung der Belastung geschieht vielmehr an den Spannschrauben, während an der Waage die Belastung nur *gemessen* wird. Da die ganze Maschinenleistung durch die Reibung in Wärme umgesetzt wird, ist Kühlung der Bremsscheibe durch Wasser erforderlich.

866 Eine *Turbine* gibt ihre Leistung durch zwei Zahnräder-Vorgelege an eine Triebwerkswelle ab. An dieser wurden beim Bremsversuch mit einem PRONYschen Zaum (Bild Aufg. 865) folgende Werte gemessen: Hebellänge $l = 90$ cm, Waagschalen-Belastung 4,35 kN, Drehzahl 1500 $\min^{-1}$.

Gesucht sind:

a) die Bremskonstante;

b) das Bremsmoment;

c) die von der Triebwerkswelle abgegebene Nutzleistung.

Lösung:

a) $C = 0{,}1047 \cdot l = 0{,}1047 \cdot 0{,}9 = 0{,}09424 \dfrac{W}{N \cdot \min}$

b) $M = F_G \cdot l = 4{,}35 \text{ kN} \cdot 0{,}9 \text{ m} = 3{,}915 \text{ kNm}$

c) $P = C \cdot F_G \cdot n = 0{,}09424 \cdot 4350 \cdot 1500 = 614916 \text{ W} \approx 615 \text{ kW}$

867 Ein *Dieselmotor* wurde mittels Bremsdynamometers (PRONYscher Bremszaum) gebremst, so daß er 1200 $\min^{-1}$ machte. Die Dezimalwaage zeigte 780 N Druckbelastung am Ende des 1800 mm langen Hebels.

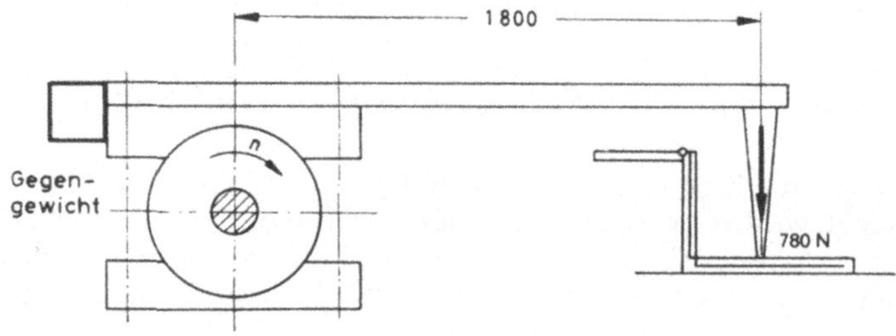

Wie groß sind

a) die Bremskonstante; b) die abgebremste Nutzleistung der Maschine?

868 Bei Untersuchung einer *Wasserturbine* mittels Bremsdynamometers nach Bild Aufg. 867 wurde gemessen: Belastung der Dezimalwaage 1,27 kN, Hebellänge 1500 mm, Drehzahl 230 min^{-1}. Dabei wurde je Sekunde eine Wassermenge von 860 Litern mit 6,5 m Gefälle verbraucht.

Gesucht wird der Wirkungsgrad der Turbine.

869 Die Reibungszahl bei der trockenen Reibung fester Körper kann beispielsweise mit einer in dem Bild wiedergegebenen Maschine ermittelt werden. Die Probekörper D_1 und D_2 werden mit der Kraft F, die durch die Meßdose M_1 gemessen werden kann, gegen eine sich drehende Scheibe gepreßt. Infolge der Reibung sucht die Scheibe die Proben und den um die Kugellager G leicht drehbaren Rahmen E mitzunehmen, wird aber daran durch die Stütze K gehindert. Durch die Meßdose M_2 kann somit die Stützkraft F_S gemessen werden.

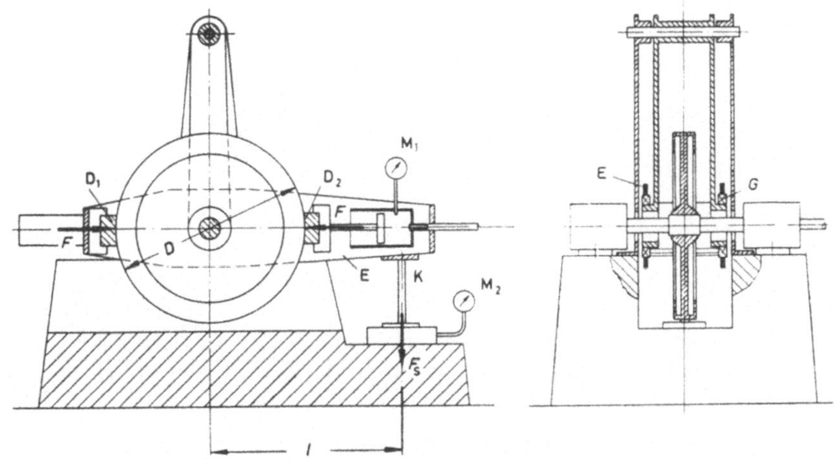

Wie groß ist die Reibungszahl, wenn ein Anpreßdruck $F = 360$ N und eine Stützkraft $F_S = 90$ N gemessen wurde? Der Hebelarm l ist gleich dem Scheibendurchmesser D.

870 Die Leistung eines *Elektromotors* wurde mit Bremsdynamometer nach Bild 867 bei $n = 780$ min^{-1} gemessen. Das Ende des 600 mm langen Hebels übte auf die Dezimalwaage eine Druckbelastung von 111 N aus. Aus dem elektrischen Leitungsnetz wurde nach Angabe der Instrumente eine Leistung von 6,6 kW entnommen.

Zu berechnen sind:

a) die Bremskonstante;

b) die abgebremste Nutzleistung des Motors;

c) die zugeführte elektrische Leistung;

d) der Wirkungsgrad des Motors.

Spurzapfenreibung

871 Ein *Spurzapfen* oder *Stützzapfen* ist in Richtung seiner Längsachse mit F belastet und dreht sich mit n min^{-1}. Wie groß ist das der Drehung widerstehende Reibungsmoment und die Verlustleistung infolge der Reibung

a) bei einem *neuen* Zapfen;

b) bei einem *eingelaufenen Zapfen*?

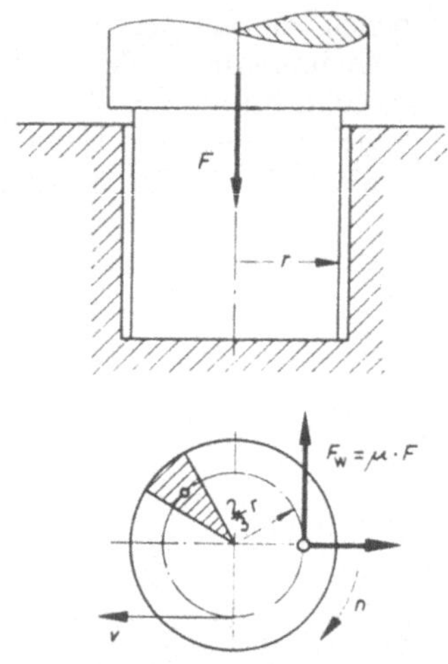

Lösung:

a) Bei einem *neuen* ebenen Zapfen verteilt sich der Druck gleichmäßig über die tragende Kreisfläche. Denkt man sich diese durch radiale Strahlen in Sektor-Dreiecke zerlegt (Grundriß), so liegt der Druckmittelpunkt jedes Dreiecks in dessen Schwerpunkt, d. h. im Abstand $\frac{2}{3} r$ vom Mittelpunkt. Ebendort greift dann auch der Reibungswiderstand $F_W = \mu \cdot F$ an. Das Reibungsmoment ist demnach $M = \mu \cdot F \cdot \frac{2}{3} r$. Die Verlustleistung ist $P_W = F_W \cdot v$, wobei v die Drehgeschwindigkeit auf dem Kreis vom Halbmesser $\frac{2}{3} r$ bedeutet.

b) Der Verschleiß des Zapfens im Betrieb ist am äußeren Umfang wegen der größeren Geschwindigkeit größer als in der Mitte. Daher nimmt die Flächenpressung außen im Laufe der Zeit ab, und der Druckmittelpunkt verschiebt sich mehr und mehr nach der Mitte zu. Der Hebelarm des Reibungswiderstandes F_W verringert sich von $\frac{2}{3} r$ erfahrungsgemäß auf etwa $\frac{r}{2}$. Also wird das Reibungsmoment für den *eingelaufenen* Spurzapfen $M_W = \mu \cdot F \cdot \frac{r}{2}$. In der Gleichung der Verlustleistung bedeutet v die Drehgeschwindigkeit auf dem mittleren Kreis vom Halbmesser $\frac{r}{2}$.

872 Der *Spurzapfen* einer *Triebwerkswelle* hat 110 mm Durchmesser und ist mit 41 kN belastet. Die Zapfenreibungszahl ist 0,08.

Wie groß sind bei $n = 90$ min^{-1} das Reibungsmoment und die Verlustleistung infolge der Reibung a) bei dem neuen Zapfen; b) bei dem eingelaufenen Zapfen?

873 Der *Spurzapfen* einer *Wasserturbine* ist mit 23 kN belastet und dreht mit 140 min^{-1}. Die Lauffläche des Zapfens ist *ringförmig* und hat 150 mm äußeren und 110 mm inneren Durchmesser. Der Reibungswiderstand kann auf dem mittleren Laufkreis von 130 mm Durchmesser vereinigt gedacht werden. Die Reibungszahl ist bei bester Schmierung 0,03. Die Turbine verbraucht je Sekunde 0,84 m^3 Wasser bei einem Gefälle von 3,9 m.

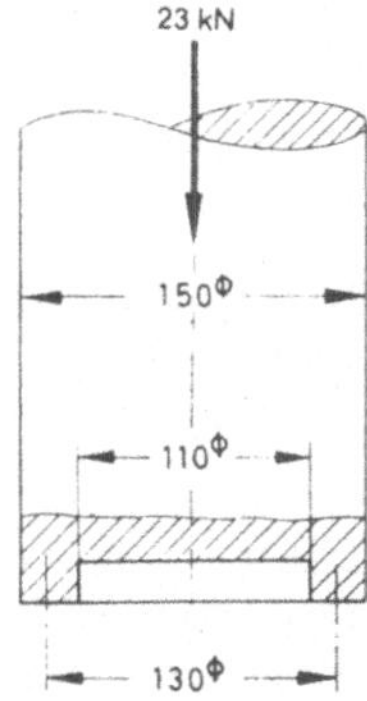

a) Wie groß ist der Leistungsverlust infolge der Spurzapfenreibung in kW?

b) Wie groß ist der Leistungsverlust infolge der Spurzapfenreibung in Prozent der zugeführten Leistung des Wassers?

874 Bei einer *Drehmaschine* mit senkrechter Drehachse ruht die waagerechte Planscheibe von 6 m Durchmesser auf einer kreisringförmigen Gleitbahn von 2,8 m mittlerem Durchmesser.

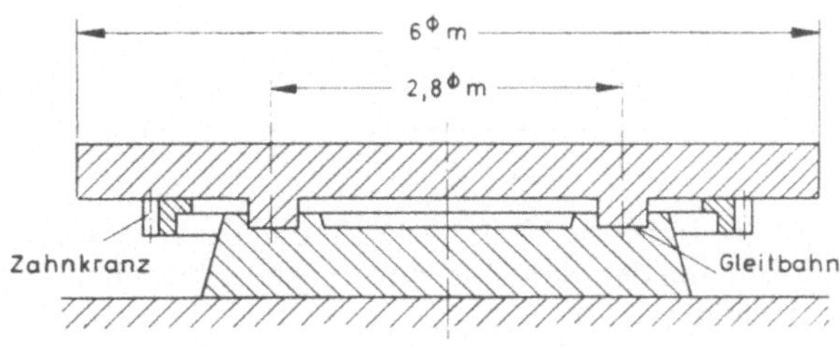

Welche Leistung ist zum Überwinden der Reibung auf der Gleitbahn bei $n = 4$ min^{-1} aufzuwenden, wenn die Reibungszahl 0,05 und das Gewicht der Planscheibe samt aufgespanntem Werkstück 420 kN beträgt?

875 Eine *Schiffswelle* wird durch einen Dieselmotor mit 5000 kW und 80 min^{-1} angetrieben und übt 340 kN Axialkraft auf das schematisch skizzierte *Kammlager* aus.

Die „Kämme", d. h. die Ringzapfen der Welle, haben 760 mm äußeren und 460 mm inneren Durchmesser. Die Reibung werde auf dem mittleren Ringkreis wirksam angenommen mit einer Reibungszahl 0,05.

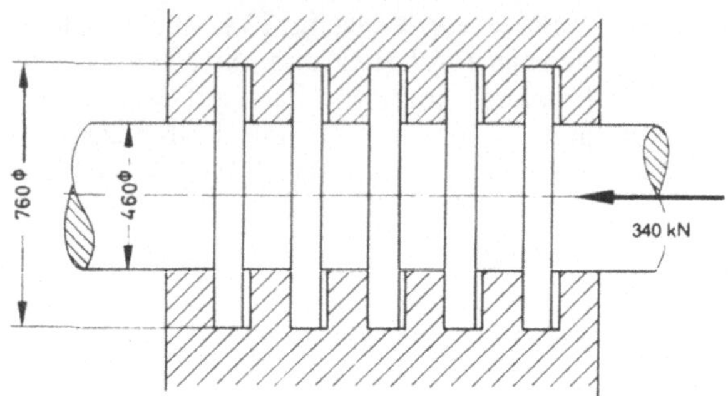

a) Wie groß ist der Leistungsverlust infolge Reibung der Ringzapfen?

b) Wie groß ist der Wirkungsgrad des Kammlagers?

876 Ein Gießerei-*Drehkran* nach Skizze trägt am Auslegerkopf eine Nutzlast von 25 kN in 4,4 m Ausladung. Sein Eigengewicht von 23 kN greift im Schwerpunkt in 1,2 m Abstand von der Drehachse an. Die Durchmesser beider Zapfen sind 80 mm; die Zapfenreibungszahl 0,1; der Hebelarm der Spurzapfen-Reibung gleich $\frac{2}{3}$ Zapfenradius.

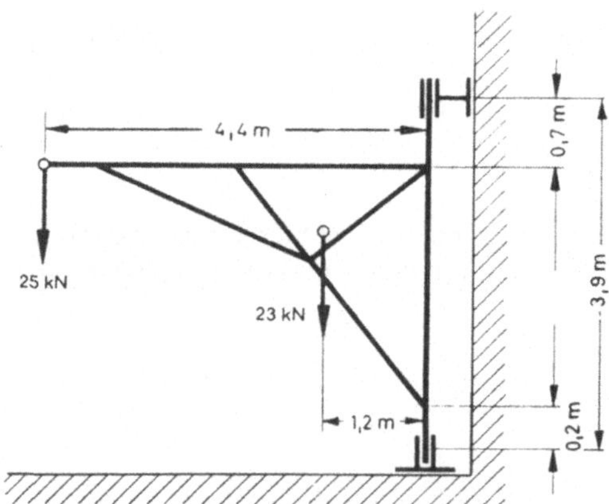

Gesucht wird die drehende Umfangskraft, die die Arbeiter, an der Nutzlast angreifend, ausüben müssen, um den Kran gleichförmig zu schwenken, d. h. die gesamte Zapfenreibung zu überwinden.

Rollende Reibung

877 Wie wird der Widerstand der sog. *rollenden Reibung* berechnet?

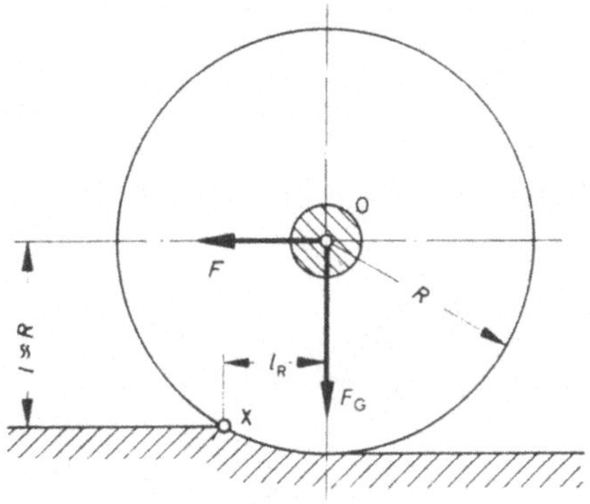

Lösung:

Das rollende Rad und seine Unterlage drücken sich ineinander ein. Die Rollbewegung des Rades kann aufgefaßt werden als eine Kippbewegung um die vor der Radmitte liegende Kante X. Die waagerechte Kraft F, welche an der Achse angreifen muß, um das F_G kN schwere Rad fortzurollen, ergibt sich aus der Gleichung der statischen Momente für Drehachse X:

$$-F \cdot l + F_G \cdot l_R = 0 \quad \text{oder,} \quad \text{da} \quad l \approx R,$$

$$-F \cdot R + F_G \cdot l_R = 0, \quad \text{also} \quad F = F_G \cdot \frac{l_R}{R}.$$

l_R heißt *Hebelarm der rollenden Reibung* und ist ein *Längenmaß*, vom Stoff des Rades und der Unterlage abhängig, z. B. für Stahlrad auf Stahlschiene $l_R = 0{,}05$ cm $= \frac{1}{2}$ mm. l_R ist also nicht eine unbenannte Zahl wie die Reibungszahl μ der gleitenden Reibung (Aufg. 807)! F ist nach obiger Gleichung umgekehrt proportional R. Der Rollwiderstand ist demnach um so kleiner, je größer der Raddurchmesser ist.

878 Eine *Eisenbahn-Wagenachse* hat 1000 mm Raddurchmesser und 11,5 kN Gewicht. Der Hebelarm der rollenden Reibung ist 0,05 cm.

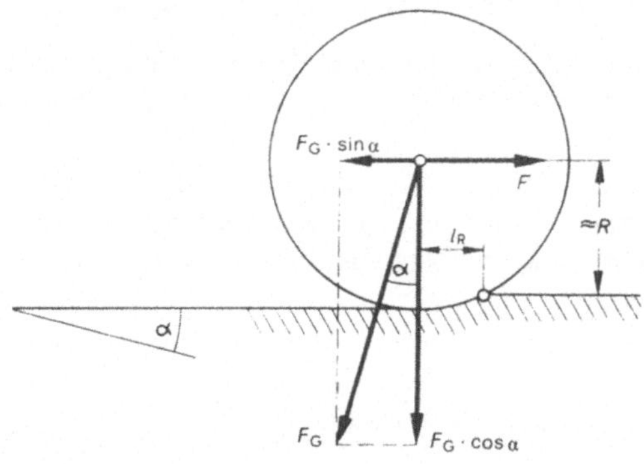

Welche Kraft ist zum gleichförmigen Fortrollen erforderlich:

a) auf geradem, waagerechtem Gleis, wenn die Kraft, waagerecht gerichtet, in Achsmitte angreift;

b) auf geradem, waagerechtem Gleis, wenn die Kraft, waagerecht gerichtet, am oberen Radumfang angreift;

c) auf einer Steigung 1:80, wenn die Kraft in Achsmitte angreift und parallel zur geneigten Ebene schräg aufwärts gerichtet ist?

d) Wie groß muß das Gefälle sein, damit die Achse ohne dauernden Antrieb von selbst gleichförmig abwärts rollt?

Lösung:

a) $F = F_G \cdot \dfrac{l_R}{R} = 11{,}5\ \text{kN} \cdot \dfrac{0{,}05\ \text{cm}}{50\ \text{cm}} = 0{,}0115\ \text{kN}$

b) $F = F_G \cdot \dfrac{l_R}{2R} \qquad F = 5{,}75\ \text{N}$

c) Statische Momente für Kippkante X:

$$F \cdot R - F_G \sin\alpha \cdot R - F_G \cos\alpha \cdot l_R = 0,$$

$$F = F_G \sin\alpha + F_G \cos\alpha \cdot \frac{l_R}{R},$$

$$\tan\alpha = \frac{1}{80} = 0{,}0125 \approx \sin\alpha; \qquad \alpha = 0{,}71616°,$$

$$\cos\alpha = \cos 0{,}71616° = 0{,}99992 \approx 1,$$

$$F = 11{,}5\ \text{kN} \cdot 0{,}0125 + 11{,}5\ \text{kN} \cdot 1 \cdot \frac{0{,}05}{50}$$

$$= 0{,}1438\ \text{kN} + 0{,}0115\ \text{kN} = 0{,}1553\ \text{kN}.$$

d) $F_G \sin\alpha \cdot R = F_G \cos\alpha \cdot l_R; \qquad \dfrac{\sin\alpha}{\cos\alpha} = \dfrac{l_R}{R} = \tan\alpha$

$$\tan\alpha = \frac{0{,}05\ \text{cm}}{50\ \text{cm}} = \frac{1}{1000}; \qquad \text{Gefälle } 1:1000$$

879 Eine *Straßenwalze* von 1,7 m Durchmesser und 53 kN Gewicht wird beim Walzen einer frisch aufgeworfenen Straße von einem Traktor gezogen.

Wie groß ist der Hebelarm der rollenden Reibung, wenn die Zugkraft des Traktors zu 4,5 kN gemessen wurde und die unbedeutende Zapfenreibung vernachlässigt wird?

880 Eine Platte vom Gewicht F_G soll auf *Walzen fortgerollt* werden. Welche Kraft F muß zu diesem Zweck in waagerechter Richtung an der Last angreifen?

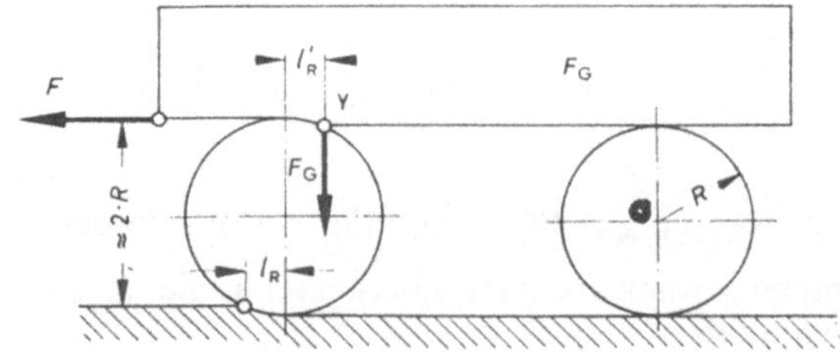

Lösung:

Man kann sich die Kräfte von beiden Walzen an einer Walze vereinigt denken. Die Walze kippt beim Rollen auf der Unterlage gleichsam um die Kante X (wie in Aufgabe 877), während oben die Last F_G in der Kante Y ruht. l_R ist der Hebelarm der rollenden Reibung zwischen Walze und Boden; l_R' zwischen Walze und Platte. Die Kippgleichung für Kante X ergibt $F \cdot 2R = F_G \cdot (l_R + l_R')$ unter Vernachlässigung des Eigengewichts der Walze. Wenn $l_R = l_R'$, wird $F \cdot 2R = F_G \cdot 2l_R$; $F = F_G \dfrac{l_R}{R}$.

881 Ein Axial-Rillen-Kugellager für eine stehende Welle von 76 kN axialer Belastung und $n = 150 \text{ min}^{-1}$ enthält 13 Kugeln von je 38 mm Durchmesser, die auf einem Kreis von 180 mm Durchmesser laufen. Der Hebelarm der rollenden Reibung für Stahl auf Stahl, gehärtet, beträgt 0,008 cm.

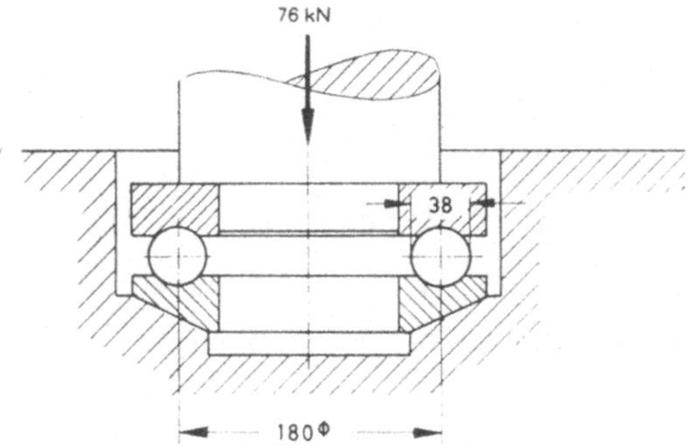

Gesucht wird der Leistungsverlust.

882 Eine *Drehscheibe* für Eisenbahnwagen wird durch einen Kranz von Rädern getragen, so daß der Drehzapfen in Scheibenmitte keine Belastung bekommt, sondern nur führt. Die Räder von 300 mm Durchmesser sind in einem besonderen Rahmen unabhängig von der Scheibe gelagert und werden durch Radialstangen um den mittleren Drehzapfen der Scheibe geführt. Sie rollen unten auf dem Fundament und oben unter der Scheibe auf einem Schienenkreis von 4,2 m Durchmesser. Das Eigengewicht der Scheibe beträgt 28 kN; das Gewicht der Laufräder werde vernachlässigt. Der Hebelarm der rollenden Reibung ist 0,05 cm.

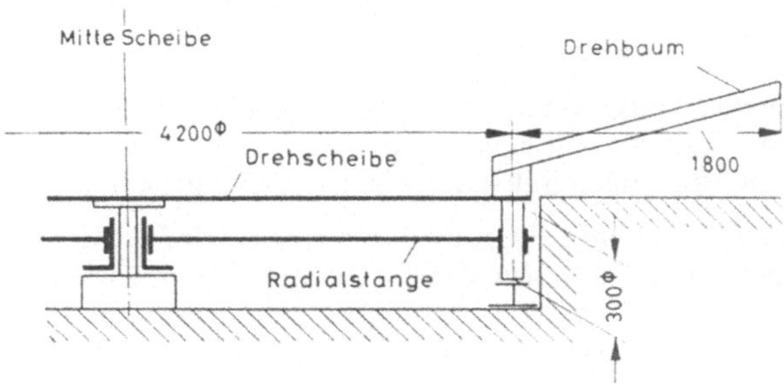

a) Welche Umfangskraft muß an dem Kreis von 4,2 m Durchmesser ausgeübt werden, um die mit einem 170 kN schweren Wagen belastete Scheibe gleichförmig zu drehen, d.h. die rollende Reibung zu überwinden?

b) Mit welcher Umfangskraft müssen die Arbeiter an den 1,8 m über den Schienenkreis radial nach außen vorstehenden Drehbäumen drücken?

Fahrwiderstand

883 Eine Achse mit zwei Rädern hat das Eigengewicht F_G und trägt auf den Zapfenlagern die Nutzlast F. Wie groß ist der *„Fahrwiderstand"*, d.h. die Kraft, die zum Fortrollen der Achse in ihrer Mitte angreifen muß?

Lösung:

1. Die *gleitende* Reibung $\mu \cdot F$ am Zapfenumfang sucht am Hebelarm r die Drehung des Rades zu verhindern. Zwischen Rad und Schiene muß ein Reibungswiderstand F_{Wg} auftreten, der das Rad mittels Reibung der Ruhe (sog. Haftreibung) festhält und dadurch die Drehung des Rades erzwingt. Die Größe von F_{Wg} ergibt sich aus der Momentengleichung für die Radachse:

$$-\mu \cdot F \cdot r + F_{Wg} \cdot R = 0; \qquad F_{Wg} = \mu \cdot F \frac{r}{R}.$$

Die hemmende Kraft F_{Wg} muß durch eine in Achsmitte ziehende Kraft F_g überwunden werden. Aus der Gleichung der waagerechten Kräfte $F_{Wg} - F_g = 0$ folgt:

$$F_g = F_{Wg} = \mu \cdot F \frac{r}{R}.$$

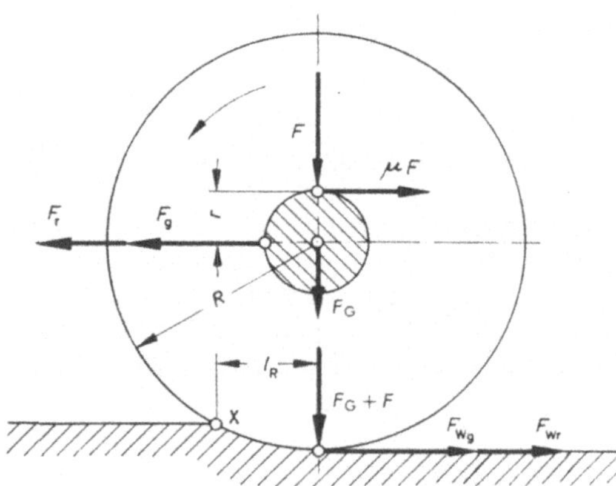

(Der Zapfenreibungs-Widerstand $\mu \cdot F$ ist nicht in die Gleichung der waagerechten Kräfte einzuführen, weil er keine *äußere* Kraft ist. Er wirkt am Zapfen nach rechts, dagegen am Lager nach links; diese beiden gleichgroßen inneren Kräfte heben sich auf.)

2. Die *rollende* Reibung F_{Wr} muß durch eine Kraft F_r an der Achse überwunden werden. Die Momentengleichung für die Kippkante X ergibt wie in Aufg. 880:

$$+F_r \cdot R - (F_G + F)\,l_R = 0; \qquad F_r = (F_G + F)\frac{l_R}{R}.$$

Der gesamte *Fahrwiderstand* d. h. die erforderliche Zugkraft am Wagen, ist also

$$F_{\mathrm{W}g} + F_{\mathrm{W}r} = \mu \cdot F\,\frac{r}{R} + (F_{\mathrm{G}} + F)\,\frac{l_{\mathrm{R}}}{R}.$$

Dieselbe Kraft wirkt als Reibungswiderstand der Ruhe oder Haftreibung $F_{\mathrm{W}g} + F_{\mathrm{W}r}$ zwischen Rad und Schiene in entgegengesetzter Richtung auf den Radumfang.

884 Ein vierachsiger D-Zugwagen hat unbesetzt 432 kN Gesamtgewicht einschließlich Radsätzen. Das Gewicht einer Achse mit Rädern beträgt 11,5 kN, der Raddurchmesser 1000 mm, der Zapfendurchmesser 115 mm, die Zapfenreibungszahl 0,03, der Hebelarm der rollenden Reibung 0,05 cm.

Wie groß ist der Fahrwiderstand auf ebenem, geradem Gleis?

Lösung:

$$F_{\mathrm{G}} + F' = 432 \text{ kN}; \qquad F_{\mathrm{G}} = 4 \cdot 11{,}5 \text{ kN} = 46 \text{ kN}$$

$$F' = 432 \text{ kN} - 46 \text{ kN} = 386 \text{ kN}$$

$$F = \mu \cdot F'\,\frac{r}{R} + (F_{\mathrm{G}} + F')\,\frac{l_{\mathrm{R}}}{R} \quad \text{(Aufg. 883)}$$

$$F = 0{,}03 \cdot 386 \text{ kN} \cdot \frac{115 \text{ mm}}{1000 \text{ mm}} + 432 \text{ kN} \cdot \frac{0{,}5 \text{ mm}}{500 \text{ mm}}$$

$$F = 1{,}33 \text{ kN} + 0{,}43 \text{ kN} = 1{,}76 \text{ kN}$$

885 Der gesamte Fahrwiderstand der Reibung für *Eisenbahnwagen* kann erfahrungsgemäß zu 4 N für 1 kN Wagengewicht angenommen werden. Der Raddurchmesser beträgt 1000 mm, der Achszapfendurchmesser 115 mm, das Gewicht einer Achse mit Rädern 11,5 kN, der Hebelarm der rollenden Reibung 0,05 cm.

Wie groß ist danach die Zapfenreibungszahl für einen zweiachsigen Güterwagen von 180 kN Gesamtgewicht einschließlich Radsätzen?

886 Ein *Laufkran* für 100 kN Nutzlast hat 130 kN Eigengewicht einschließlich der 12 kN schweren Achsen und Räder. Raddurchmesser 700 mm, Achszapfendurchmesser 90 mm, Zapfenreibungszahl 0,1; Hebelarm der rollenden Reibung 0,05 cm.

Zu berechnen sind für den vollbelasteten Kran:

a) der Fahrwiderstand;

b) die Nutzleistung des Elektromotors beim gleichförmigen Fahren des Krans mit einer Geschwindigkeit 70 m/min. Der Wirkungsgrad des Triebwerks zwischen Motor und Laufachsen ist zu 80% anzunehmen.

887 Die *Winde* eines *Laufkrans* hat bei 500 kN Tragfähigkeit 115 kN Eigengewicht. Die vier Laufräder haben 500 mm, die Achszapfen 80 mm Durchmesser. Die Zapfenreibungszahl ist 0,1; der Hebelarm der rollenden Reibung 0,05 cm. Das Gewicht der Räder und Achsen werde vernachlässigt.

a) Wie groß ist der Fahrwiderstand der Laufwinde?

b) Welche Geschwindigkeit vermag der Motor mit 6 kW Nutzleistung der Winde zum Querfahren auf dem Krangerüst zu erteilen, wenn der Wirkungsgrad der Rädervorgelege 70 % beträgt?

888 Eine *Schubkarre* wiegt leer 350 N; davon 90 N Gewicht des Rades mit Achse. Das Rad hat 480 mm, der Zapfen 20 mm Durchmesser. Zum Anheben der mit 1900 N Nutzlast beladenen Karre muß an den Handgriffen eine senkrechte Gesamtkraft von 430 N angreifen.

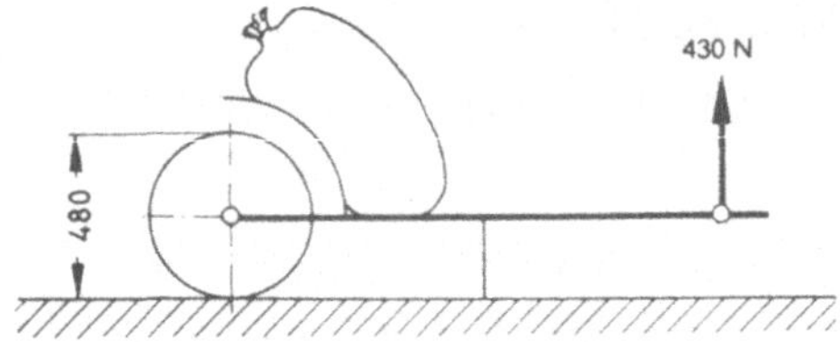

a) Welche waagerechte Schubkraft ist zum Fahren der Karre aufzuwenden, wenn die Reibungszahl am Radzapfen 0,2 und der Hebelarm der rollenden Reibung auf der Holzbahn 1,4 cm beträgt?

b) Welche Gesamtkraft muß dann der Arbeiter beim Fortschieben der Karre an den Handgriffen ausüben?

c) Unter welchem Winkel gegen die Senkrechte muß diese Kraft wirken?

889 Eine *Drehbrücke* belastet beim *Schwenken* den Spurzapfen O mit 7600 kN und die zwei Laufräder am Ende des kurzen Brückenarms A zusammen mit 690 kN. Das Gewicht des langen, den Schiffahrtskanal überspannenden Brückenarms OB ist durch ein schweres Gegengewicht bei A ausgeglichen, so daß der lange Arm frei schwebt, während die Brücke in O und A aufliegt. Die Laufräder bei A rollen auf einem Schienenkreis von 21,8 m Halbmesser. Das Schwenken der Brücke erfolgt mit einem an ihrem Kopfende A gelagerten Zahnrad mit senkrechter Welle, das in einen an der Ufermauer befestigten

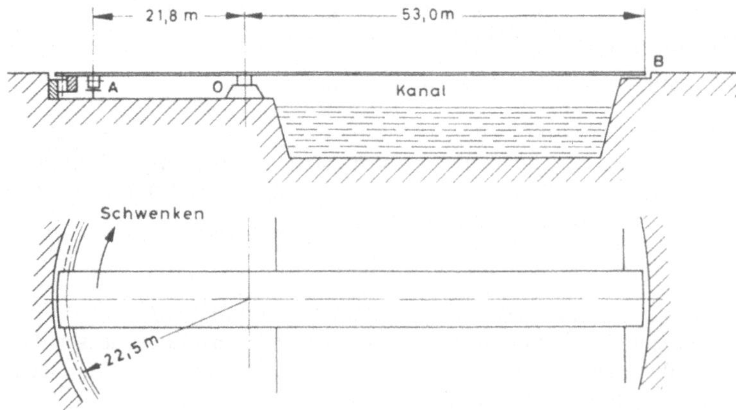

waagerechten Zahnkranz von 22,5 m Halbmesser eingreift und durch einen Benzinmotor mit Rädervorgelege angetrieben wird.

a) Welche Umfangskraft muß am Zahnkranz zur Überwindung der Spurzapfenreibung wirken? Der Spurzapfen hat 500 mm Durchmesser und Reibungszahl 0,07; der Hebelarm des Reibungswiderstandes ist nach Aufg. 871 zu $\frac{2}{3}$ Zapfenradius anzunehmen.

b) Welche Umfangskraft, ebenfalls auf den Zahnkranz bezogen, ist zum Antrieb der Laufräder erforderlich? Der Durchmesser der Räder beträgt 750 mm, der Hebelarm der rollenden Reibung $l_R = 0,05$ cm die Lagerzapfen der Achsen haben 190 mm Durchmesser und eine Reibungszahl 0,1. Das Eigengewicht der Räder und Achsen werde neben ihrer großen Belastung 690 kN vernachlässigt.

c) Welche Leistung muß der antreibende Benzinmotor abgeben, um die Brücke mit einer Umfangsgeschwindigkeit 0,26 m/s am Zahnkranz zu schwenken, wenn der Gesamtwirkungsgrad des Triebwerks mit 60 % angenommen wird?

890 a) Was versteht man unter „*Gesamtreibungszahl*" (Fahrwiderstandsziffer) von Fuhrwerken?

b) Nenne Beispiele dazu?

Lösung:

a) Die Gesamtreibungszahl ist ein Erfahrungsfaktor, der, mit dem Gewicht des Fahrzeugs multipliziert, den gesamten Fahrwiderstand ergibt, also gleitende und rollende Reibung berücksichtigt.

b) Die Gesamtreibungszahl für Eisenbahnwagen beträgt annähernd 0,004. Der Fahrwiderstand eines 150 kN schweren Wagens ist also $0,004 \cdot 150$ kN $= 0,6$ kN $=$ erforderliche Zugkraft bei gleichförmiger Fahrt auf waagerechtem, geradem Gleis.

Die Gesamtreibungszahl für Straßenfuhrwerke auf Asphalt beträgt 0,01; auf gutem Steinpflaster 0,02; auf Schotterstraßen 0,025; auf Sandweg 0,15 bis 0,3.

891 Wie viele Achsen von durchschnittlich 90 kN Gewichtskraft kann eine *Schnellzug-Lokomotive* mit 40 kN Zugkraft auf einer Steigung von 10‰ [1]) in gleichförmiger Fahrt befördern, wenn eine Achse zur Überwindung des Fahrwiderstandes auf waagerechter wie auf ansteigender Strecke 350 N Zugkraft verlangt?

Lösung:

Zu dem Fahrwiderstand, der auf waagerechter Strecke auftritt, kommt auf ansteigendem Gleis die Komponente $G \cdot \sin\alpha$ hinzu. Folglich Zugkraft für eine Achse $F = 350$ N $+ G \cdot \sin\alpha$. Bei kleinen Winkeln ist $\sin\alpha \approx \tan\alpha$, im vorliegenden Fall 10‰ [1]).

$$F = 0,35 \text{ kN} + 90 \text{ kN} \cdot \frac{10}{1000} = 1,25 \text{ kN für eine Achse.}$$

$$\text{Zulässige Achszahl } \frac{40 \text{ kN}}{1,25 \text{ kN}} = 32.$$

---

[1]) 1‰ = 1 m Erhöhung auf 1000 m waagerechter Strecke.

892   Ein *Güterzug* von 5800 kN Gesamtgewicht soll mit 80 km/h befördert werden. Der gesamte Fahrwiderstand der Reibung beträgt auf waagerechter wie auf ansteigender Strecke 4 N für 1 kN Zuggewicht.

Zu berechnen sind:

a) die Zugkraft und die abgegebene Nutzleistung der Lokomotive auf gerader, waagerechter Strecke (vergleiche Fußnote Seite 143);

b) auf einer Steigung von 6,67‰ [1]).

c) die notwendige Bremskraft zum Erhalten der gleichförmigen Geschwindigkeit im Gefälle von 6,67‰.

893   Eine *Zahnrad-Lokomotive* von 175 kN Eigengewicht soll auf einer Bergbahn von der Steigung 250‰ einen besetzten Personenwagen von 125 kN Gewicht aufwärts ziehen. Der Fahrwiderstand der Reibung beträgt auf waagerechter wie auf ansteigender Strecke für 1 kN Lokomotivgewicht 14 N und für 1 kN Wagengewicht 6 N.

Gesucht sind für Lokomotive und Wagen zusammen:

a) der Fahrwiderstand der Reibung;

b) die Komponente der Gewichtskraft in Fahrtrichtung;

c) die erforderliche gesamte Zugkraft.

Seilreibung

894   Ein mit F_2 kN belastetes *Seil* ist um einen gegen Drehung gesicherten Zylinder geschlungen.

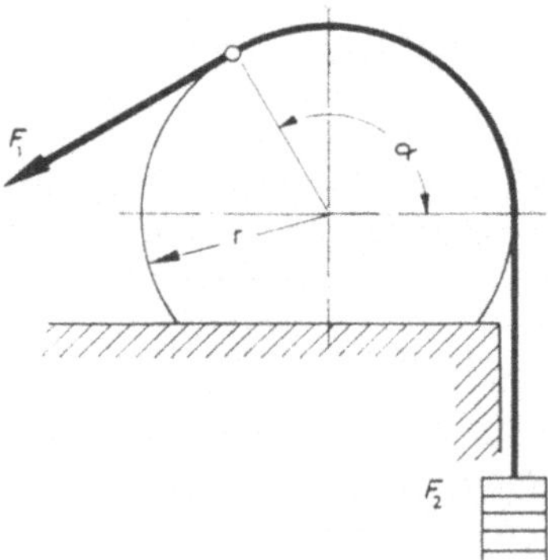

a) Welche Kraft F_1 muß an dem freien Seil-Ende angreifen, um die Last F_2 emporzuziehen?

b) Wie groß ist der an dem zylindrischen Mantel auftretende gesamte Reibungswiderstand?

----

[1]) 1‰ = 1 m Erhöhung auf 1000 m waagerechter Strecke

Lösung:

a) Wegen der Reibung des Seils auf dem Zylinder muß F_1 größer als F_2 sein, nämlich

$$F_1 = F_2 \cdot e^{\mu\alpha}.$$

Dabei ist $e = 2{,}71828\ldots$ die Basis der natürlichen Logarithmen; μ die Reibungszahl für die Reibung zwischen Seil und Zylinder; α der umspannte Bogen in rad [1]) gemessen (Bogenlänge auf einem Kreis vom Halbmesser 1).

b) Der Reibungswiderstand am Zylindermantel ist $F_1 - F_2$.

895 Der 900 N schwere Bär eines *Riemen-Fallhammers* hängt an einem Lederriemen, der eine dauernd umlaufende Scheibe umschlingt. Mit welcher Kraft muß ein Arbeiter an dem unter 30° gegen die Lotrechte geneigten freien Riemenende ziehen, damit der Bär gleichförmig gehoben wird? Die Reibungszahl für Leder auf Eisen ist 0,28.

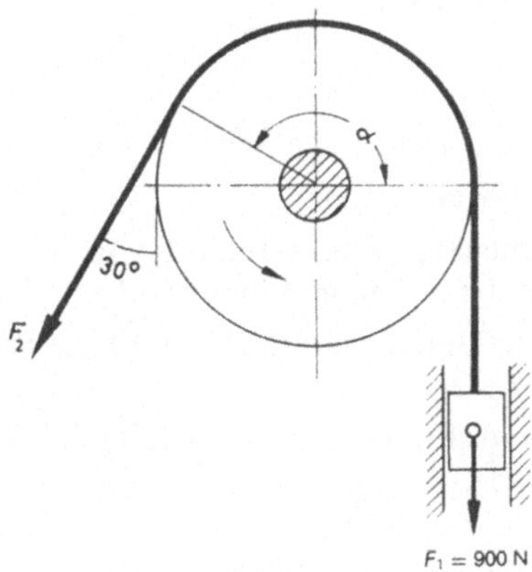

Lösung:

Die Reibung der umlaufenden Scheibe sucht den Riemen mitzunehmen, vergrößert also seine Spannkraft von F_2 am freien Ende bis auf F_1 an der Last. $F_1 = 900\ \text{N} = F_2 \cdot e^{\mu\alpha}$.

Der umspannte Bogen ist:
$$\alpha = 150°$$

$$\alpha = \frac{2\pi}{360} \cdot 150 = 2{,}618\ \text{rad}$$

$$\mu \cdot \alpha = 0{,}28 \cdot 2{,}618 = 0{,}733$$

$$e^{\mu\alpha} = 2{,}08$$

$$F_2 = \frac{F_1}{e^{\mu\alpha}} = \frac{900\ \text{N}}{2{,}08} = 430\ \text{N}$$

---

[1]) $1\ \text{rad} = \dfrac{360°}{2\pi}$

896   Bei dem skizzierten *Riemenantrieb* wird in dem gezogenen Riementeil durch eine Spannrolle mit Belastungsgewicht eine Spannkraft von 1,7 kN erzeugt. Der vom Riemen umfaßte Winkel an der treibenden Scheibe beträgt 220°, die Reibungszahl für Leder auf Grauguß 0,25.

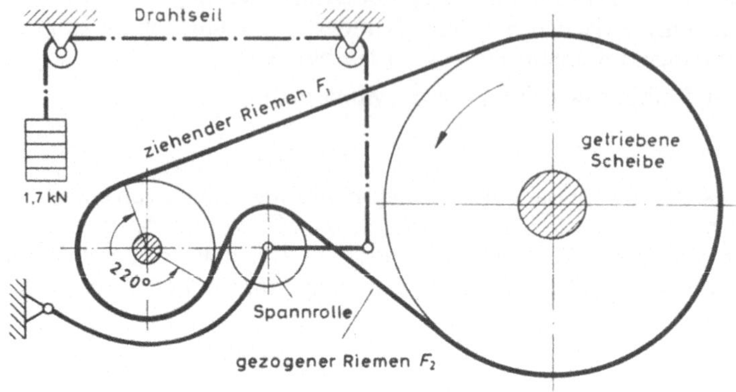

a) Wie groß ist an der treibenden Scheibe der umspannte Bogen in rad?

b) Wie groß ist der Wert $e^{\mu\alpha}$?

c) Welche höchstzulässige Zugkraft darf von der treibenden Scheibe im ziehenden Riemen erzeugt werden, ohne daß dieser auf der Scheibe anfängt zu gleiten?

d) Welche treibende Umfangskraft überträgt die Scheibe dabei auf den Riemen?

e) Wie groß ist die übertragene Leistung, wenn die treibende Scheibe 400 mm Durchmesser hat und ihre Drehzahl $n = 720\,\mathrm{min}^{-1}$ beträgt?

897   Die skizzierte *Bandbremse* wird durch eine am Handgriff des Hebels ausgeübte Kraft von 150 N angezogen. Der umspannte Bogen der Scheibe beträgt sieben Zehntel des Umfangs. Die Reibungszahl für Stahlband auf Graugußscheibe ist 0,18.

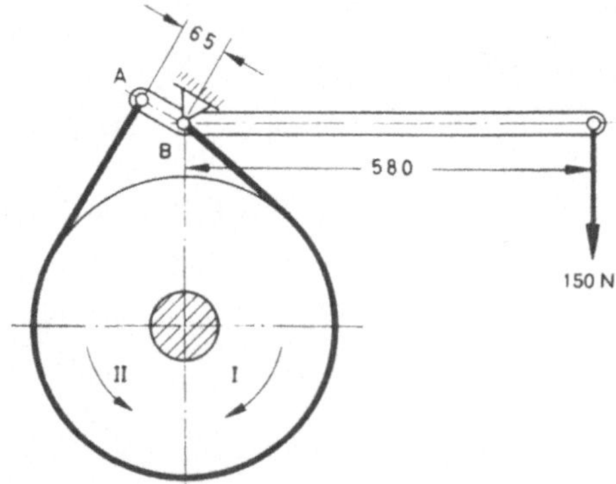

a) Wie groß ist der umspannte Bogen in rad?

b) Wie groß ist der Wert $e^{\mu\alpha}$?

c) Welche Spannkraft wird durch Anziehen des Hebels in dem Bremsband A erzeugt?

d) Wie groß wird die Spannkraft in dem festen Bandende B und die bremsende Umfangskraft an der Scheibe bei Drehrichtung I?

e) Wie groß wird die Spannkraft in dem festen Bandende B und die bremsende Umfangskraft an der Scheibe bei Drehrichtung II?

898 Bei der *Differential-Bandbremse* ist das stärker gespannte Bandende F_1 nicht an den festen Hebeldrehpunkt O angeschlossen wie bei der einfachen Bandbremse (Aufg. 897), sondern seitlich von diesem, so daß F_1 an einem kleinen Hebelarm die Bremse anziehen hilft. F_2 wirkt in umgekehrtem Drehsinn am Hebel lösend auf die Bremse. Wegen der Differenzwirkung der beiden Kräfte F_1 und F_2 heißt diese Anordnung „Differential-Bremse". Sie liefert infolge der Mitwirkung von F_1 stärkere Bremskräfte, als die kleinste Kraft 150 N des Arbeiters am Handgriff des Hebels sie zu erzeugen vermag. Die Reibungszahl für Stahlband auf Grauguß-Bremsscheibe ist 0,18.

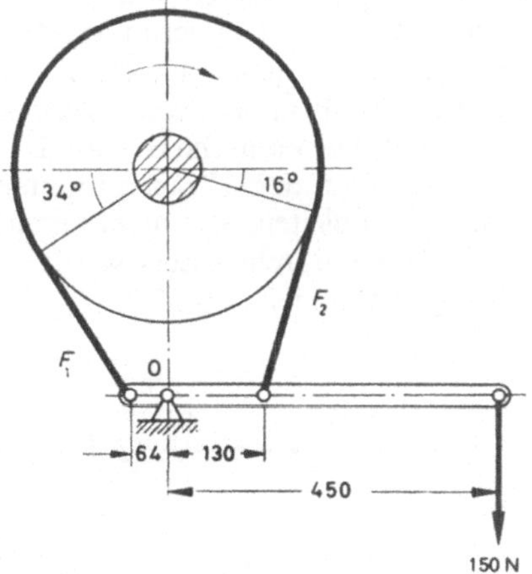

Zu berechnen sind:

a) der umspannte Bogen der Scheibe in rad;

b) der Wert $e^{\mu\alpha}$;

c) die Hebelarme der beiden Spannkräfte F_1 und F_2 in bezug auf den Hebeldrehpunkt O;

d) die Kraft F_2;

e) die Kraft F_1;

f) die bremsende Umfangskraft an der Scheibe.

Lösungshinweis:

In der Gleichung der statischen Momente für den Hebeldrehpunkt O erscheinen die drei Kräfte 150 N, F_1 und F_2. Setzt man $F_1 = F_2 \cdot e^{\mu\alpha}$ in die Gleichung ein, so kann man F_2 als einzige Unbekannte berechnen.

899 Das von einer *Windentrommel* ablaufende Drahtseil ist mit 32 kN belastet. Die Befestigungsstelle des Seiles auf dem Trommelmantel soll höchstens mit 0,1 kN

Zugkraft beansprucht werden. Deshalb darf das Seil nie vollständig abgewickelt werden, sondern eine gewisse Mindestzahl Windungen muß aufgewickelt bleiben, damit die Reibung dieser Windungen auf der Trommel die Befestigungsstelle entlastet. Die Reibungszahl für Drahtseil auf Graugußtrommel ist 0,15.

Gesucht sind:

a) der erforderliche Wert $e^{\mu\alpha}$;

b) der umspannte Bogen in rad;

c) die Zahl der Windungen, welche aufgewickelt bleiben müssen.

8100 Eine *Spillwinde* wird zum Heranholen von Eisenbahnwagen so benutzt, daß ein Drahtseil mit einem Ende am Zughaken des Wagens befestigt und mit dem anderen Ende um die Spilltrommel geschlungen wird. Diese wird durch einen im Erdboden versenkt aufgestellten Elektromotor dauernd angetrieben. Ein Arbeiter zieht an dem von der Trommel ablaufenden Seilende mit geringer Kraft. Diese wird aber durch die Reibung des Seiles auf der Spilltrommel vergrößert und dadurch im auflaufenden Seil eine große Zugkraft erzeugt. Die konische Gestalt der Trommel bewirkt, daß die unten auflaufenden Seilwindungen auf der schrägen Mantelfläche immer nach oben zu dem kleinsten Durchmesser hin abgleiten, also nicht unten von der Trommel ablaufen. Die Veränderlichkeit des Trommeldurchmessers werde vernachlässigt. Die Reibungszahl für Drahtseil auf Graugußtrommel ist 0,15.

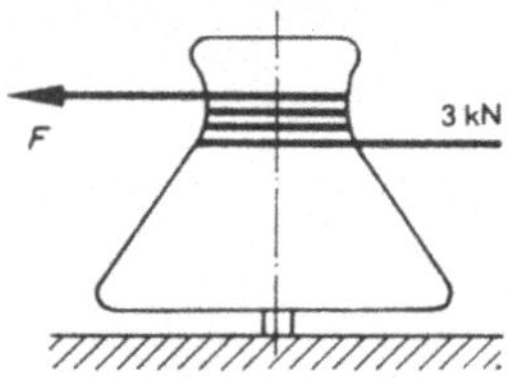

Zu berechnen sind:

a) der umspannte Winkel in Grad für den Fall, daß das Seil mit drei vollständigen Umwindungen um die Trommel geschlungen ist;

b) der umspannte Bogen α in rad;

c) der Wert $e^{\mu\alpha}$;

d) die Kraft, mit der der Arbeiter an dem ablaufenden Seilende ziehen muß, um im auflaufenden Seil eine Zugkraft von 3 kN zu erzeugen.

8101 Ein *Frachtdampfer* von 20 MN Gesamtgewicht hat beim Anlegen an der Ufermauer des Hafens eine Fahrgeschwindigkeit 0,5 m/s und soll mit einem Hanftau gebremst werden. Dieses ist am Schiff befestigt und wird um einen am Land verankerten zylindrischen Haltepfahl mit vier Umwindungen geschlungen. Das freie, ablaufende Seilende werde von einem Arbeiter mit einer Kraft 50 N zurückgehalten, so daß die auftretende Seilreibung das Schiff in verzögerter Auslaufbewegung zum Stillstand bringt. Die Reibungszahl für Hanfseil auf Eisenpfahl ist 0,25.

Gesucht sind:

a) der umspannte Bogen am Haltepfahl in rad;

b) der Wert $e^{\mu\alpha}$;

c) die in dem ablaufenden, am Schiff befestigten Seilende erzeugte Spannkraft.

8102 Wie mißt man die Leistung einer Kraftmaschine mittels *Band-Bremsdynamometers*?

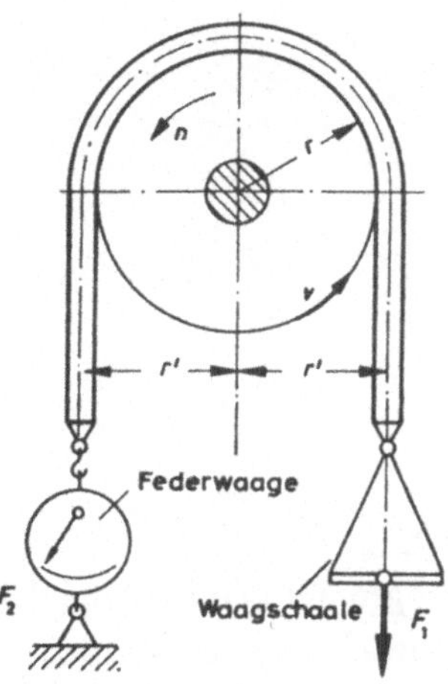

Lösung:

Ein um die Bremsscheibe der Maschinenwelle geschlungenes Seil oder Stahlband wird am freien Ende durch eine Waagschale mit F_1 belastet. Die Spannkraft am anderen, festen Seilende wird an einer Federwaage zu F_2 gemessen. Bei der eingezeichneten Drehrichtung der Scheibe ist $F_1 > F_2$; denn die Spannkraft F_2 wird durch die hinzukommende Reibungskraft F der Scheibe auf F_1 vergrößert, so daß $F_2 + F = F_1$. Die Reibungskraft, d. h. die Bremskraft ist demnach $F = F_1 - F_2$, und zwar gemessen im Abstand r' von Mitte Scheibe. Auf den Umfang der Scheibe, also den kleineren Hebelarm r bezogen, ist die Bremskraft im Verhältnis $r':r$ größer anzusetzen, nämlich

$$F = (F_1 - F_2)\,\frac{r'}{r}.$$

Die abgebremste Leistung der Maschine ist dann

$$P = F \cdot v = (F_1 - F_2)\,\frac{r'}{r} \cdot \frac{2\pi r n}{60} = \frac{2\pi r'}{60}\,(F_1 - F_2)\,n \quad \text{in W}$$

$$P = C \cdot (F_1 - F_2).$$

Dabei ergibt sich die „Bremskonstante" zu

$$C = \frac{2\pi r'}{60} = 0{,}1047 \cdot r'.$$

8103 An einem *Dieselmotor* wurden beim *Bremsversuch* folgende Werte gemessen: Bremsscheibendurchmesser 600 mm, Drehzahl 450 min^{-1}, Waagschalenbelastung 1240 N,

Federwaagenbelastung 675 N. Das 2 mm starke Stahlband ist mit Holzklötzen von 40 mm Stärke gefüttert.

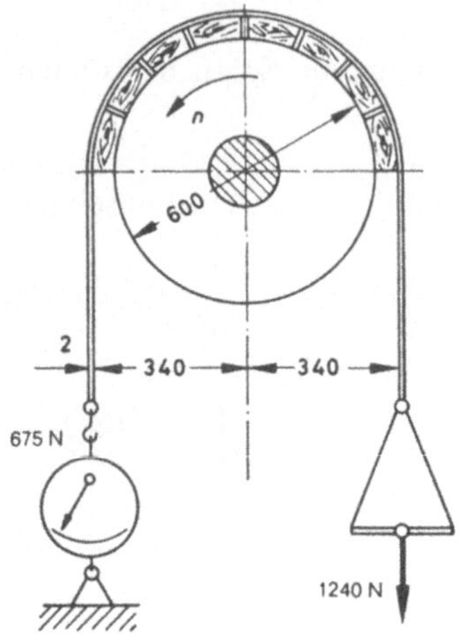

Gesucht sind:

a) die Bremskonstante;

b) die Bremskraft bezogen auf den Umfang der Scheibe;

c) die abgebremste Nutzleistung des Motors.

8104 Die Leistung eines *Elektromotors* wurde mit einer *Seilbremse* gemessen. Das 12 mm starke Hanfseil ist *einmal* um die Riemenscheibe des Motors herumgeschlungen. Die Federwaage am festen Seilende zeigte 23 N; die Waagschalenbelastung am freien Seilende betrug einschließlich Eigengewicht der Schale 187 N; die Drehzahl $n = 1400$ min^{-1}, der Scheibendurchmesser 200 mm. Die elektrischen Meßinstrumente gaben die aus dem Leitungsnetz entnommene Leistung zu 3,17 kW an.

Zu berechnen sind:

a) die Bremskonstante;

b) die Bremskraft, bezogen auf den Umfang der Scheibe;

c) die abgebremste Nutzleistung;

d) der Wirkungsgrad des Motors.

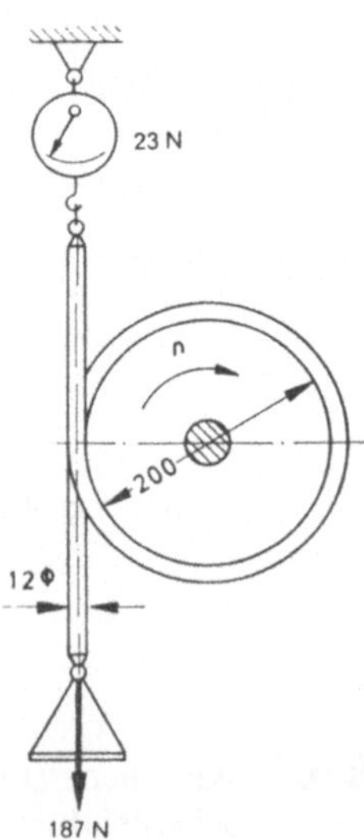

9. Statik mehrteiliger, ebener Gebilde

Gebilde aus Scheiben und Stäben

901 Wann spricht man in der Statik der Ebene von *Scheiben* und wann von *Stäben?*

Lösung:

Wird ein Bauteil durch nur zwei Kräfte im Gleichgewicht gehalten, so müssen beide Kräfte die Eigenschaft von sog. *Gegenkräften* aufweisen: sie sind von gleichem Betrag, haben dieselbe Wirkungslinie und entgegengesetzten Richtungssinn. Leitet das Bauteil ausschließlich Kräfte weiter und greift keine dritte Kraft an, so spricht man von einer „Pendelstütze".

Beispiele:

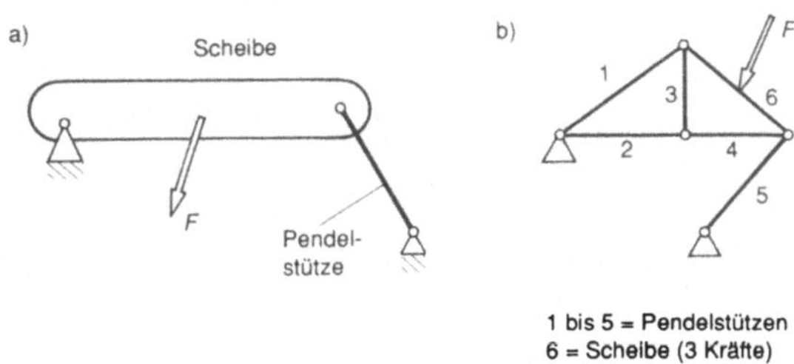

Pendelstützen sind also solche Bauteile, die durch genau zwei Kräfte im Gleichgewicht gehalten werden und die als Verbindungselemente im mehrteiligen Gebilde diese Kräfte weiterleiten. Auch Teilgebilde, die aus mehreren Einzelteilen bestehen, sind dann Pendelstützen, wenn am Teilgebilde nur zwei Kräfte gleichgewichtig angreifen. Wird ein Bauteil durch drei oder mehr Kräfte belastet, so spricht man von einer „Scheibe"; dies gilt auch, wenn Momente am Bauteil angreifen.

902 Was versteht man unter dem „*Dreikräfte-Verfahren*" der Statik?

Lösung:

Greifen drei Kräfte an einer Scheibe an, so bilden diese im Gleichgewichtsfall stets ein zentrales Kräftesystem: die Wirkungslinien aller drei Kräfte schneiden sich im selben Punkt. Es gibt kein Gleichgewicht dreier Kräfte, wenn diese Bedingung nicht erfüllt ist. Diese Aussage ist für die ebene Statik darum von so großer Bedeutung, weil eine statisch bestimmt gelagerte Scheibe entweder durch eine zweiwertige Fessel (Gelenk) und eine einwertige Fessel (Loslager, Pendelstütze) gelagert ist oder durch drei einwertige Fesseln. Im ersten Fall wird die Gleichgewichtsbetrachtung an der Scheibe stets zu einem Dreikräfteverfahren führen; schneidet man die Wirkungslinie der resultierenden Aktionskraft mit der (bekannten) Wirkungslinie an der einwertigen Fessel, so ist dieser Schnittpunkt auch ein Punkt der Wirkungslinie der dritten Kraft, also der Gelenkkraft.

903　Es ist die *Pendelstütze* zu suchen, und es sind die drei *Wirkungslinien* des die Scheibe belastenden gleichgewichtigen zentralen Kräftesystems einzuzeichnen.

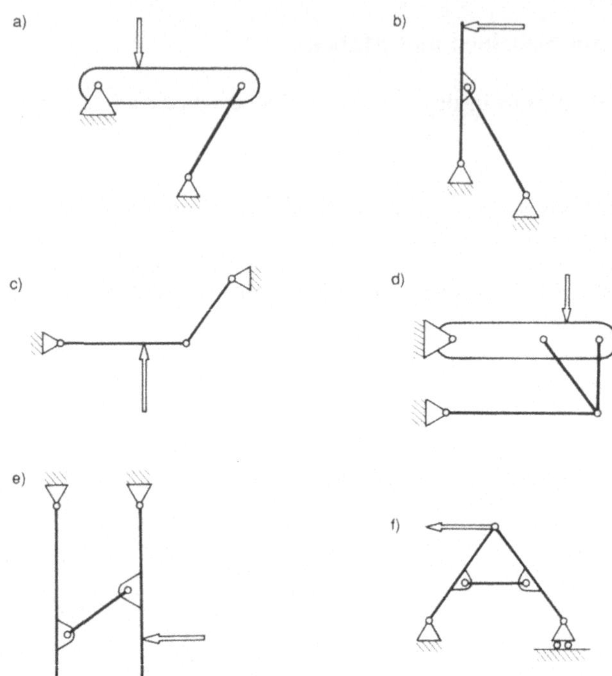

Lösung:

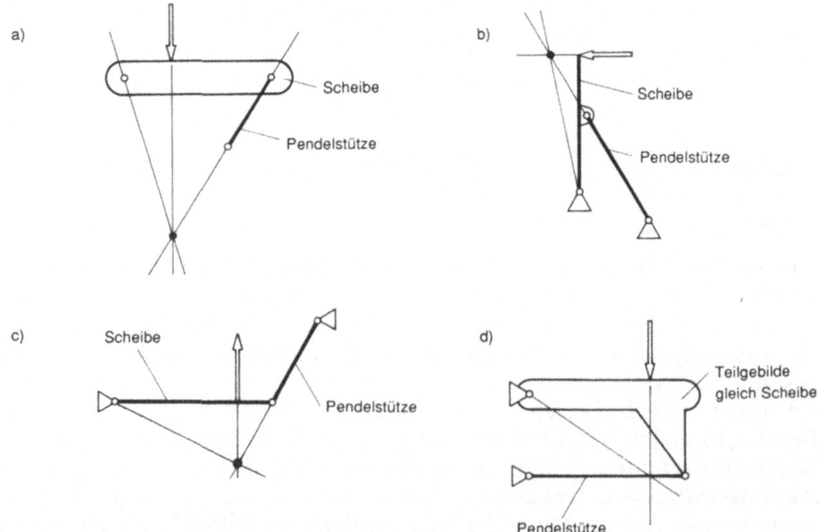

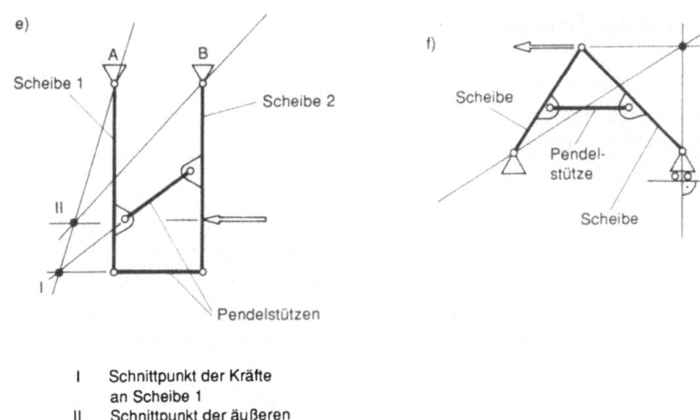

| I | Schnittpunkt der Kräfte an Scheibe 1 |
| II | Schnittpunkt der äußeren Kräfte am System ($F-F_A-F_B$) |

904 Zwei Scheiben und zwei Stäbe – alle Elemente von vernachlässigbar kleinem Gewicht – sind – wie skizziert – zu einem mehrteiligen Gebilde zusammengesetzt und durch die Kraft $F = 200$ N belastet. Zu bestimmen sind die Stabkräfte sowie die Reaktionen in den Fundamentgelenken A und B.

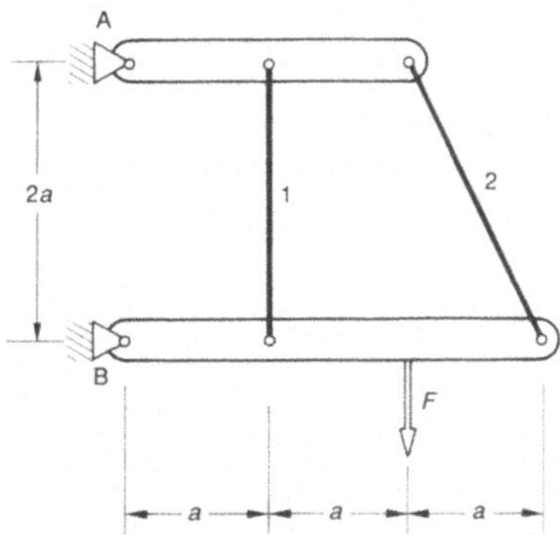

905 Zwei Scheiben und ein Stab sind – wie skizziert – durch reibungsfreie Gelenke verbunden. Welche Auflagerreaktionen F_A und F_B und welche Stabkraft ruft die Last $F = 1$ kN hervor?

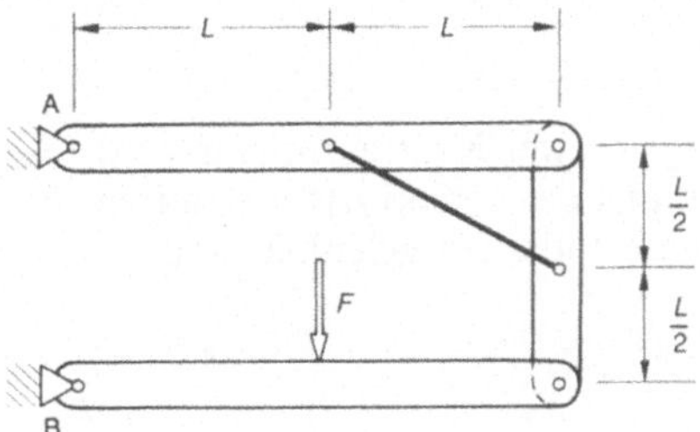

Gebilde aus Scheiben – der Dreigelenkbogen

906 Was versteht man unter Superposition in der Mechanik, und wann führt nur das Superpositionsverfahren (Überlagerungsverfahren) in der graphischen Statik zur Lösung, d.h. zur Ermittlung der Reaktionen?

Lösung:

Die Wirkungen verschiedener Kräfte und Momente an einem Körper oder einem System überlagern sich insofern ungestört, als es auf die Reihenfolge beim Aufbringen der Lasten nicht ankommt: Die statischen Reaktionen (wie auch die elastischen Deformationen) stellen sich als Vektorsumme der Teilreaktionen zufolge der einzelnen Lasten dar. In der Mechanik ist es oft angezeigt, von diesem Überlagerungsprinzip Gebrauch zu machen; so z.B. auch in statisch unbestimmten Systemen.

Beispiel:

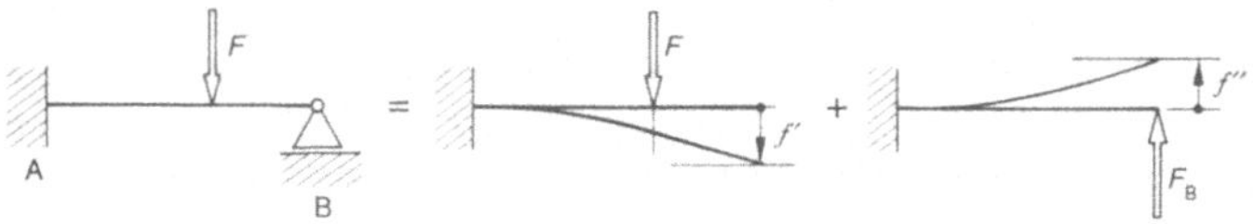

Die statisch unbestimmte Lagerreaktion F_B ergibt sich aus der Superposition der Teilbelastungen. Durch Gleichsetzen der zuvor ermittelten Biegepfeile f' und f'' wird F_B bestimmt.

In der graphischen Statik erfordert der sog. Dreigelenkbogen dann die Superposition, wenn beide Scheiben durch Aktionskräfte belastet sind:

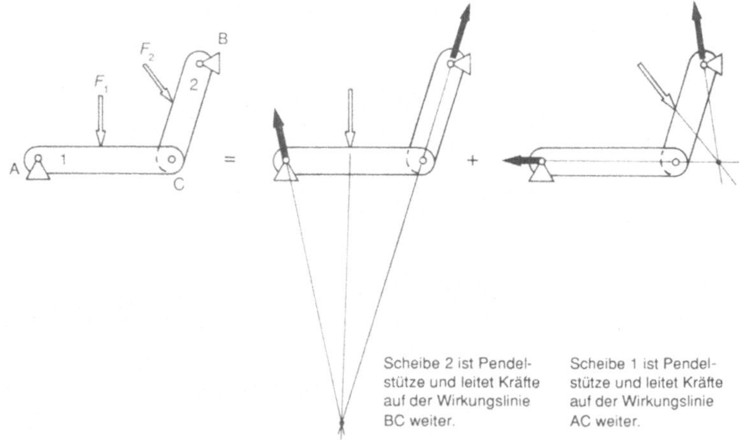

Durch Aufteilung in zwei Kräftegruppen wird jeweils eine der beiden Scheiben zur Pendelstütze; dann ist das Dreikräfte-Verfahren für die belastete Scheibe möglich. Die Reaktionen in den Fundamentgelenken sind aus der Überlagerung der Teilreaktionen zu ermitteln:

$$\overline{F}_A = \overline{F}_{A1} + \overline{F}_{A2}$$
$$\overline{F}_B = \overline{F}_{B1} + \overline{F}_{B2}$$

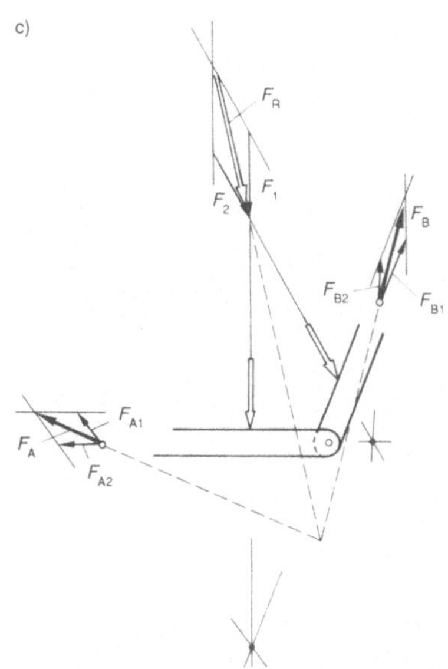

Kontrolle:

Die drei Kräfte F_A, F_B und die Resultierende aus F_1 und F_2, also F_R, bilden ein Dreikräftesystem; die drei Wirkungslinien schneiden sich in einem gemeinsamen Punkt (zentrales Dreikräftesystem). Hier bietet sich eine Möglichkeit der Kontrolle, ob F_A und F_B richtig bestimmt wurden.

907 Für den skizzierten Dreigelenkbogen sind die Auflagerreaktionen in den Fundamentge-lenken sowie die Gelenkkraft im scheibenverbindenden Gelenk C zu bestimmen.

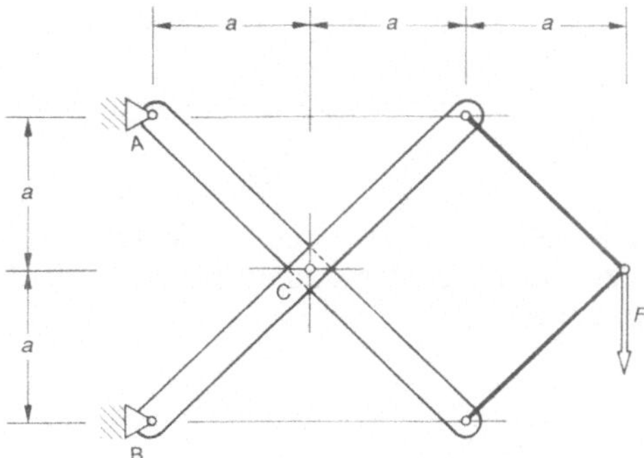

908 Zwei Scheiben von vernachlässigbar kleinem Gewicht sind – wie skizziert – zu einem Dreigelenkbogen zusammengesetzt. An Punkt E ist ein Seil befestigt, das bei D umgelenkt wird; Seilkraft $F_S = 1\ \text{kN}$. Zu bestimmen sind die Kräfte in den drei Gelenken.

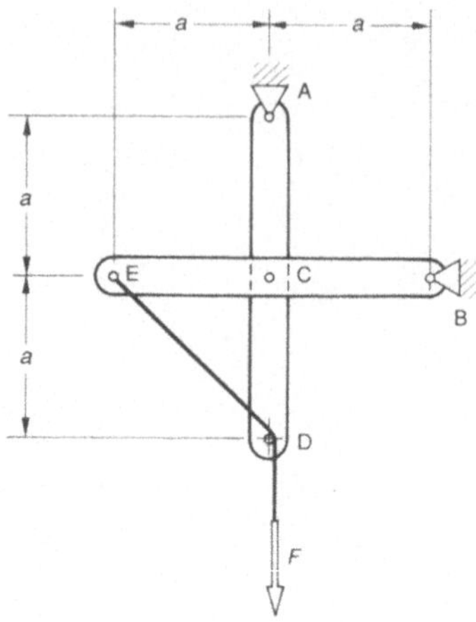

909 Zwei Scheiben von vernachlässigbar kleinem Gewicht sind – wie skizziert – zu einem Dreigelenkbogen zusammengesetzt. An Punkt E ist ein Seil befestigt, das bei D umgelenkt wird. Die Seilkraft F ist so zu bestimmen, daß im scheibenverbindenden Gelenk C die Kraft 1 kN wirkt.

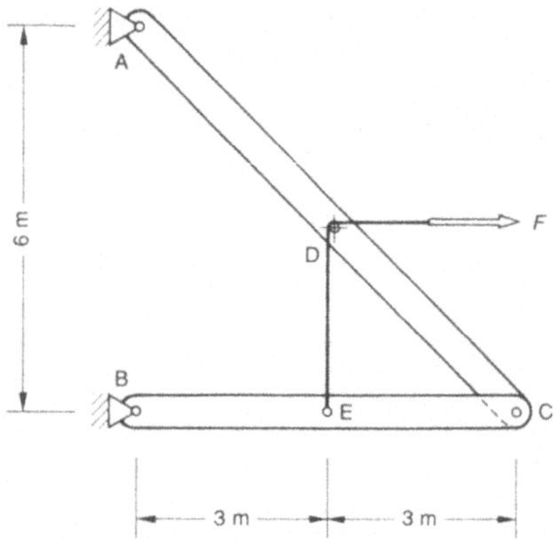

910 Zwei Scheiben konstanter Dicke sind – wie skizziert – zu einem Dreigelenkbogen zusammengesetzt. Einzige Lasten sind die Gewichte der Scheiben mit jeweils 100 N. Zu bestimmen sind die Kräfte in den Gelenken A, B und C.

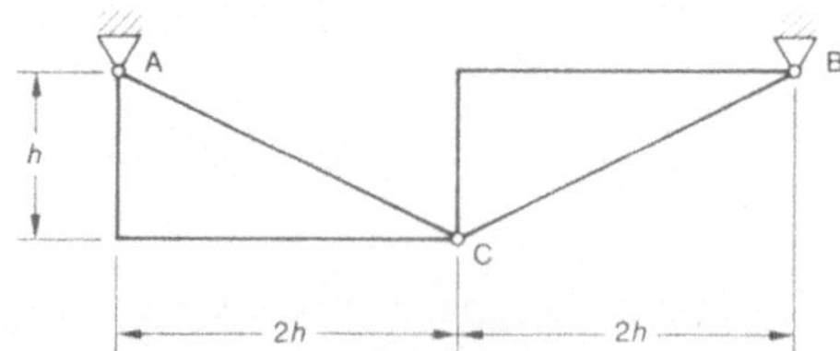

Hinweis:

Die Schwerpunkte der Dreiecksscheiben liegen auf 1/3 Dreieckshöhe.

911 Zwei Scheiben und zwei Stäbe sind – wie skizziert – zusammengesetzt und bilden einen Dreigelenkbogen. Zu bestimmen sind die Fundamentreaktionen F_A und F_B.

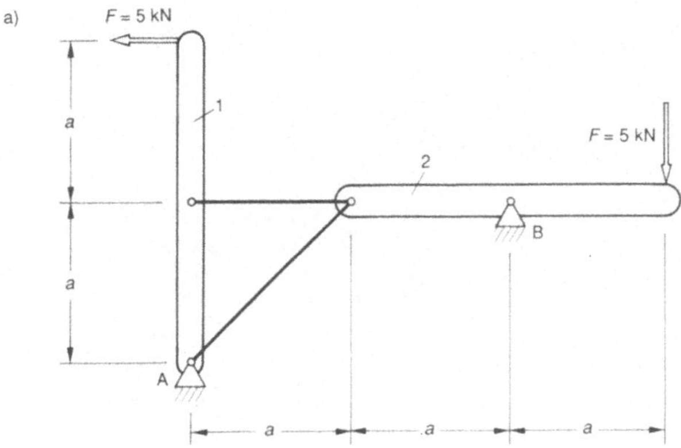

Hinweis:

Der die Stäbe verbindende Knoten ist das scheibenverbindende Gelenk, die Stäbe sind Teil von Scheibe 1.

912 Zu bestimmen sind die Reaktionskräfte in den Gelenken des Dreigelenkbogens; beide Scheiben sind von vernachlässigbar kleinem Gewicht.

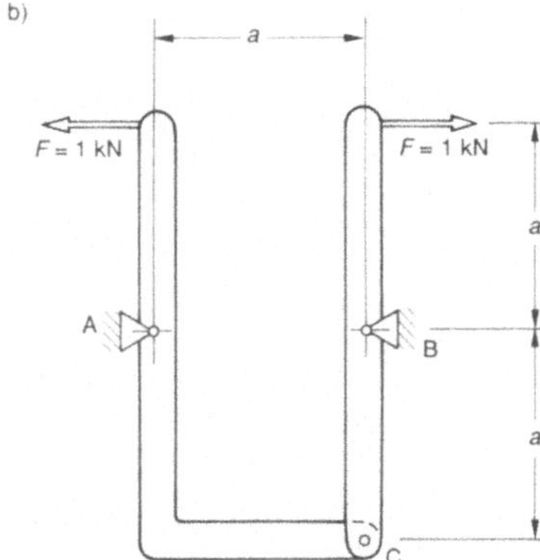

913 In dem aus Scheiben und Stäben zusammengesetzten Gebilde sind die Stäbe von vernachlässigbar kleinem Gewicht; jede Scheibe hat das Gewicht 100 N.

a) Es ist der Nachweis zu führen, daß es sich um einen Dreigelenkbogen handelt;

b) zu bestimmen sind die Reaktionen in den Fundamentgelenken A und B;

c) zu bestimmen sind alle Stabkräfte.

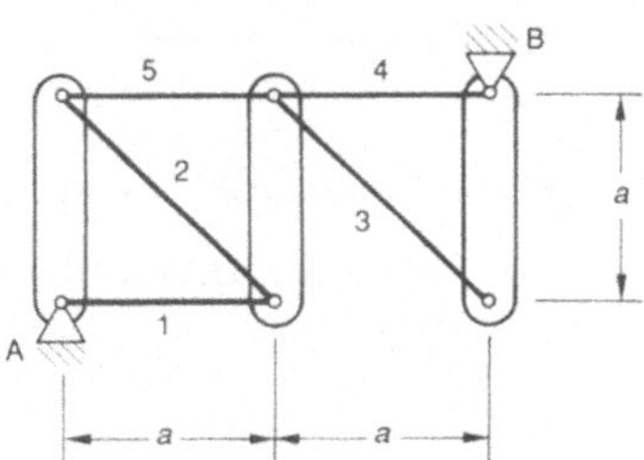

914 Zu bestimmen sind die Fundamentreaktionen F_A und F_B am zusammengesetzten
Gebilde. Alle Elemente sind von vernachlässigbar kleinem Gewicht.

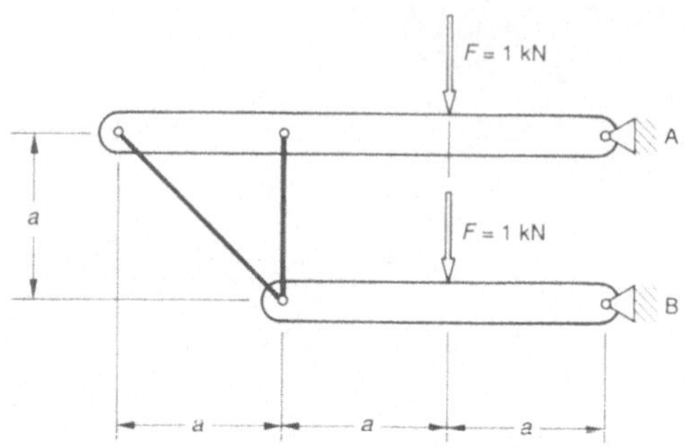

915 Die Elemente des zusammengesetzten Gebildes sind von vernachlässigbar kleinem
Gewicht. Einzige Aktionskraft ist $F = 1$ kN. Es ist die Stabkraft auf graphischem Wege
zu bestimmen. Vergleiche das Ergebnis mit der folgenden rechnerischen Lösung.

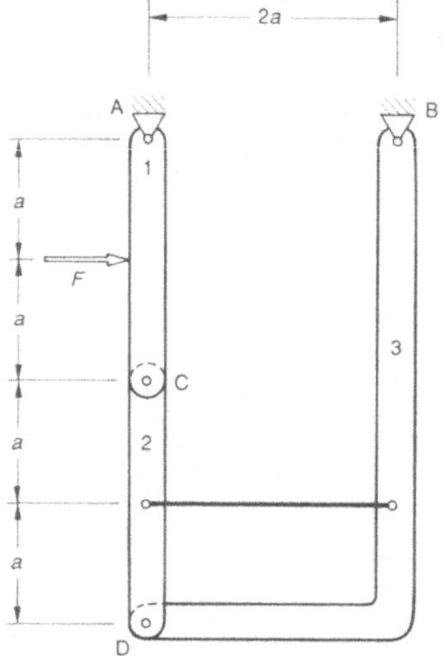

Hinweis:

Es handelt sich um einen Dreigelenkbogen. Erst die Superposition ermöglicht die
graphische Lösung.

Rechnerische Lösung:

Gleichgewichtsbedingungen an Scheibe 1:

$$\Sigma F_x = 0$$

$$0 = F - F_{Ax} - F_{Cx} \tag{1}$$

$$\Sigma M_A = 0$$

$$0 = F \cdot a - F_{Cx} \cdot 2a \tag{2}$$

$$\Sigma F_y = 0$$

$$0 = F_{Ay} - F_{Cy} \tag{3}$$

Gleichgewichtsbedingungen an der Pendelstütze, bestehend aus Scheiben 2 und 3 sowie dem Stab:

$$\Sigma F_x = 0$$

$$0 = F_{Cx} + F_{Bx} \tag{4}$$

$$\Sigma F_y = 0$$

$$0 = F_{Cy} + F_{By} \tag{5}$$

$$\Sigma M_C = 0$$

$$0 = F_{By} \cdot 2a - F_{Bx} \cdot 2a \tag{6}$$

Aus (2) folgt $F_{Cx} = 0{,}5 \cdot F$. Damit folgt aus (1) $F_{Ax} = 0{,}5 \cdot F$

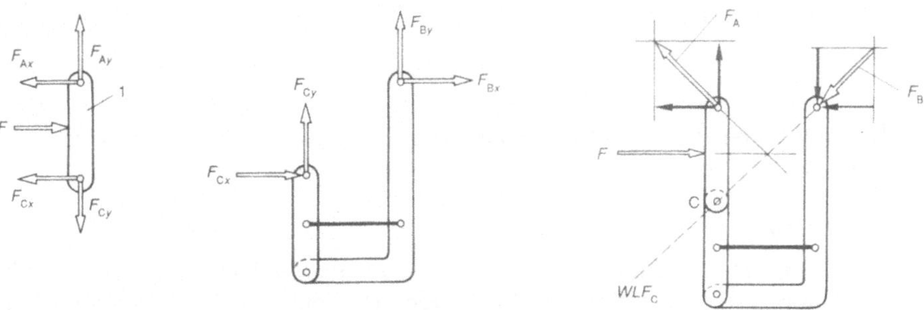

Aus (4) folgt $F_{Bx} = -0{,}5 \cdot F$

Aus (6) folgt $F_{By} = -0{,}5 \cdot F$

Aus (5) folgt $F_{Cy} = 0{,}5 \cdot F$

Aus (3) folgt $F_{Ay} = 0{,}5 \cdot F$

Gelenkkräfte:

$$F_A = \sqrt{F_{Ax}^2 + F_{Ay}^2} = \frac{F}{\sqrt{2}}; \quad F_B = \sqrt{F_{Bx}^2 + F_{By}^2} = \frac{F}{\sqrt{2}}; \quad F_C = \sqrt{F_{Cx}^2 + F_{Cy}^2} = \frac{F}{\sqrt{2}}$$

Stabkraft:

Momentengleichgewichtsbedingung für Scheibe 2:

$$\Sigma M_D = 0$$

$$0 = -F_{Cx} \cdot 2a + F_S \cdot a$$

Daraus folgt die Stabkraft zu $F_S = F = 1$ kN (Druckstab).

Gebilde aus Stäben – ebene Fachwerke

916   Was ist der Unterschied zwischen einem *Fachwerk* und einem *Fachwerkträger*?

Lösung:

Fachwerke und Fachwerkträger sind Gebilde, die ausschließlich aus Stäben bestehen, wobei angenommen wird, daß die Stäbe kein nennenswertes Eigengewicht haben (Pendelstützen) und daß die Gelenke reibungsfreie Verbindungen darstellen. Fachwerkträger sind Fachwerke, die sich am Fundament abstützen; die zum Fundament führenden Stäbe gehören also zum Fachwerkträger, nicht jedoch zum eigentlichen Fachwerk.

917   Was versteht man unter einem „einfachen" Fachwerk bzw. Fachwerkträger?

Lösung:

Wenn jeder neu hinzukommende Knoten beim Aufbau des Fachwerkträgers aus zwei neu hinzukommenden Stäben gebildet wird, so entsteht ein „einfaches" Gebilde, das auch entsprechend „abbaubar" ist. Einfache Fachwerke bzw. Fachwerkträger sind statisch bestimmt.

918   Wie lauten die *Abzählbedingungen* (Beziehungen zwischen Stabzahl und Knotenzahl) in sog. einfachen Stabwerken?

Lösung:

Wenn jeder neue Knoten durch zwei neue Stäbe gebildet wird, so ist die Anzahl der Stäbe doppelt so groß wie die Anzahl der Knoten. Beim Fachwerk, das keine Stabverbindung zum Fundament hat, sind es jene drei Stäbe weniger, die benötigt werden, das Fachwerk statisch bestimmt an das Fundament anzuschließen und so einen Fachwerkträger zu erhalten. Die Abzählbedingungen lauten also

für Fachwerkträger:	$s = 2k$	k = Zahl der Knoten
für Fachwerke:	$s = 2k - 3$	s = Zahl der Stäbe

919   Stellen die Abzählbedingungen für Stabwerke hinreichende Bedingungen für statische Bestimmtheit dar oder nur notwendige Bedingungen?

Lösung:

Sie stellen nur eine notwendige Bedingung dar. Innerhalb des Stabwerks kann es zu partiellen Überbestimmtheiten kommen, d. h. es wird ein Knoten durch mehr als zwei neue Stäbe gehalten; wenn dann in einem anderen Teil desselben Stabwerks eine statische *Unterbestimmtheit* vorliegt (beweglicher Teil des Stabwerks), so kann die Abzählbedingung für das Stabwerk als Ganzes erfüllt sein, dennoch liegt eine statische *Unbestimmtheit* vor. Neben der Abzählbedingung muß also noch geklärt werden, ob partielle Beweglichkeiten im Gebilde zu finden sind.

920   Was versteht man unter sog. *Ausnahmefachwerken?*

Lösung:

Es sind dies solche Stabwerke, bei denen drei Stäbe ein in sich starres Teilgebilde so mit dem Rest des Stabwerks oder dem Fundament verbinden, daß ihre drei Wirkungslinien entweder parallel verlaufen oder daß sich diese drei Wirkungslinien in einem gemeinsamen Punkt schneiden. In diesen Fällen liegt Beweglichkeit oder zumindest die Möglichkeit zu infinitesimal kleinen Drehungen vor; solche „Ausnahmegebilde" sind konstruktiv zu vermeiden.

921   Was sind „*Nullstäbe*"?

Lösung:

Nullstäbe sind solche Stäbe im Stabwerk, die keine Last aufnehmen, deren Stabkraft sich zu null ergibt. Man kann nicht immer auf diese Stäbe verzichten, obwohl sie statisch überflüssig sind, denn sie dienen zumeist zum Aussteifen des Stabwerks, also zur Sicherung der kinematischen Bestimmtheit.

922   Es ist am folgenden Gebilde aufzuzeigen, welche Stäbe Nullstäbe sein müssen.

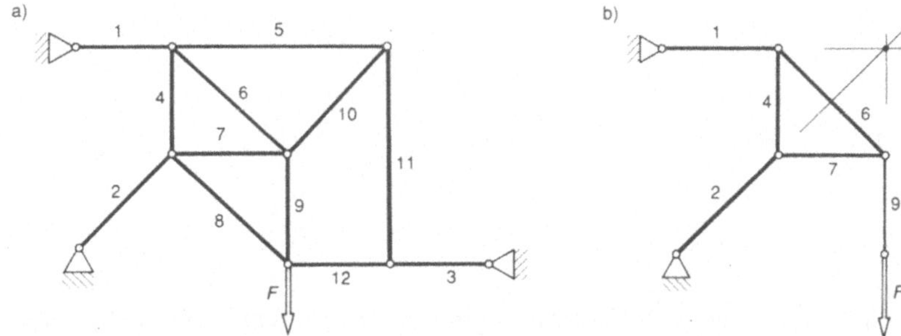

Lösung:

Stab 11 muß Nullstab sein, da die Kräfte in den Stäben 3 und 12 als Gegenkräfte am gemeinsamen Knoten gleich groß sind und das Gleichgewicht des Knotens nur bei Stab 11 als Nullstab garantiert ist.

Weil Stab 11 Nullstab ist, müssen auch die Stäbe 5 und 10 Nullstäbe sein, da zwei Kräfte einen Knoten nur dann im Gleichgewicht halten können, wenn diese beiden Kräfte Gegenkräfte sind.

Wenn sich die Wirkungslinien der Kräfte in den Stäben 1 und 2 zudem noch auf der WL F schneiden, sind auch die Stäbe 3 und 12 Nullstäbe, weil dann die drei Kräfte F, F_{S1} und F_{S2} ein zentrales Kräftesystem bilden und mit $F_{S3} \neq 0$ ein Kräftepaar entstünde, also Ungleichgewicht. Ist so Stab 12 Nullstab, so wird auch Stab 8 zum Nullstab, denn $F_{S9} = F$ (Gegenkräfte). Nur das Teilgebilde (Bild b) ist statisch erforderlich.

Knotenpunktverfahren von CREMONA

923 Für den gegebenen Dachbinder mit den Kräften $F_1 = F_3 = 5$ kN und $F_2 = 10$ kN sind die Lagerreaktionen und die Stabkräfte zu bestimmen!

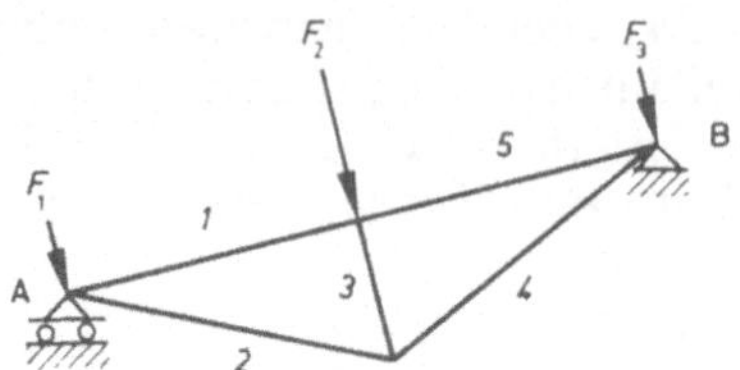

Lösung:

Zur Ermittlung der Lagerreaktionen und der Stabkräfte wird der Kräfteplan nach CREMONA gezeichnet.

Ausgehend vom Lageplan werden zunächst die Lagerreaktionen ermittelt, wobei die äußeren Kräfte miteinander im Gleichgewicht sein müssen.

Wichtig ist, daß alle Kräfte in der Reihenfolge, wie sie beim Umfahren des Fachwerkes – z.B. im Uhrzeigersinn – auftreten, aneinandergereiht werden.

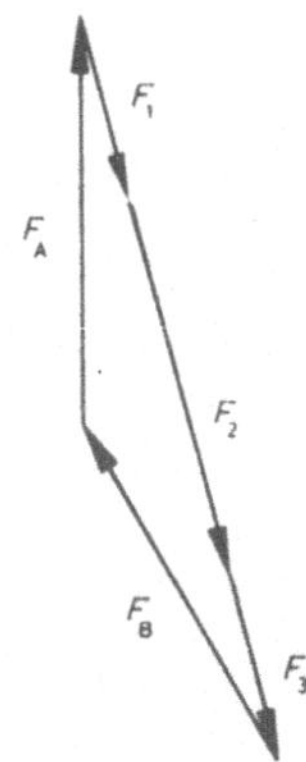

Zur Ermittlung der Stabkräfte beginnt man an einem Knotenpunkt, bei dem nicht mehr als zwei unbekannte Stabkräfte auftreten und zeichnet für ihn ein Krafteck, wobei die an diesem Knotenpunkt angreifenden äußeren Kräfte (Knotenpunktskräfte) mit den inneren Kräften (Stabkräften) im Gleichgewicht sein müssen. Auch hierbei sind alle Kräfte in der Reihenfolge des einmal gewählten Umfahrungssinnes aneinanderzureihen.

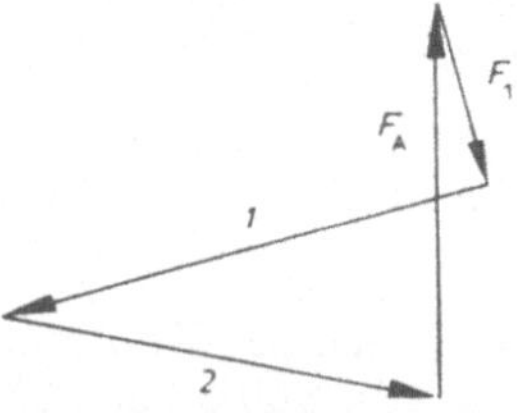

Da die Wirkungslinien der unbekannten Stabkräfte gegeben sind, lassen sich das Krafteck schließen und die Stabkräfte bestimmen. Aus dem Vergleich mit dem Lageplan ergibt sich die Art der Stabkraft: auf den Knotenpunkt hin gerichtet = Druckkraft (negativ), vom Knotenpunkt weg gerichtet = Zugkraft (positiv). Zug- und Druckstäbe werden im Lageplan gekennzeichnet durch entsprechende Pfeilspitzen. Die mit Hilfe des Kräftemaßstabes ermittelten Stabkräfte werden in eine Tabelle eingetragen.

In gleicher Weise wird der nächste Knotenpunkt bearbeitet.

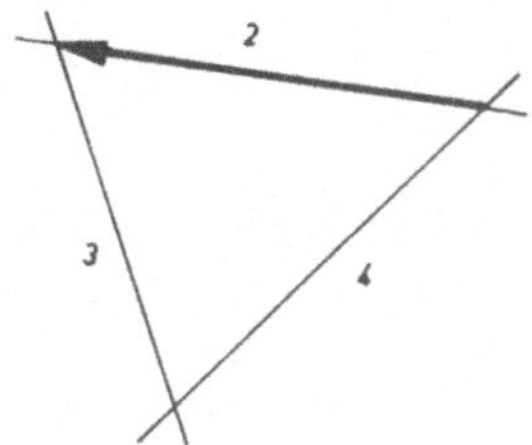

Zur Erleichterung der Arbeit und zur Steigerung der Genauigkeit werden alle Kraftecke in einem einzigen, dem CREMONA-Plan, vereinigt.

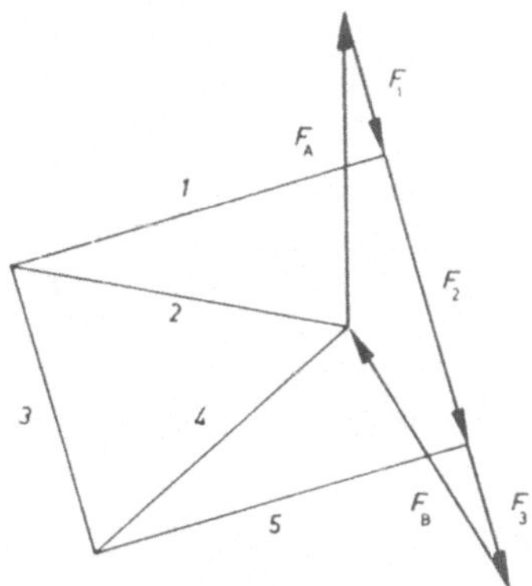

924 Für den gegebenen Dachbinder mit den Kräften $F_1 = F_5 = 10$ kN und $F_2 = F_3 = F_4 = 20$ kN ist der CREMONA-Plan zu zeichnen!

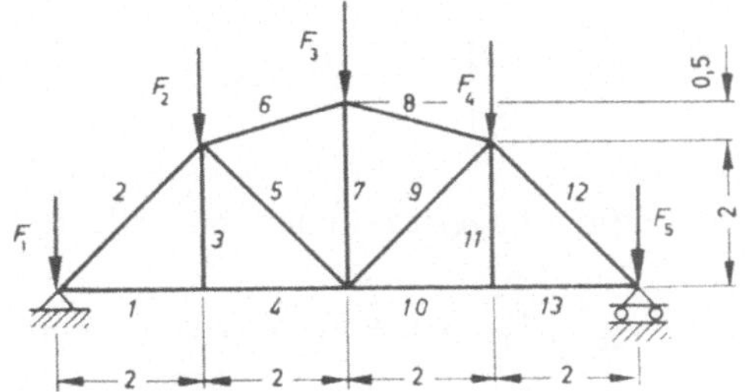

925 Für einen Brückenträger mit sechs Feldern von 2,4 m Länge und 2,4 m Höhe sind die Auflagerreaktionen und die Stabkräfte zu ermitteln bei Knotenpunktskräften von je 21 kN an den Lagern und je 42 kN an den oberen Knotenpunkten.

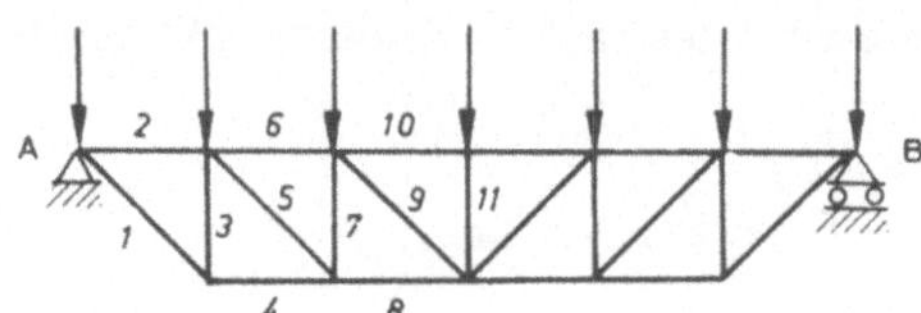

Merke: Liegen bei einem Fachwerk symmetrische Verhältnisse vor sowohl bei der Anordnung der Stäbe als auch bei der Kräfteverteilung bezogen auf die gleiche Symmetrieachse, so ergibt sich ein symmetrischer CREMONA-Plan. In diesem Falle genügt zur Ermittlung aller Stabkräfte die Aufzeichnung des halben CREMONA-Plans.

Verfahren von RITTER

926 Für den gezeichneten Brückenträger sollen die Stabkräfte F_{S4}, F_{S5} und F_{S6} nach dem Verfahren von RITTER bestimmt werden.

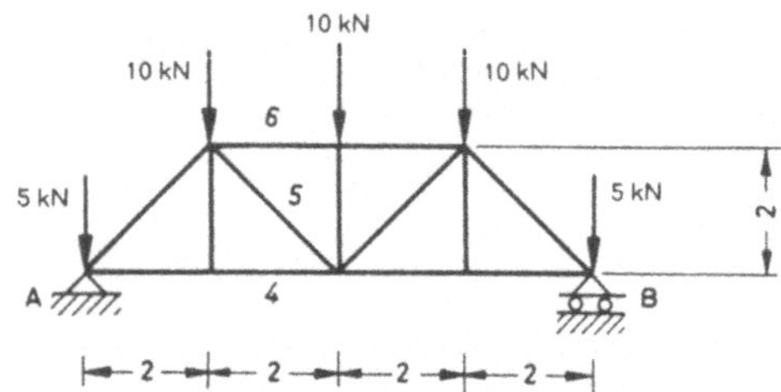

Lösung:

Man zeichnet das gegebene Fachwerk mit allen äußeren Kräften maßstäblich auf und macht es frei.

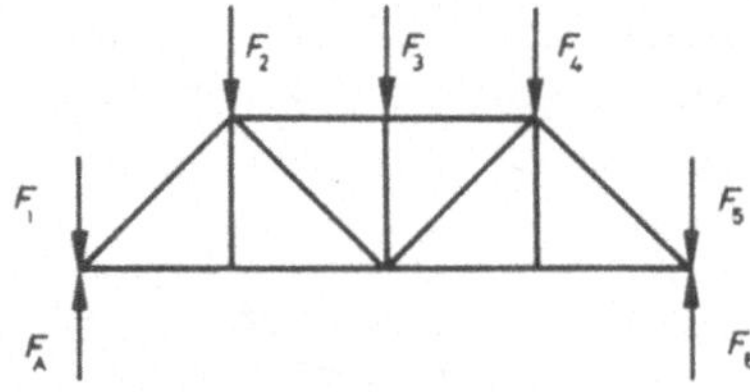

Dann berechnet man die Lagerreaktionen mit Hilfe der Gleichgewichtsbedingungen.

Bezugspunkt B:

$$F_A = \frac{F_1 \cdot 8\,\text{m} + F_2 \cdot 6\,\text{m} + F_3 \cdot 4\,\text{m} + F_4 \cdot 2\,\text{m}}{8\,\text{m}}$$

$$F_A = 20\,\text{kN}$$

$$F_B = F_1 + F_2 + F_3 + F_4 + F_5 + F_A$$

$$F_B = 20\,\text{kN}$$

Nun wird das Fachwerk so in zwei Teile getrennt, daß maximal drei Stäbe geschnitten werden, die sich nicht in einem Knotenpunkt treffen. Sollte es nicht möglich sein, mit einem Schnitt alle gesuchten Stäbe zu erfassen, so muß die Methode mehrfach nacheinander angewandt werden.

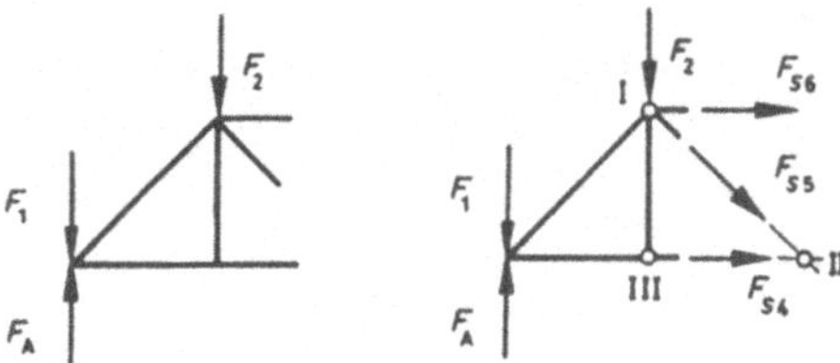

Anstelle der Stabkräfte setzt man äußere Kräfte in Stabrichtung an, so daß der abgeschnittene Teil für sich freigemacht wird und im Gleichgewicht steht. Zweckmäßigerweise nimmt man die angesetzten Stabkräfte als Zugkräfte an. Ergibt sich dann eine negative Stabkraft, so bedeutet dies in üblicher Weise eine Druckkraft.

Man bildet die Momentengleichungen für geeignete Bezugspunkte und berechnet daraus die gesuchten Stabkräfte.

Bezugspunkt I: F_2, F_{S5} und F_{S6} haben keinen Hebelarm und bilden deshalb keine Momente. Demnach ergibt sich

$$F_{S4} = \frac{F_A \cdot 2\,\text{m} - F_1 \cdot 2\,\text{m}}{2\,\text{m}}$$

$$F_{S4} = +15\,\text{kN} \quad \text{(Zugstab)}.$$

Bezugspunkt II: F_{S4} und F_{S5} haben keinen Hebelarm. F_{S6} hat einen Hebelarm von 2 m. Demnach ergibt sich

$$F_{S6} = \frac{F_1 \cdot 4\,\text{m} + F_2 \cdot 2\,\text{m} - F_A \cdot 4\,\text{m}}{2\,\text{m}}$$

$$F_{S6} = -20\,\text{kN} \quad \text{(Druckstab)}.$$

Bezugspunkt III: F_2 und F_{S4} haben keinen Hebelarm. F_{S5} hat einen Hebelarm von 1,4 m (abgemessen oder berechnet). F_{S6} hat einen Hebelarm von 2 m. Demnach ergibt sich

$$F_{S5} = \frac{-F_A \cdot 2\,\text{m} - F_{S6} \cdot 2\,\text{m} + F_1 \cdot 2\,\text{m}}{1,4\,\text{m}}$$

$$F_{S5} = +7,15\,\text{kN} \quad \text{(Zugstab)}.$$

927 Für den in Aufgabe 924 gegebenen Dachbinder sollen die Stabkräfte F_{S4}, F_{S5} und F_{S6} nach dem Verfahren von RITTER bestimmt werden!

928 Für den in Aufgabe 925 gegebenen Brückenträger sollen die Stabkräfte F_{S8}, F_{S9} und F_{S10} nach dem Verfahren von RITTER bestimmt werden!

929 Bei dem gegebenen POLONCEAU-Träger liegen folgende Knotenpunktlasten vor:
$F_1 = F_5 = 4\,\text{kN}$, $F_2 = F_4 = 8\,\text{kN}$ und $F_3 = 10\,\text{kN}$.

Zusätzlich soll noch eine Windlast von $F_6 = 5\,\text{kN}$ berücksichtigt werden.

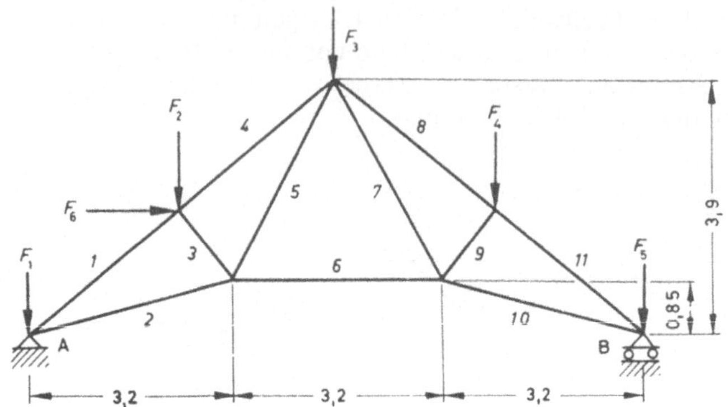

Gesucht sind

a) die Lagerreaktionen F_A und F_B;

b) die Stabkräfte 1 bis 11.

930 Ein Vordachträger ist durch Dachlasten $F_1 = F_2$
$= 6\,\text{kN}$ und eine Laufkatze $F_3 = 24\,\text{kN}$ belastet.

Gesucht sind die Lagerreaktionen und die Stabkräfte.

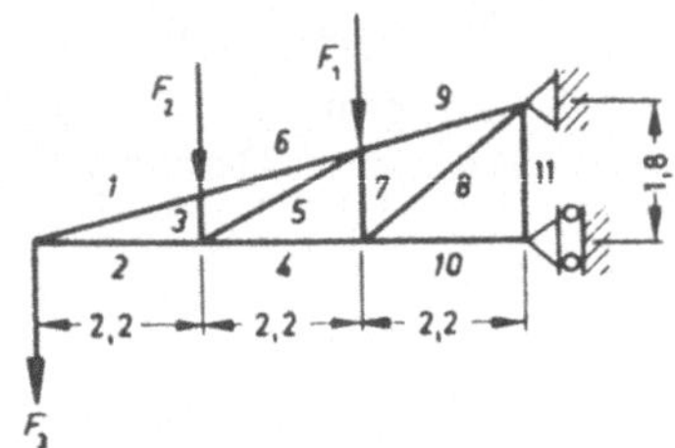

931 Ein Rampendach trägt zwei Laufkatzen $F_1 = F_2 = 30\,\text{kN}$, verschiedene Dachlasten
$F_3 = F_5 = 4,5\,\text{kN}$ und $F_4 = 3\,\text{kN}$ sowie eine Hängebahn $F_6 = 22\,\text{kN}$.

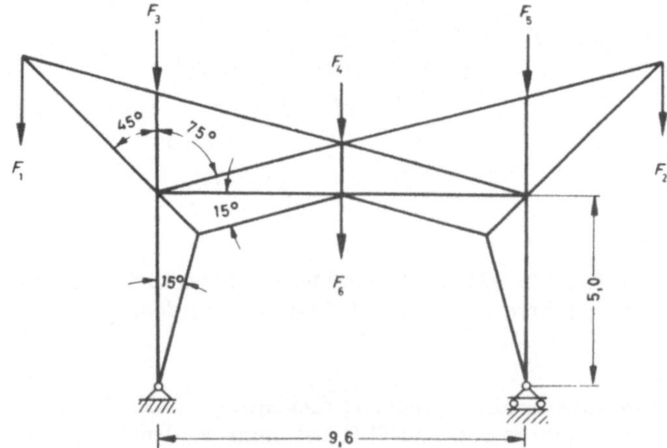

Gesucht sind die Lagerreaktionen und die Stabkräfte. Die Stäbe sind selbständig zu beziffern, die ermittelten Stabkräfte dann mit der Lösung zu vergleichen.

Vierkräfteverfahren von CULMANN

932 Für den gegebenen Brückenträger mit den Lasten $F_1 = F_5 = 5\,\text{kN}$ und $F_2 = F_3 = F_4 = 10\,\text{kN}$ sollen die Stabkräfte F_{S4}, F_{S5} und F_{S6} zeichnerisch nach dem Verfahren von CULMANN bestimmt werden!

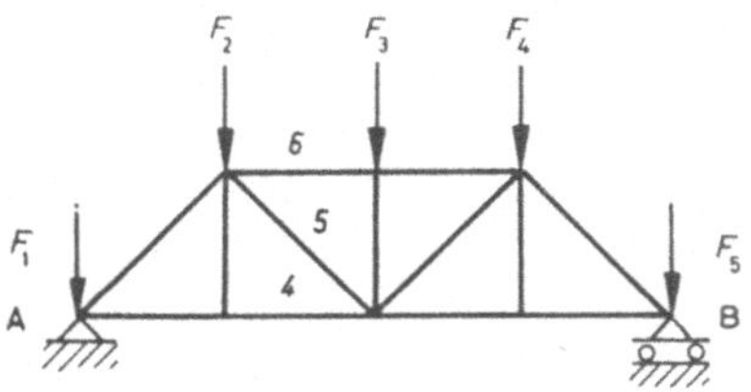

Lösung:

Man zeichnet das gegebene Fachwerk maßstäblich auf mit allen äußeren Kräften, macht es frei und ermittelt die Lagerreaktionen beispielsweise nach dem Schlußlinienverfahren (siehe Aufgabe Nr. 210) [Bild a) und b)].

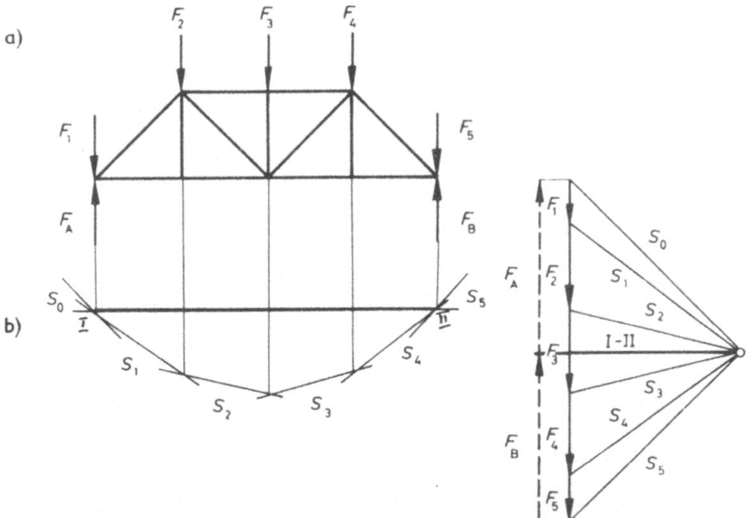

Nun wird das Fachwerk so in zwei Teile getrennt, daß maximal drei Stäbe geschnitten werden, die sich nicht in einem Knotenpunkt treffen. Sollte es nicht möglich sein, mit einem Schnitt alle gesuchten Stäbe zu erfassen, so muß die Methode mehrfach nacheinander angewandt werden [Bild c)].

Die am abgeschnittenen Teil angreifenden äußeren Kräfte werden zu einer Resultierenden F_R zusammengefaßt und deren Wirkungslinie bestimmt, beispielsweise mit Hilfe des Krafteck-Seileck-Verfahrens (siehe Aufgabe Nr. 204) [Bild d)].

Die Resultierende F_R wird nun nach dem Verfahren von CULMANN nach den drei durch die Stäbe 4, 5 und 6 gegebenen Wirkungslinien zerlegt. Hierzu zieht man die CULMANNsche Hilfsgerade gg zwischen dem Schnittpunkt der Resultierenden mit einer Wirkungslinie (beispielsweise 4) und dem Schnittpunkt der beiden anderen Wirkungslinien (5 und 6) [Bild e)].

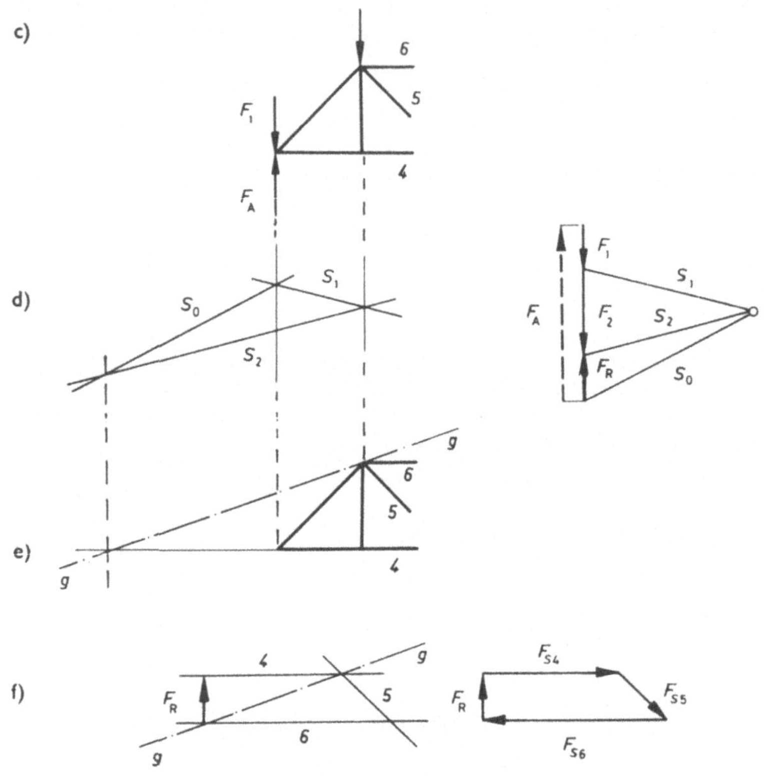

Die Richtung der Stabkräfte F_{S4}, F_{S5} und F_{S6} ergibt sich aus dem einheitlichen Umfahrungssinn des Kraftecks, da die Resultierende F_R mit den Stabkräften im Gleichgewicht steht (Bild f).

Mit Hilfe des gewählten Kräftemaßstabes ergeben sich: $F_{S4} = 15\,\text{kN}$, $F_{S6} = -20\,\text{kN}$ und $F_{S5} = -7,2\,\text{kN}$. (Vergleiche Aufgabe Nr. 926).

933 Für den in Aufgabe 924 gegebenen Dachbinder sollen die Stabkräfte F_{S2}, F_{S3} und F_{S4} nach dem Verfahren von CULMANN bestimmt werden!

934 Für den in Aufgabe 925 gegebenen Brückenträger sollen die Stabkräfte F_{S6}, F_{S7} und F_{S10} nach dem Verfahren von CULMANN bestimmt werden!

935 Für den in Aufgabe 929 gegebenen POLONCEAU-Träger sollen die Stabkräfte F_{S8}, F_{S9} und F_{S10} nach dem Verfahren von CULMANN bestimmt werden!

936 Für den in Aufgabe 930 gegebenen Vordachträger sollen die Stabkräfte F_{S4}, F_{S7} und F_{S9} nach dem Verfahren von CULMANN bestimmt werden!

10. Statik der Ketten und Seile

1001 Schnittgrößen an aufgelagerten Bauteilen sind im allgemeinen Längskräfte, Querkräfte und Momente. Welche Schnittgrößen vermögen Ketten und Seile zu übertragen?

Lösung:

Seile und Ketten sind biegeweiche Bauteile, deren Form (Seillinie) sich stets so einstellt, daß in Schnitten nur Längskräfte übertragen werden. Seile und Ketten übertragen keine Momente und keine Querkräfte.

1002 Wie lautet die Funktion der Seillinie eines durch konstante Gewichtskraft je Längeneinheit q_0 (N/m) belasteten Seils?

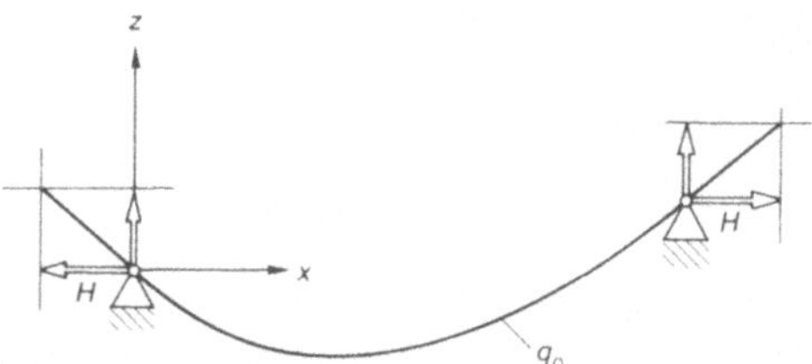

Lösung:

In bezug auf ein Koordinatensystem, dessen horizontale Achse x ist und dessen nach oben gerichtete Achse z ist, lautet die Funktion der Seillinie

$$z(x) = \frac{H}{q_0} \cdot \cosh\left(\frac{q_0\,x}{H} + C_1\right) + C_2.$$

Darin ist H der Horizontalzug, also die Horizontalkomponente der Seilzugkraft an jeder Stelle des Seils.

1003 Es ist der Verlauf der Funktionen
$z(x) = \sinh(x)$ und $z(x) = \cosh(x)$
zu skizzieren.

Lösung:

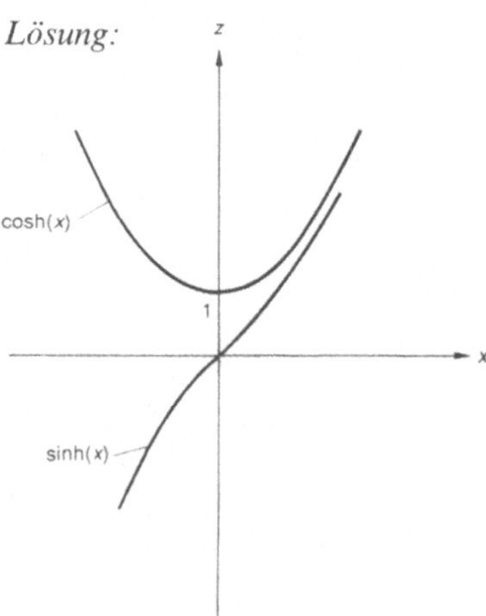

1004 Es gilt:

$$\sinh(x) = \tfrac{1}{2}(e^x - e^{-x})$$

und

$$\cosh(x) = \tfrac{1}{2}(e^x + e^{-x})$$

Beweise damit, daß gilt $1 = \cosh^2(x) - \sinh^2(x)$.

Lösung:

$$\cosh^2(x) = \tfrac{1}{4}(e^{2x} + 2e^x e^{-x} + e^{-2x})$$
$$\sinh^2(x) = \tfrac{1}{4}(e^{2x} - 2e^x e^{-x} + e^{-2x})$$

Die Differenz ist

$$\cosh^2(x) - \sinh^2(x) = \tfrac{1}{4} 4 \cdot e^x \cdot e^{-x} = 1.$$

1005 Wie lautet die Formel zur Berechnung der Seillänge L?

Lösung:

Die Seillänge ergibt sich aus der Summierung – Integration – der infinitesimal kleinen Seilstücke:

$$L = \int ds$$

Die Achsprojektionen von ds sind dx und dz.

$$L = \int \sqrt{dx^2 + dz^2}$$

oder

$$L = \int \sqrt{dx^2 + dx^2 \left(\frac{dz}{dx}\right)^2}$$

$$L = \int dx \cdot \sqrt{1 + z'(x)^2}$$

mit

$$z'(x) = \sinh\left(\frac{q_0 x}{H} + C_1\right)$$

Mit $1 + \sinh^2(x) = \cosh^2(x)$ oder $\sqrt{1 + \sinh^2(x)} = \cosh(x)$ wird die Seillänge L

$$L = \int_{x=0}^{w} \cosh\left(\frac{q_0 x}{H} + C_1\right) \cdot dx$$

$$L = \frac{H}{q_0} \cdot \left| \sinh\left(\frac{q_0 x}{H} + C_1\right) \right|_{x=0}^{x=w}$$

mit w als Spannweite zwischen den Aufhängepunkten (horizontaler Abstand der Aufhängepunkte).

1006 Zu berechnen ist x aus $\sinh(x) = 1{,}5$

Lösung:

$$\tfrac{1}{2}(e^x - e^{-x}) = \sinh(x) = 1{,}5$$
$$\left.\begin{array}{l} \tfrac{1}{2}(e^x + e^{-x}) - \cosh(x) = \sqrt{1 + \sinh^2(x)} \\[4pt] \qquad\qquad\qquad\quad = \sqrt{1 + 1{,}5^2} = 1{,}802776 \end{array}\right\} +$$

Addition:
$$e^x = 3{,}302776$$

Daraus folgt $x = \ln 3{,}302776 = 1{,}19476$.

Anmerkung:

Nicht alle marktüblichen Taschenrechner haben eine Funktionentaste für die hyperbolischen Funktionen von Sinus und Cosinus, so daß Rechnungen wie diese durchaus erforderlich werden können.

1007 Ein biegeweiches Seil vom konstanten Metergewicht $q_0 = 2$ N/m hängt bei höhengleicher Aufhängung im Abstand $w = 100$ m um das Maß $f = 0{,}5$ m durch. Zu berechnen sind die Lagerkräfte in den Aufhängepunkten A und B sowie die Seillänge L.

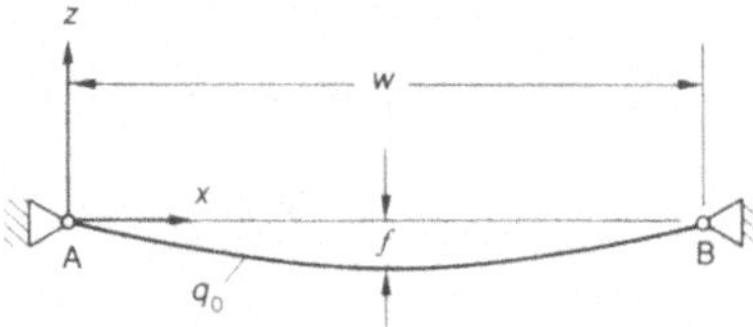

Lösung:

Die Funktion der Seillinie lautet

$$z(x) = \frac{H}{q_0} \cosh\left(\frac{q_0 x}{H} + C_1\right) + C_2$$

mit H als Horizontalkraft im Seil

Bestimmung der Konstanten:

1. Randbedingung: $z'\left(x = \dfrac{w}{2}\right) = 0$ (Symmetrieforderung)

$$z'(x) = \sinh\left(\frac{q_0 x}{H} + C_1\right)$$

$$0 = \sinh\left(\frac{q_0 w}{2H} + C_1\right)$$

$$C_1 = -\frac{q_0 w}{2H} \qquad \text{(hierbei ist H noch unbekannt!)}$$

2. Randbedingung: $z\left(x = \dfrac{w}{2}\right) = -f$

$$-f = \frac{H}{q_0} \cosh\left(\frac{q_0 w}{2H} + C_1\right) + C_2 \qquad \text{mit} \qquad C_1 = -\frac{q_0 w}{2H}$$

$$-f = \frac{H}{q_0} \underbrace{\cosh(0)}_{= 1} + C_2$$

$$C_2 = -f - \frac{H}{q_0} \tag{1}$$

3. Randbedingung: $z(x = w) = 0$

$$0 = \frac{H}{q_0} \cosh\left(\frac{q_0 w}{H} + C_1\right) + C_2$$

$$C_2 = -\frac{H}{q_0} \cosh\left(\frac{q_0 w}{H} - \frac{q_0 w}{2H}\right)$$

$$C_2 = -\frac{H}{q_0} \cosh\left(\frac{q_0 w}{2H}\right) \tag{2}$$

Gleichsetzen von (1) und (2) liefert:

$$f + \frac{H}{q_0} = \frac{H}{q_0} \cosh\left(\frac{q_0 w}{2H}\right)$$

$$\frac{q_0 f}{H} + 1 = \cosh\left(\frac{q_0 w}{2H}\right) \tag{3}$$

Mit der MacLaurin-Reihe für cosh ( ), die nach dem quadratischen Glied abgebrochen wird, erhält man

$$\cosh\left(\frac{q_0 w}{2H}\right) \cong 1 + \frac{1}{2}\left(\frac{q_0 w}{2H}\right)^2$$

Damit folgt aus (3):

$$H = \frac{q_0 w^2}{8f} = \frac{2\,\text{N/m} \cdot (100\,\text{m})^2}{8 \cdot 0{,}5\,\text{m}} = 5000\,\text{N}$$

Neigung der Seillinie bei B:

$$\tan\alpha_{\text{B}} = z'(x = w) = \sinh\left(\frac{2\,\text{N/m} \cdot 100\,\text{m}}{2 \cdot 5000\,\text{N}}\right) = \sinh(0{,}02)$$

$$\tan\alpha_{\text{B}} = \frac{1}{2}(e^{0{,}02} - e^{-0{,}02}) \cong 0{,}02$$

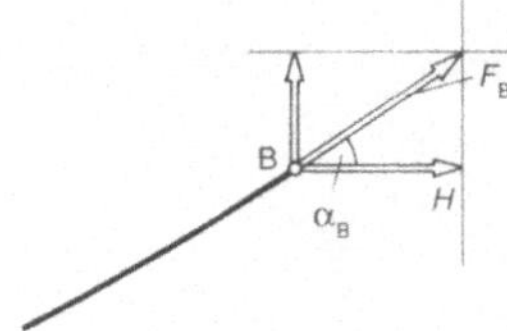

$$\alpha_{\text{B}} = 1{,}146°$$

$$F_{\text{B}} = \frac{H}{\cos\alpha_{\text{B}}} = 5001\,\text{N}$$

$$|F_{\text{A}}| = |F_{\text{B}}|$$

Seillänge L:

$$L = \int \mathrm{d}s = \int \sqrt{\mathrm{d}x^2 + \mathrm{d}z^2} = \int\limits_{0}^{w} \mathrm{d}x \cdot \sqrt{1 + z'^2(x)}$$

Es war $z'(x) = \sinh\left(\dfrac{q_0 x}{H} - \dfrac{q_0 w}{2H}\right)$ und $1 + \sinh^2(\ ) = \cosh^2(\ )$

$$L = \int\limits_{x=0}^{w} \mathrm{d}x \cdot \cosh\left(\frac{q_0 x}{H} - \frac{q_0 w}{2H}\right).$$

Substitution: $(\ ) = k$ führt zum Integral

$$L = \int\limits_{x=0}^{w} \cosh(k)\,\frac{H}{q_0}\,\mathrm{d}k = \frac{H}{q_0}\sinh(k)$$

$$L = \frac{H}{q_0}\left|\sinh\left(\frac{q_0 x}{H} - \frac{q_0 w}{2H}\right)\right|_{x=0}^{x=w}$$

$$L = \frac{H}{q_0}\left[\sinh\left(\frac{q_0 w}{2H}\right) - \sinh\left(\frac{q_0 w}{2H}\right)\right] = \frac{H}{q_0}\,2 \cdot \sinh\left(\frac{q_0 w}{2H}\right)$$

mit $\quad H = \dfrac{q_0 w}{8f}$

$$L = \frac{w^2}{4f}\sinh\left(\frac{4f}{w}\right) = \frac{(100\,\mathrm{m})^2}{4 \cdot 0{,}5\,\mathrm{m}}\sinh(0{,}02) = 100{,}0067\,\mathrm{m}.$$

1008 Ein schweres, biegeweiches Seil vom konstanten Metergewicht $q_0 = 5\,\mathrm{N/m}$ ist – wie skizziert – höhenungleich aufgehängt. Die Horizontalzugkraft beträgt $H = 1\,\mathrm{kN}$. Der tiefste Seilpunkt liegt $f = 1\,\mathrm{m}$ unter Lager A.

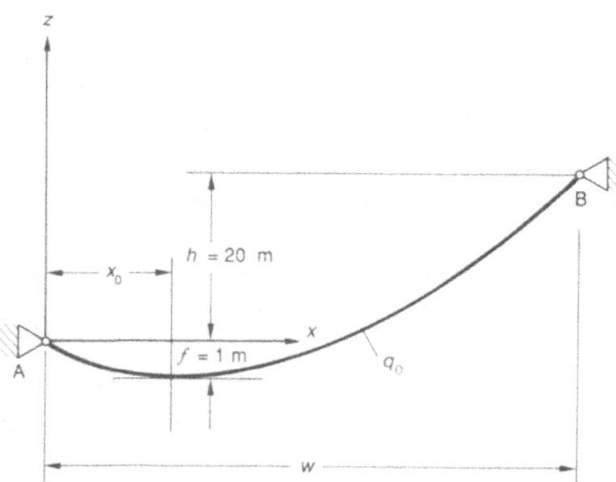

Zu berechnen sind a) Spannweite w, b) Lagerkräfte F_A und F_B und c) die Seillänge L.

Lösung:

Gleichung der Seillinie:

$$z(x) = \frac{H}{q_0}\cosh\left(\frac{q_0 x}{H} + C_1\right) + C_2$$

1. Randbedingung: $z'(x = x_0) = 0$

Daraus folgt

$$x_0 = \frac{-C_1 \cdot H}{q_0} \quad \text{oder} \quad C_1 = \frac{-x_0 \cdot q_0}{H} \tag{1}$$

hierin ist x_0 noch unbekannt; C_1 ist negativ!

2. Randbedingung: $z(x = x_0) = -f$

$$-f = \frac{H}{q_0} \cosh(0) + C_2$$

$$C_2 = -1\,\text{m} - \frac{1000\,\text{N}}{5\,\text{N/m}} = -201\,\text{m}$$

3. Randbedingung: $z(x = 0) = 0$

$$0 = \frac{H}{q_0} \cosh(-C_1) - 201\,\text{m}$$

$$\left.\begin{aligned}
\cosh(-C_1) &= \frac{201\,\text{m} \cdot q_0}{H} = 1{,}005 = \frac{1}{2}(e^{-C_1} + e^{+C_1}) \\
\sinh(-C_1) &= \sqrt{\cosh^2(-C_1) - 1} = 0{,}100125 = \frac{1}{2}(e^{-C_1} - e^{+C_1})
\end{aligned}\right\} +$$

Addition: $1{,}105125 = e^{-C_1}$.

$\ln 1{,}105125 = -C_1$; $C_1 = -0{,}099958451$. Damit aus (1): $x_0 = 19{,}9917\,\text{m}$.

a) Spannweite w

Aus der Randbedingung $z(x = w) = h = 20\,\text{m}$ folgt

$$20\,\text{m} = \frac{1000\,\text{N}}{5\,\text{N/m}} \cosh\left(\underbrace{\frac{5\,\text{N/m} \cdot w}{1000\,\text{N}} - 0{,}099958451}_{-p}\right) - 201\,\text{m}$$

$$\left.\begin{aligned}
\cosh(p) &= 1{,}105 = \tfrac{1}{2}(e^p + e^{-p}) \\
\sinh(p) &= \sqrt{\cosh^2(p) - 1} = 0{,}470133 = \tfrac{1}{2}(e^p - e^{-p})
\end{aligned}\right\} +$$

Addition: $1{,}575133 = e^p$,

$$p = \ln 1{,}575133 = 0{,}45434$$

Daraus folgt für die Spannweite $w = 110{,}86\,\text{m}$.

b) Lagerkräfte

$$F_A = \frac{H}{|\cos\alpha_A|} \quad \text{mit} \quad \tan\alpha_A = z'(x = 0) = \sinh(C_1)$$

$$\tan\alpha_A = \frac{1}{2}(e^{C_1} - e^{-C_1}) = -0{,}100125$$

$$\alpha_A = -5{,}7177^\circ$$

Somit $F_A = 1005$ N;

analog $F_B = \dfrac{H}{|\cos\alpha_B|} = 1105{,}001$ N

c) Seillänge L

$$L = \int\limits_{x=0}^{w} dx \cdot \cosh\left(\frac{q_0\,x}{H} + C_1\right) = \frac{H}{q_0} \cdot \left.\left|\sinh\left(\frac{q_0\,x}{H} + C_1\right)\right.\right|_{x=0}^{x=w}$$

Daraus folgt $L = 114{,}05$ m.

1009 Von der Spitze eines $h = 40$ m hohen Masts ist ein Seil so abgespannt, daß es am $w = 200$ m entfernten Fußpunkt A eine horizontale Tangente aufweist. Zu berechnen ist die Kraft, die das Seil an der Mastspitze ausübt sowie das Biegemoment am Fuß des Masts. Metergewicht des Seils: $q_0 = 30$ N/m

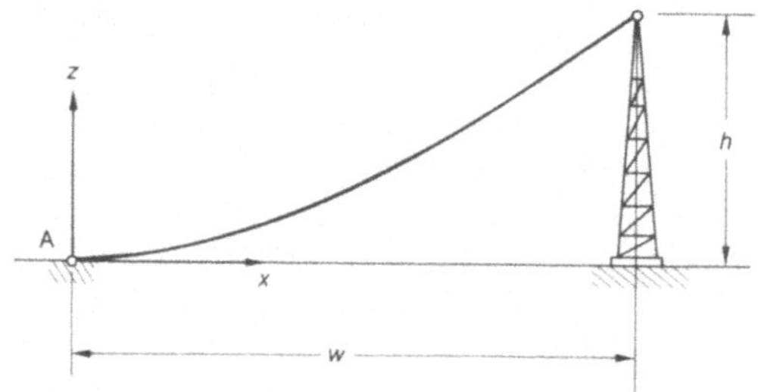

Lösung:

Aus der Randbedingung $z'(x=0) = 0$ folgt $C_1 = 0$

Aus der Randbedingung $z(x=0) = 0$ folgt $C_2 = \dfrac{-H}{q_0}$.

Hierin ist H unbekannt!

Aus der Randbedingung $z(x=w) = h$ folgt

$$h = \frac{H}{q_0}\cosh\left(\frac{q_0\,w}{H}\right) - \frac{H}{q_0}.$$

Reihenentwicklung: $\cosh(p) \cong 1 + \tfrac{1}{2}p^2$.

Es folgt damit $H = \dfrac{q_0\,w^2}{2h} = \dfrac{30\ \text{N/m} \cdot (200\,\text{m})^2}{2 \cdot 40\,\text{m}} = 15\,000$ N

Neigung des Seils an der Mastspitze:

$$\tan\alpha = z'(x=w) = \sinh\left(\frac{q_0\,w}{H}\right) = \sinh\left(\frac{30 \cdot 200}{15\,000}\right) = \sinh(0{,}4)$$

$$\tan\alpha = 0{,}41075; \quad \alpha = 22{,}33°$$

Seilkraft an der Mastspitze:

$$F_S = \frac{H}{\cos\alpha} = 16\,216{,}08\ \text{N}$$

Biegemoment am Mastfuß:

$$M_b = H \cdot h = 600\ \text{kNm}$$

1010 Ein $L = 8$ m langes biegeweiches Seil wiegt 120 N und ist höhengleich – wie skizziert – aufgehängt. Wie groß ist der maximale Durchhang?

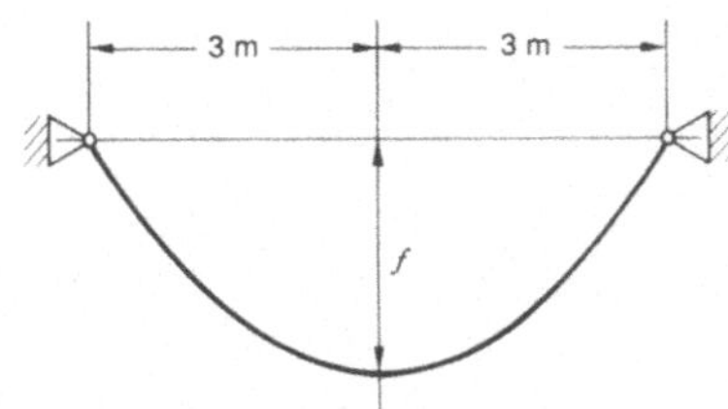

Lösung:

$$q_0 = \frac{120\ \text{N}}{8\ \text{m}}$$

Aus Randbedingung $z'(x = 3\ \text{m}) = 0$ folgt $C_1 = \dfrac{-45\ \text{N}}{H}$

Aus der Beschreibung der Seillänge

$$L = 8\ \text{m} = \int\limits_{x=0}^{6\,\text{m}} \mathrm{d}x \cdot \cosh\left(\frac{q_0 x}{H} + C_1\right)$$

folgt

$$\frac{120\ \text{N}}{H} = \sinh\left(\frac{45\ \text{N}}{H}\right) - \sinh\left(\frac{-45\ \text{N}}{H}\right) = 2 \sinh\left(\frac{45\ \text{N}}{H}\right)$$

Reihenentwicklung: $\sinh(p) \cong p + \dfrac{1}{3!}\, p^3$.

Es folgt $H = 31{,}82$ N

C_2 aus Randbedingung $z(x = 0) = 0$

Endergebnis: $f = z(x = 3\,\text{m}) = -2{,}5$ m.

1011 Ein im Lagerabstand $w = 200$ m höhengleich aufgehängtes biegeweiches Seil konstanten Metergewichts hängt $f = 1$ m durch. Die Horizontalzugkraft beträgt $H = 10$ kN. Zu bestimmen sind das Metergewicht q_0 und die Seillänge L.

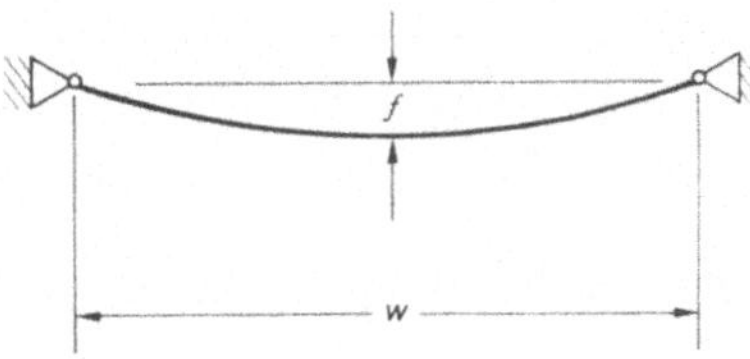

1012 Ein biegeweiches Seil von vernachlässigbar kleinem Eigengewicht ist höhengleich aufgehängt und so belastet, daß die Streckenlast $q(x)$ konstant ist. Für eine Horizontalzugkraft $H = 10$ kN ist der maximale Seildurchhang f sowie die Seillänge L zu berechnen.

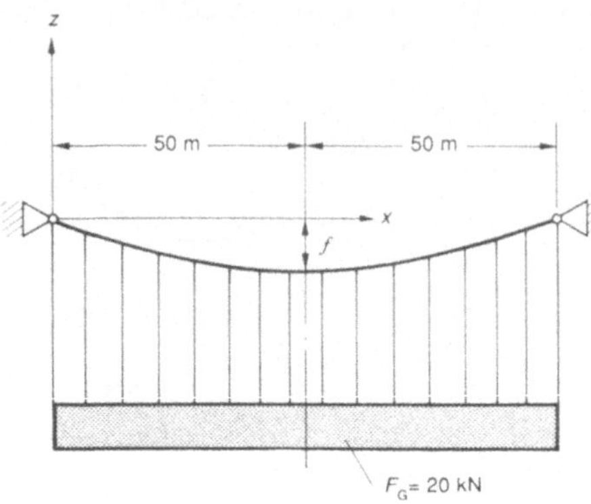

Lösungshinweis:

Bei $q(x)$ = konst findet man als Funktion der Seillinie

$$z(x) = \frac{q(x)}{2H} x^2 + C_1 \cdot x + C_2,$$

hier mit $q(x) = \dfrac{20\,000\ \text{N}}{100\ \text{m}} = 200\ \text{N/m}$

Die Konstanten ergeben sich zu $C_2 = 0$ und $C_1 = 1$.

Der maximale Seildurchhang beträgt $f = 25$ m, die Seillänge $L = 114{,}78$ m.

1013 Ein biegeweiches Seil von vernachlässigbar kleinem Eigengewicht ist – wie skizziert – höhengleich aufgehängt und belastet. Es hängt in der Mitte $f = 35$ m durch. Zu bestimmen ist die maximale Seilzugkraft.

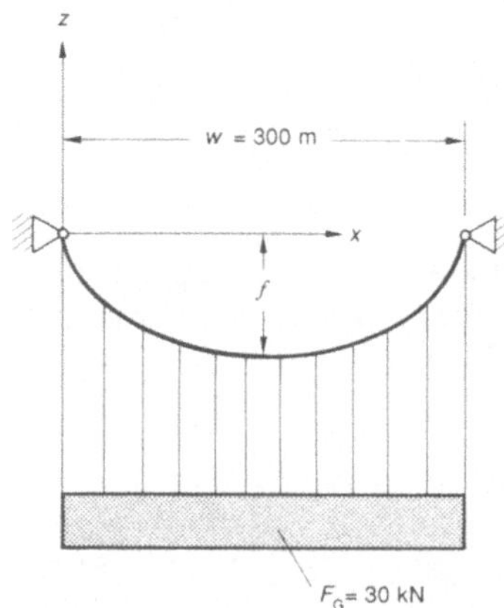

Hinweis:

Wegen H = konst ist die Seilkraft dort maximal, wo die Seilneigung z' maximal ist, also in den Lagern.

1014 Ein biegeweiches Seil von vernachlässigbar kleinem Eigengewicht ist höhengleich abgespannt und so belastet, daß $q(x)$ linear ansteigt. Es hängt maximal $f = 6$ m durch. Zu bestimmen ist die Stelle x_0 des maximalen Durchhangs sowie die Seilkräfte an den Lagerstellen.

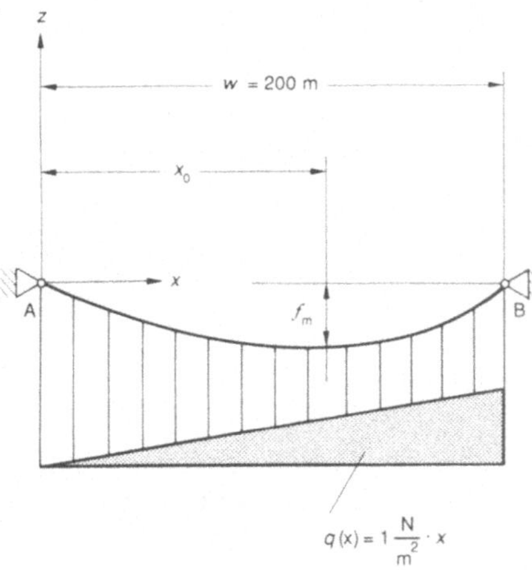

Hinweis:

Maximale Last $q_m = 1 \text{ N/m}^2 \cdot 200 \text{ m} = 200 \text{ N/m}$.

Funktion der Seillinie aus

$$\frac{dV}{dx} = q(x) = \frac{q_m}{w}\, x,$$

$$z''(x) = \frac{q_m}{w \cdot H}\, x,$$

daraus erhält man $z(x) = \dfrac{q_m}{6wH}\, x^3 + C_1 \cdot x + C_2$.

1015 Wieviel Meter Seil vom konstanten Metergewicht $q_0 = 100$ N/m wird benötigt, damit bei höhengleicher Aufhängung im Abstand $w = 8$ m die Tangentenneigungen der Seillinie in den Lagern 45° betragen, und wie groß ist dann der maximale Durchhang f?

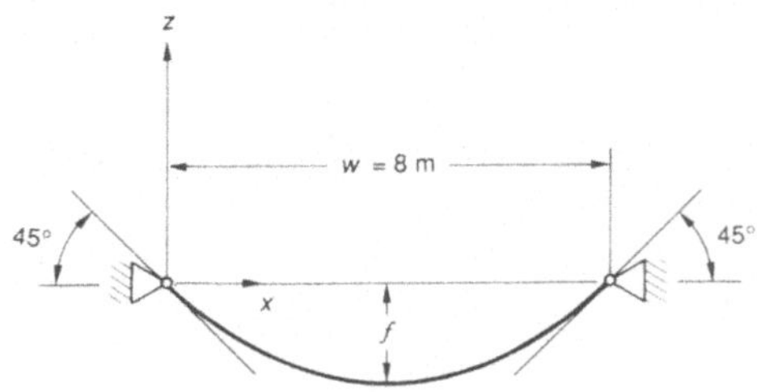

1016 Ein Drachen wird an einer $L = 200$ m langen Schnur gehalten, die am unteren Ende (Halteende) den Winkel $10°$ zur Horizontalen aufweist. Die Handkraft F_H ist 12 N groß. Das Metergewicht der Schnur beträgt $q_0 = 0,04$ N/m. Wie hoch steht der Drachen? Die Windlasten am Seil sollen unberücksichtigt bleiben.

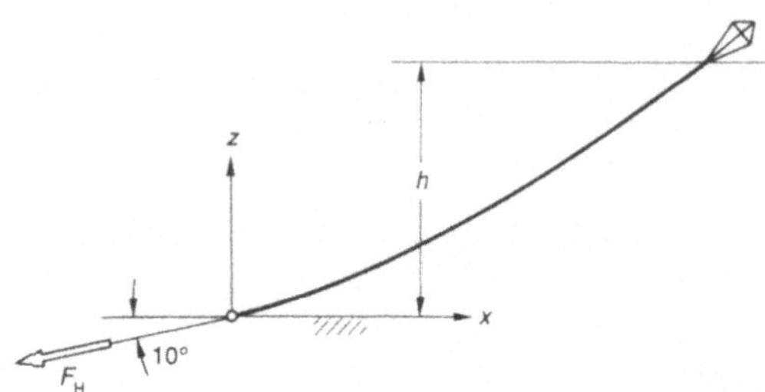

1017 Eine Boje wird in ruhendem Wasser unter der Windlast $F_W = 120$ N – wie skizziert – im Gleichgewicht gehalten. Das konstante Metergewicht des Seils beträgt – unter Berücksichtigung des Auftriebs – $q_0 = 1$ N/m. Die Seillänge L ist 60 m. Zu bestimmen ist die Wassertiefe T sowie die Entfernung w über Grund zwischen Boje und Ankerpunkt A.

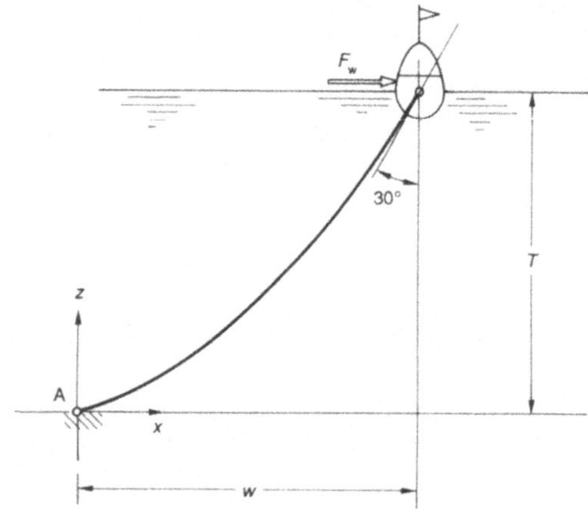

Ergebnisse der Berechnungen

1. Zentrale Kräftesysteme

116. a) F_R = 720 N
     b) α = 42,5°

117. G = 360 N

118. a) F_R = 14,5 kN
     b) α = 68°
     c) F = 8,6 kN

122. F_R = 2,2 kN

123. a) F_R = 540 N
     b) α = 7°

124. a) F_R = 218 kN
     b) α = 3,33°

125. a) F_R = 1400 N
     b) α = 20,5°

127. F_{AC} = 21,1 kN
      F_{BC} = 18,4 kN

128. F = 1480 N

129. F = 880 N

130. a) F_R = 18,1 kN
     b) F_K = 6,2 kN

131. a) F_R = 6,42 MN
     b) F_K = 7,2 MN

132. a) Mittelstellung
     b) A sinkt um 7 mm
     c) 100 Fäden oben
        zu 72 Fäden unten

134. a) $F_{\ddot{U}}$ = 2 kN
     b) F_F = 1,73 kN
     c) F_W = 1 kN
     d) F_H = 1,73 kN

135. a) F_{12} = F_{13} = 580 N
     b) F_W = 290 N
     c) F_B = 1,5 kN

136. a) $F_{\ddot{U}}$ = 2,12 kN
     b) F_F = 1,5 kN
     c) F_D = 1,84 kN
     d) F_H = 1,06 kN
     e) F_D = 1,5 kN
        F_H = 1,5 kN
     f) F_D = 1,06 kN
        F_H = 1,84 kN

137. F_{S1} = 772 N (Zugstab)
      F_{S2} = 1340 N (Zugstab)

138. a) F_S = 707 N
     b) F_D = 640 N

141. a) F_S = 4,32 kN
     b) F = 4,25 kN
     c) F_N = 0,75 kN

142. a) F = 292,3 kN
     b) F_Z = 282 kN
     c) F_N = 77 kN

143. a) F_1 = 40,6 kN
     b) F_2 = 25 kN

144. a) F_Z = 59,8 kN
     b) F_N = 41,9 kN

150. F_R = 10,29 kN α_R = 56,35°

151. F = 60,23 kN α = 233,4°

153. a) F_D = 1350 kN
     b) F_Z = 878 kN
     c) F = 672 kN
     d) F_N = 564 kN

154. F_{AB} = 12,6 kN Druck
      F_{AC} = 14,4 kN Zug

155. F_{AC} = 14,5 kN Druck
      F_{AB} = 13,1 kN Druck

156. F_{AB} = 23,2 kN Zug
      F_{AC} = 19,1 kN Druck

157. F_{AB} = 17,4 kN Zug
      F_{AC} = 17,4 kN Druck

158. F_a = 59,8 kN
      F_b = 64,8 kN
      F_c = 41 kN
      F_d = 62 kN

159. a) F_N = 28 kN
     b) F_S = 143 kN

160. a) F = 133 kN
     b) F = 46 kN
        F = 92,2 kN

161. F_N = 175,5 kN

162. F_S = 860 N

2. Allgemeine, ebene Kräftesysteme

206. $x = 44$ cm

207. $x_0 = 4{,}94$ m

208. $x = 2{,}51$ m

209. $F_R = 7{,}5$ kN
            $F_3 = 13{,}4$ kN
            $F_0 = 18{,}3$ kN

211. $F_A = 1820$ N
            $F_B = 2280$ N

212.   a) $x = 4{,}54$ m
      b) $F_A = 7100$ N
              $F_B = 5900$ N

213. $F_A = 77{,}5$ kN
            $F_B = 53{,}5$ kN

214. $F_A = 73{,}8$ kN
            $F_B = 53{,}2$ kN

215. $F_A = 9{,}9$ kN
            $F_B = 33{,}1$ kN

221. $F = 244$ N

222.   a) $M = 54$ Nm
      b) $F = 702{,}2$ N

223.   a) $M = 52$ Nm
      b) $M = 104$ Nm
      c) $G = 1040$ N

228. $F = 1060$ N

231. $l = 80$ cm

232.   a) $F = 320$ N
      b)   Im Lager parallel, aber entgegengesetzt zur ersten Kraft
      c) $F = 370$ N
      d)   Im Lager parallel, aber entgegengesetzt zur ersten Kraft

234. $x_0 = 4{,}94$ m

235.   a) $x = 2{,}51$ m
      b) $F_A = 95$ kN
              $F_B = 119$ kN

236.   a) $F_3 = 13{,}4$ kN
      b) $F_0 = 18{,}3$ kN

237.   a) $F_R = 1450$ kN
      b) $x = 36{,}8$ cm
      c) $y = 66{,}2$ cm

240. $F_A = 7100$ N
            $F_B = 5900$ N

241. $F_A = 77{,}5$ kN
            $F_B = 53{,}5$ kN

242. $F_A = 73{,}8$ kN
            $F_B = 53{,}2$ kN

243. $F_A = 9{,}9$ kN
            $F_B = 33{,}1$ kN

3. Kräfte im Raum

302.   a) $F = 1710$ N
      b) $G = 1080$ N
      c) $F_R = 2020$ N
      d) $\beta = 58°$

303.   a) $F_1 = 4{,}5$ kN
              $F_2 = 4{,}65$ kN
              $F_3 = 4{,}5$ kN
              $F_4 = 15{,}9$ kN
              $F_5 = 16{,}6$ kN
      b) $F_{ges} = 13{,}95$ kN
      c) $\alpha = 9{,}73°$

306.   a) $F_R = 2858$ N
      b) $\alpha = 65{,}18°$
              $\beta = 31{,}38°$
              $\gamma = 72{,}67°$

308. $F_x = 2848$ N
            $F_y = 1644{,}5$ N
            $F_z = 1197$ N

309. $F_y = F_x \cdot \tan\beta_0$

$$F_z = F_x \cdot \frac{\tan\alpha}{\cos\beta_0}$$

$$F_R = \frac{F_x}{\cos\alpha \cdot \cos\beta}$$

4. Gleichgewichtsbedingungen

414.   a) $F = 4700$ N
      b) $F = 5500$ N

416. $F_D = 41{,}5$ kN

417. $\quad F_{\mathrm{D}} = 13{,}8 \text{ kN}$

420. $\quad F = 2{,}1 \text{ kN}$

421. a) $p = 90{,}5 \text{ N/cm}^2$
 b) $F = 3{,}5 \text{ kN}$

422. a) $F_{\mathrm{A}} = 188 \text{ kN}$
 $F_{\mathrm{B}} = 62{,}9 \text{ kN}$
 b) $F_{\mathrm{H}} = 153{,}5 \text{ kN}$

423. a) $x = 495 \text{ mm}$
 $y = 635 \text{ mm}$
 b) $F_{\mathrm{A}} = 34 \text{ kN}$
 $F_{\mathrm{B}} = 60{,}5 \text{ kN}$
 $F_{\mathrm{C}} = 26{,}5 \text{ kN}$

425. $\quad x = 800 \text{ mm}$

426. a) $F_{\mathrm{K}} = 30{,}5 \text{ kN}$
 b) $F_{\mathrm{A}} = F_{\mathrm{B}} = 183{,}2 \text{ kN}$
 c) $F_{\mathrm{G}} = 4{,}36 \text{ kN}$

427. $\quad F = 434 \text{ N}$

428. $\quad F = 1210 \text{ N}$

429. $\quad F = 80 \text{ N}$

430. $\quad F_{\mathrm{U}} = 4730 \text{ N}$

431. $\quad F_{\mathrm{Z}} = 32{,}4 \text{ kN}$
 $F = 62{,}6 \text{ kN}$
 $\varnothing = 360 \text{ mm}$

432. $\quad F = 1730 \text{ N}$

434. $\quad F = 137 \text{ N}$

435. a) $F_{\mathrm{A}} = 2110 \text{ N}$
 b) $x = 150 \text{ mm}$

436. a) $F_{\mathrm{K}} = 20{,}1 \text{ kN}$
 b) $F_{\mathrm{D}} = 23{,}8 \text{ kN}$
 c) $F_{\mathrm{N}} = 30{,}8 \text{ kN}$

437. $\quad F_{\mathrm{G}} = 683 \text{ N}$

438. $\quad F = 358 \text{ N}$

439. $\quad F = 420 \text{ N}$

442. a) $F_{\mathrm{U}} = 3120 \text{ N}$
 b) $F_{\mathrm{K}} = 343 \text{ N}$
 c) $i = 7$
 d) $F_{\mathrm{K}} = 399 \text{ N}$
 e) 2 Mann

443. $\quad i = 6$

444. a) $F_1 = 2{,}73 \text{ kN}$
 $F_2 = 8 \text{ kN}$
 b) $F_{\mathrm{G}} = 22{,}1 \text{ kN}$

 c) $F \cdot l = F_{\mathrm{G}} \cdot R_3 \cdot \dfrac{1}{l_1} \cdot \dfrac{1}{l_2}$

 $\qquad\quad = F_{\mathrm{G}} \cdot R_3 \cdot \dfrac{1}{i_{\mathrm{ges}}}$

 d) $F_{\mathrm{G}} = 17{,}3 \text{ kN}$
 e) $i_{\mathrm{ges}} = 24$
 f) $h = 0{,}34 \text{ m}$

445. a) $F_{\mathrm{U}} = 8210 \text{ kN und } 2050 \text{ kN}$
 b) $F_{\mathrm{K}} = 246 \text{ N}$
 c) $i = 35$
 d) $F_{\mathrm{K}} = 320 \text{ N}$
 e) 2 Mann
 f) $n = 48{,}5 \text{ Umdrehungen}$

446. a) $d = 780 \text{ mm}$
 b) $i = 160$

449. a) $M_{\mathrm{A}} = 40{,}4 \text{ kNm}$
 b) $M_{\mathrm{B}} = 68{,}4 \text{ kNm}$
 c) 41 %

450. a) $M = 2600 \text{ kNm}$
 b) $x = 1{,}49 \text{ m}$

451. a) $F_{\mathrm{G}} = 104 \text{ kN}$
 b) $F_{\mathrm{A}} = 89{,}1 \text{ kN}$
 $F_{\mathrm{B}} = 22{,}9 \text{ kN}$

452. a) $F_{\mathrm{G}} = 127{,}8 \text{ kN}$
 b) $x = 0{,}7 \text{ m}$

453. $\quad F = 18{,}2 \text{ kN}$

464. $\quad L > 0{,}356 \text{ m}$

465. $\quad L > 0{,}312 \text{ m}$

466. $\quad c > 4000 \text{ N/m}$

467. $\quad c > 4785 \text{ N/m}$

468. $\quad U(\varphi) = m \cdot g \cdot \dfrac{L}{2} \cos\varphi$

 $\dfrac{d^2 U}{d\varphi^2} < 0$

469. $\quad c > \dfrac{m \cdot g}{2 \cdot L}$

5. Ebene gestützte Körper

513. a) F_R = 4790 N
      b) F_A = 1960 N
         F_B = 2830 N

515. F_A = 111 kN
      F_B = 104 kN

516. F_A = 72 kN
      F_B = 116 kN

517. F_A = 206,5 kN
      F_B = 178,5 kN

520. a) F_A = 187 kN
         F_B = 13 kN
      b) F_A = 22 kN
         F_B = 118 kN

521. F_A = 63,2 kN
      F_B = 151,8 kN

522. F_A = 49,3 kN
      F_B = 199,7 kN

523. a) F_A = 32,1 kN
         F_B = 159,9 kN
      b) F_A = 116,7 kN
         F_B = 40,3 kN

524. F_A =   65,8 kN
      F_0 = 1923,4 kN

525. a) F_A = 111   kN
      b) F_B = 114,5 kN

527. a) F_B = 29,8 kN
      b) F_{Ax} = 29,8 kN
         F_{Ay} = 37   kN
         F_A = 47,5 kN

528. a) F_0 = 17,1 kN
      b) F_{Ux} = 17,1 kN
         F_{Uy} = 81   kN
         F_U = 82,8 kN

529. a) F_B = 840 kN
      b) F_{Ax} = 840 kN
         F_{Ay} = 5200 kN
         F_A = 5270 kN

530. F_A = 7,7 kN
      F_B = 7,7 kN
      F_C = 9   kN

531. a) F_B = 13,2 kN
      b) F_{Ay} = 9,2 kN
      c) F_{Ax} = 8 kN
      d) F_A = 13   kN

532. a) F_B = 1,22 kN
      b) F_A = 10,44 kN

534. F_{By} = 1160 kN
      F_{Bx} = F_C = 2840 kN
      F_B = F_A = 3070 kN

535. F_F = 604 N

539. a) F_K = 2226 N
      b) F_A = 9274 N
      c) F_V = 5711 N
      d) F_H = 12114 N

540. a) F_K = 4806   N
      b) F_A = 9893,5 N
      c) F_V = 6486   N
      d) F_H = 10720   N

6. Schnittgrößen des Balkens

605. *Lösung:*

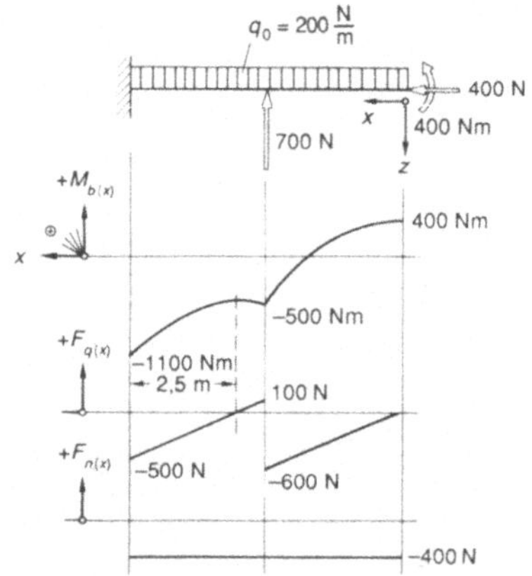

606. *Lösung:*

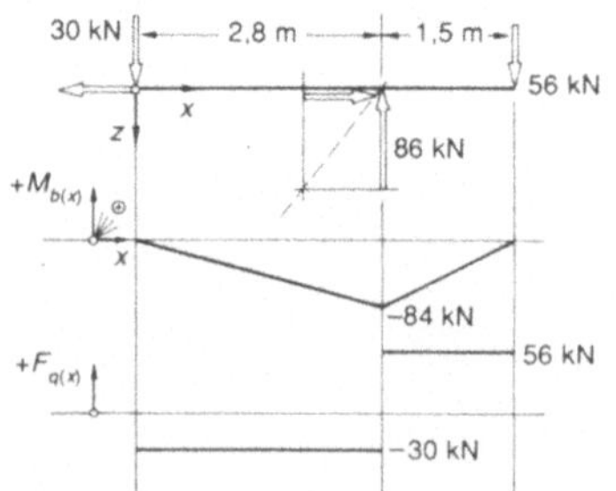

607. *Lösung:*

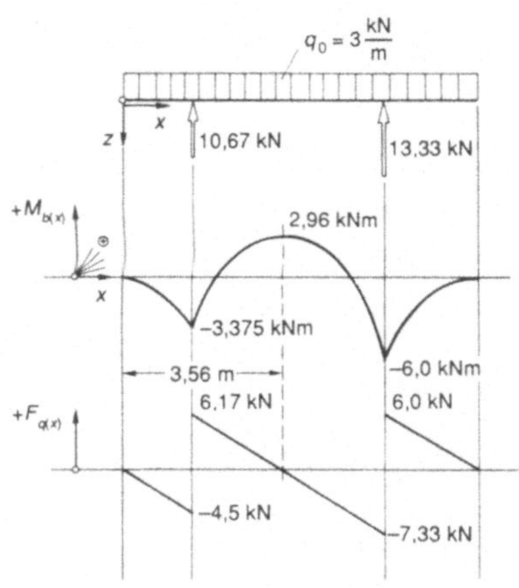

608. *Lösung:*

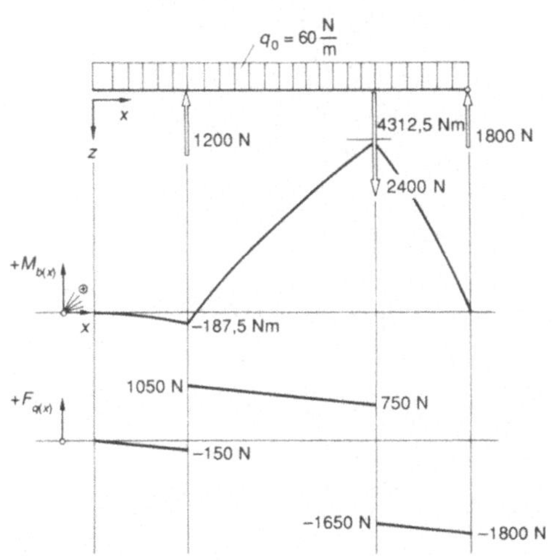

609. *Lösung:*

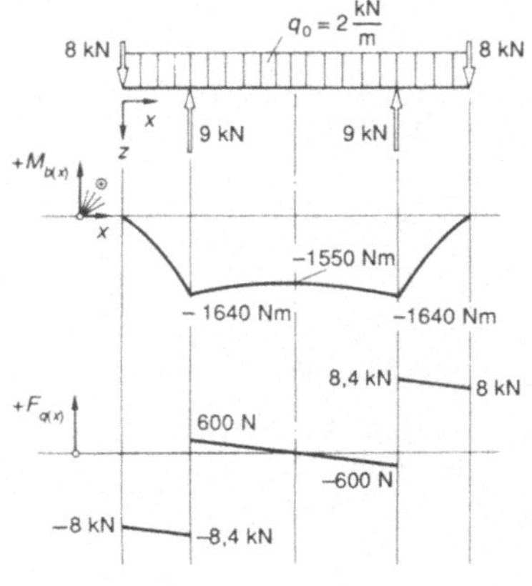

610. *Lösung:*

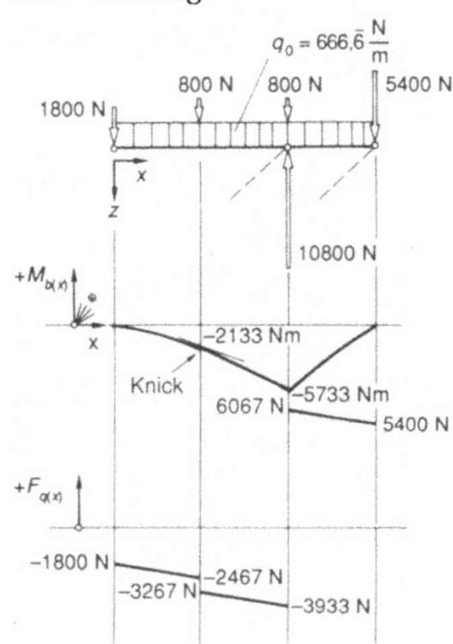

612. *Lösung:*

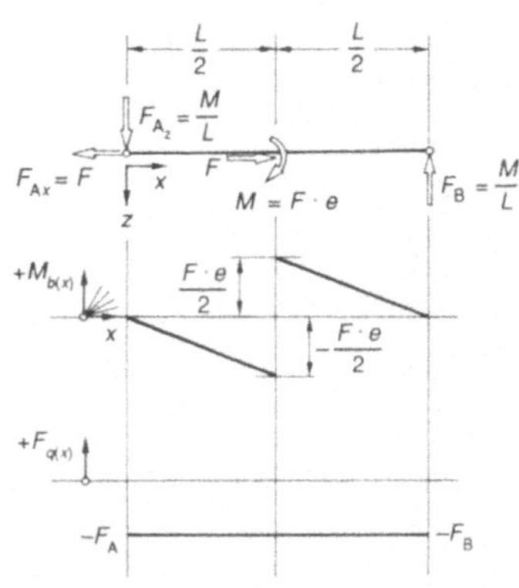

613. *Lösung:*

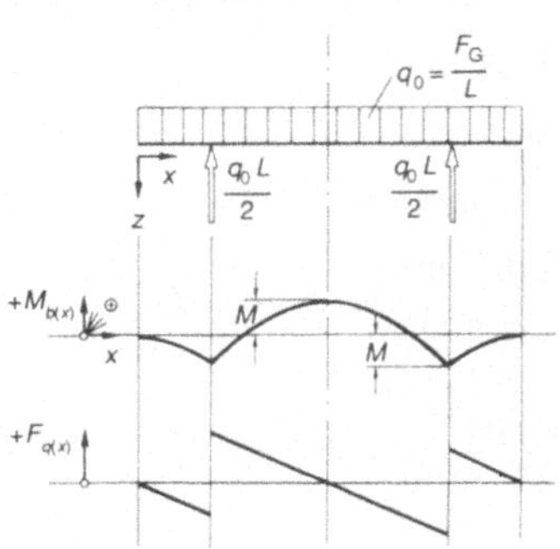

614. *Lösung:*

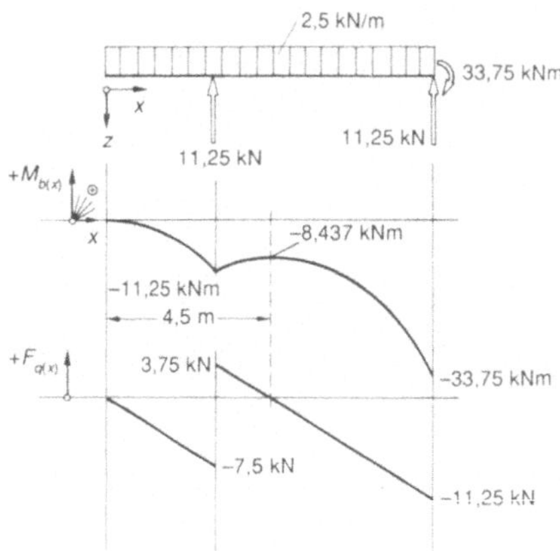

7. Schwerpunkt

705. $\quad x_0 = 618$ mm

706. $\quad x_0 = 35,4$ mm

708. $\quad x_0 = 32,6$ mm

709. $\quad x_0 = 55$ mm

711. $\quad x_0 = 40,5$ mm
$\qquad\quad y_0 = 20,5$ mm

712. $\quad y_0 = 62,8$ mm

713. $\quad x_0 = 191$ mm

714. $\quad x_0 = 328$ mm

715. $\quad x_0 = 176$ mm
$\qquad\quad y_0 = 71,6$ mm

719. $\quad y_0 = 37,3$ mm

720. $\quad x_0 = 27,7$ mm

722. $\quad x_0 = 157$ cm

725. $\quad y_0 = 12,8$

727. $\quad y_0 = 84,5$ mm

728. $\quad y_0 = 395$ mm

729. $\quad y_0 = 210,5$ mm

730. a) $F_{G1} = 698$ N
$\quad\;$ b) $y_1 \;\;= 414$ mm
$\quad\;$ c) $F_{G2} = 504$ N
$\quad\;$ d) $y_2 \;\;= 276$ mm
$\quad\;$ e) $y_0 \;\;= 356$ mm

731. a) $G \;\;= 4400$ N
$\quad\;$ b) $x_0 = 560$ mm
$\quad\;$ c) $s \;\;= 210$ mm

732. $\quad x_0 = 795$ mm

733. $\quad x_0 = 624$ mm
$\qquad\quad y_0 = 221$ mm

737. a) $A = s \cdot r \cdot \pi$

$\quad\;$ b) $V = \dfrac{\pi \cdot r^2 \cdot h}{3}$

738. $\quad A = 0,93$ m^2

739. a) $A \;\;= 75,3$ cm^2
$\quad\;$ b) $x_0 = 21,8$ cm
$\quad\;$ c) $V \;\;= 10,3$ dm^3
$\quad\;$ d) $F_G = 810$ N

740. $\quad F_G = 74,6$ kN

741. $\quad V = 181,8$ m^3

742. $\quad F_G = 323$ kN

743. $\quad F_G = 990$ N

744. a) $F_{G1} \;\;= 476$ N
$\quad\;$ b) $F_{G2} \;\;= 77$ N
$\quad\;$ c) $F_{Gges} = 553$ N

745. $\quad F_G = 46$ kN

746. $\quad F_G = 1015$ N

747. $\quad F_G = 4130$ N

748. a) $V \;\;= 151$ m^3
$\quad\;$ b) $A \;\;= 146$ m^2
$\quad\;$ c) $F_G = 91,9$ kN

8. Reibung

808. a) $F_N \;\;= 38 \;\;\;$ kN
$\quad\;$ b) $F_W \;= 15,2$ kN
$\quad\;$ c) $F \;\;\;= 21,2$ kN

809. a) $F_N \;\;= 17 \;\;\;$ kN
$\quad\;$ b) $F_W \;= 2,04$ kN
$\quad\;$ c) 23,5 %

810. a) $F_W \;= 90$ N
$\quad\;$ b) $P_W \;= 0,588$ kW

811. a) $F_N \;\;= 36,4 \;$ kN
$\quad\;$ b) $F_W \;= 3,64$ kN
$\quad\;$ c) $P_W \;= 1,29$ kW
$\quad\;$ d) 2,7 %

812. a) $F_W = 1,83\ kN$
    b) $P_W = 8,46\ kW$
    c) $0,497\%$

813. a) $F_W = 18,2\ kN$
    b) $F = 46,2\ kN$
    c) $P = 11,33\ kW$

816. a) $F_A = 1575\ N$
       $F_B = 1575\ N$
    b) $M_W = 141,8\ Nm$
    c) damit $F_A = F_B$ wird
       (siehe Aufgabe 815c)

818. a) 16%
    b) 20%

819. a) $F_K = 191\ kN$
    b) $F_U = 191\ kN$
    c) $F_W = 90,5\ kN$
    d) $\mu = 0,2$

820. a) $F_U = 1273\ N$
    b) $F_N = 2800\ N$

821. a) $F_U = 18,4\ kN$
    b) $F_N = 122,5\ kN$
    c) $F = 20,4\ kN$

822. $F = 55,3\ kN$

823. $\mu = 0,414$

825. a) $\mu = 0,24$
    b) $v = 2,9$

827. a) $F = 1,46\ G$
    b) $F_N = 4,13\ G$
    c) $\mu = 0,121$
    d) $v = 3,3$

828. $\mu_0 > 0,3$

829. $\mu_0 \geqq 2,828$

830. $e = 0,357 \cdot R$

831. $e = \dfrac{b}{2\mu_0}$

833.   allgemein:

$$\alpha < \arctan \frac{1}{\mu_0 \left(1 + \dfrac{\mu_0 \cdot b}{a}\right)}$$

$$\alpha < 42,8°$$

838. $\mu_0 > \frac{1}{6}$

842. a) $F = 11,27\ kN$
    b) $F = 4,83\ kN$

843. a) $\mu = 0,3$
    b) $F = 914\ N$
    c) $F = 135\ N$
    d) zwischen 914 N und 135 N

844. $\mu = 0,059$

847. $F = 9,7\ kN$

855. a) $F = 124,3\ kN$
    b) $F = 87,1\ kN$
    c) $F = 75,1\ kN$
    d) $\eta = 70\%$
    e) $\eta = 60\%$

856. a) $F_U = 18,85\ kN$
    b) $\eta = 18\%$

859. a) $F = 24,9\ kN$
    b) $F = 383,2\ N$
    c) $\eta = 17,9\%$
    d) $\eta = 9,2\%$

861. a) $P = 17,6\ kW$
    b) $F_W = 1270\ N$
    c) $\mu = 0,027$

862. a) $F = 687\ N$
    b) $F_N = 4580\ N$
    c) $n = 56\ min^{-1}$
    d) $F_W = 366\ N$
    e) $P_W = 0,176\ kW$
    f) 13%

863. a) $F_A = 2880\ N$
       $F_B = 4320\ N$
    b) $P_W = 14\ kW$
    c) $2,1\%$

864. a) $F_A = 113,8\ kN$
       $F_B = 406,8\ kN$
    b) $F_W = 6,83\ kN$
       $F_W = 24,4\ kN$
    c) $P = 7,28\ kW$

867. a) $C = 0,1885\ \dfrac{W}{N \cdot min}$
    b) $P = 176,4\ kW$

868. $\eta = 0,82$

869. $\mu = 0,25$

870. a) $C = \dfrac{0,838}{1000}\ \dfrac{W}{N \cdot min}$
    b) $P = 5,33\ kW$
    c) $P = 6\ kW$
    d) $\eta = 0,81$

872. a) $M_W = 120\,\text{Nm}$
     $P_W = 1,11\,\text{kW}$
  b) $M_W = 90\,\text{Nm}$
     $P_W = 0,831\,\text{kW}$

873. a) $P_W = 0,647\,\text{kW}$
  b) $\eta = 2\%$

874. $P_W = 12,06\,\text{kW}$

875. a) $P_W = 42,66\,\text{kW}$
  b) $\eta = 99,15\%$

876. $F_U = 93\,\text{N}$

879. $l_R = 7,2\,\text{cm}$

881. $P = 0,44\,\text{kW}$

882. a) $F_U = 660\,\text{N}$
  b) $F_U = 356\,\text{N}$

885. $\mu = 0,03$

886. a) $F_W = 3,13\,\text{kN}$
  b) $P = 4,486\,\text{kW}$

887. a) $F_W = 11,07\,\text{kN}$
  b) $v = 0,373\,\text{ms}^{-1}$

888. a) $F_W = 120\,\text{N}$
  b) $F = 447\,\text{N}$
  c) $\alpha = 15,5°$

889. a) $F_U = 3,94\,\text{kN}$
  b) $F_U = 17,83\,\text{kN}$
  c) $P = 9,27\,\text{kW}$

892. a) $F = 23,2\,\text{kN}$
     $P = 506\,\text{kW}$
  b) $F = 61,7\,\text{kN}$
     $P = 1346\,\text{kW}$
  c) $F = 15,3\,\text{kN}$

893. a) $F = 3,2\,\text{kN}$
  b) $F = 72,8\,\text{kN}$
  c) $F = 76\,\text{kN}$

896. a) $\alpha = 3,84\,\text{rad}$
  b) $e^{\mu\alpha} = 2,612$
  c) $F = 4,44\,\text{kN}$
  d) $F_U = 2,74\,\text{kN}$
  e) $P = 40,45\,\text{kW}$

897. a) $\alpha = 4,398\,\text{rad}$
  b) $e^{\mu\alpha} = 2,207$
  c) $F = 1,34\,\text{kN}$
  d) $F = 2,95\,\text{kN}$
     $F_U = 1,61\,\text{kN}$
  e) $F = 0,61\,\text{kN}$
     $F_U = 0,73\,\text{kN}$

898. a) $\alpha = 4,0142\,\text{rad}$
  b) $e^{\mu\alpha} = 2,06$
  c) $l_1 = 53\,\text{mm}$
     $l_2 = 125\,\text{mm}$
  d) $F_2 = 4,27\,\text{kN}$
  e) $F_1 = 8,8\,\text{kN}$
  f) $F_U = 4,53\,\text{kN}$

899. a) $e^{\mu\alpha} = 320$
  b) $\alpha = 38,5\,\text{rad}$
  c) $n = 6,1$

8100. a) $\alpha = 3 \cdot 360°$
  b) $\alpha = 18,85\,\text{rad}$
  c) $e^{\mu\alpha} = 16,87$
  d) $F = 178\,\text{N}$

8101. a) $\alpha = 25,133\,\text{rad}$
  b) $e^{\mu\alpha} = 535$
  c) $F = 26,75\,\text{kN}$

8103. a) $C = \dfrac{0,476}{1000}\,\dfrac{\text{W}}{\text{N} \cdot \text{min}}$

  b) $F = 642\,\text{N}$
  c) $P = 8,9\,\text{kW}$

8104. a) $C = \dfrac{0,148}{1000}\,\dfrac{\text{W}}{\text{N} \cdot \text{min}}$

  b) $F = 174\,\text{N}$
  c) $P = 2,5\,\text{kW}$
  d) $\eta = 0,79$

9. Statik mehrteiliger, ebener Gebilde

904. $F_A = 447,2\,\text{N}$
       $F_B = 632,5\,\text{N}$
       $F_{S1} = 800\,\text{N}$ (Druckstab)
       $F_{S2} = 447,2\,\text{N}$ (Zugstab)

905. $F_A = F_B = 1,118\,\text{kN}$
       $F_S = 2,236\,\text{kN}$ (Zugstab)

907. $F_A = F_B = 1,581 \cdot F$
       $F_C = 2F$

908. $F_A = 1,847\,\text{kN}$
       $F_B = 1\,\text{kN}$
       $F_C = 2\,\text{kN}$

909. $F_S = 1,414\,\text{kN}$

910. $F_A = 154\,\text{N}$
       $F_B = 130\,\text{N}$
       $F_C = 100\,\text{N}$

911. $F_A = 11,5\ \text{kN}$
$F_B = 18\ \text{kN}$

912. $F_A = F_B = 2\ \text{kN}$
$F_C = 1\ \text{kN}$

913. a) Gelenk C entspricht Knoten
der Stäbe 3, 4, 5.
b) $F_A = 223,6\ \text{N}$
$F_B = 141,4\ \text{N}$
c) $F_{S1} = 100\ \text{N (Druckstab)}$
$F_{S2} = 141,4\ \text{N (Zugstab)}$
$F_{S3} = 0\ \text{(Nullstab)}$
$F_{S4} = 100\ \text{N (Druckstab)}$
$F_{S5} = 100\ \text{N (Druckstab)}$

914. $F_A = 2,5\ \text{kN}$
$F_B = 2,05\ \text{kN}$

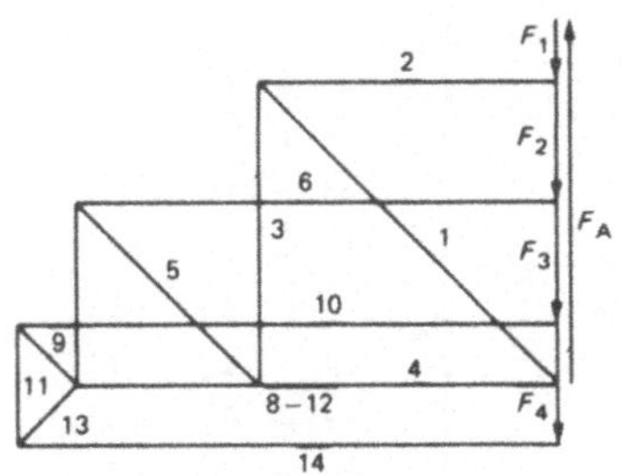

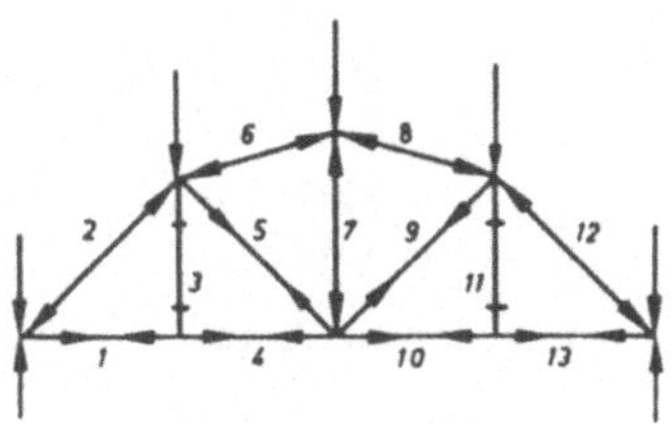

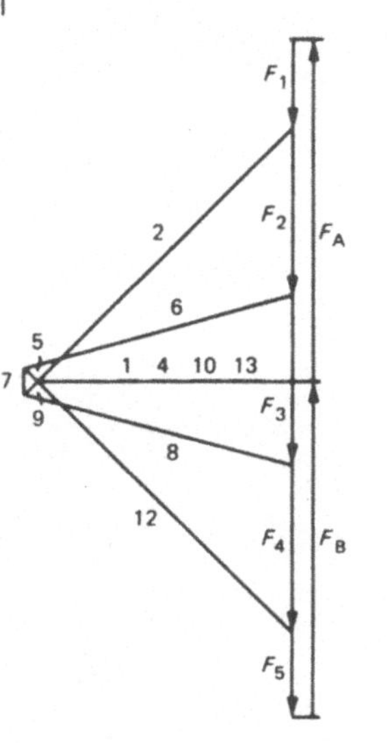

924. $F_A = F_B = 40\ \text{kN}$
$F_{S1} = F_{S13} = +30\ \text{kN (Zugstab)}$
$F_{S2} = F_{S12} = -41,5\ \text{kN (Druckstab)}$
$F_{S3} = F_{S11} = \pm0\ \text{kN (Nullstab)}$
$F_{S4} = F_{S10} = +30\ \text{kN (Zugstab)}$
$F_{S5} = F_{S9} = +2,8\ \text{kN (Zugstab)}$
$F_{S6} = F_{S8} = -33\ \text{kN (Druckstab)}$
$F_{S7} = -3,5\ \text{kN (Druckstab)}$

925. $F_A = F_B = 126\ \text{kN}$
$F_{S1} = +149\ \text{kN}$
$F_{S2} = -105\ \text{kN}$
$F_{S3} = -105\ \text{kN}$
$F_{S4} = +105\ \text{kN}$
$F_{S5} = +\ 89\ \text{kN}$
$F_{S6} = -168\ \text{kN}$
$F_{S7} = -\ 63\ \text{kN}$
$F_{S8} = +168\ \text{kN}$
$F_{S9} = +\ 30\ \text{kN}$
$F_{S10} = -190\ \text{kN}$
$F_{S11} = -\ 42\ \text{kN}$

927. $F_{S4} = +30\ \ \ \text{kN}$
$F_{S5} = +\ 2,83\ \text{kN}$
$F_{S6} = -33\ \ \ \text{kN}$

928. $F_{S8} = +168,33\ \text{kN}$
$F_{S9} = -\ 30,2\ \ \text{kN}$
$F_{S10} = -189\ \ \ \ \ \text{kN}$

929. $F_A = 16,8\ \text{kN}$
$F_B = 18\ \ \ \text{kN}$
$F_{S1} = -31,4\ \text{kN}$
$F_{S2} = +30,3\ \text{kN}$
$F_{S3} = -\ 9,5\ \text{kN}$
$F_{S4} = -30,2\ \text{kN}$
$F_{S5} = +17\ \ \ \text{kN}$
$F_{S6} = +15,4\ \text{kN}$
$F_{S7} = +12,8\ \text{kN}$
$F_{S8} = -27,5\ \text{kN}$
$F_{S9} = -\ 6,2\ \text{kN}$
$F_{S10} = +26,1\ \text{kN}$
$F_{S11} = -32,6\ \text{kN}$

930. $F_A = 116\ \ \ \text{kN}$
$F_B = 110\ \ \ \text{kN}$
$F_{S1} = +\ 91,2\ \text{kN}$
$F_{S2} = -\ 88,0\ \text{kN}$
$F_{S3} = -\ 6\ \ \ \text{kN}$
$F_{S4} = -\ 99,0\ \text{kN}$
$F_{S5} = +\ 12,5\ \text{kN}$
$F_{S6} = +\ 91,2\ \text{kN}$

$$F_{S7} = - \ 9 \ \text{kN}$$
$$F_{S8} = + \ 14{,}2 \ \text{kN}$$
$$F_{S9} = + 102{,}6 \ \text{kN}$$
$$F_{S10} = - 110 \ \text{kN}$$
$$F_{S11} = \pm \ 0 \ \text{kN}$$

931.
$$F_{A} = \ 47 \ \text{kN}$$
$$F_{B} = \ 47 \ \text{kN}$$
$$F_{S1} = - \ 47 \ \text{kN}$$
$$F_{S2} = \pm \ 0 \ \text{kN}$$
$$F_{S3} = \pm \ 0 \ \text{kN}$$
$$F_{S4} = \pm \ 0 \ \text{kN}$$
$$F_{S5} = - \ 34 \ \text{kN}$$
$$F_{S6} = - \ 7 \ \text{kN}$$
$$F_{S7} = + \ 42{,}5 \ \text{kN}$$
$$F_{S8} = - \ 4{,}5 \ \text{kN}$$
$$F_{S9} = + \ 42{,}5 \ \text{kN}$$
$$F_{S10} = - \ 58 \ \text{kN}$$
$$F_{S11} = + \ 22 \ \text{kN}$$

933.
$$F_{S2} = - \ 41{,}5 \ \text{kN}$$
$$F_{S3} = \pm \ 0 \ \text{kN}$$
$$F_{S4} = + \ 30 \ \text{kN}$$

934.
$$F_{S6} = - 168 \ \text{kN}$$
$$F_{S7} = - \ 63 \ \text{kN}$$
$$F_{S10} = - 190 \ \text{kN}$$

935.
$$F_{S8} = - \ 27{,}5 \ \text{kN}$$
$$F_{S9} = - \ 6{,}2 \ \text{kN}$$
$$F_{S10} = + \ 26{,}1 \ \text{kN}$$

936.
$$F_{S4} = - \ 99{,}5 \ \text{kN}$$
$$F_{S7} = - \ 9 \ \text{kN}$$
$$F_{S9} = + 102{,}5 \ \text{kN}$$

10. Statik der Ketten und Seile

1011.
$$q_0 = 2 \ \text{N/m}$$
$$L = 200{,}0133 \ \text{m}$$

1013.
$$F_{S\,max} = 35\,470{,}6 \ \text{N}$$

1014.
$$x_0 = \frac{w}{\sqrt{3}}$$

1015.
$$L = 9{,}0767 \ \text{m}$$
$$f_{m} = 1{,}88 \ \text{m}$$

1016.
$$h = 88{,}38 \ \text{m}$$

1017.
$$T = 41{,}2 \ \text{m}$$
$$w = 27{,}106 \ \text{m}$$